程 杰 曹辛华 王 强 主编

中国花卉审美文化研究丛书

13

古代竹文化研究

王三毛 著

北京燕山出版社

图书在版编目（ＣＩＰ）数据

古代竹文化研究 / 王三毛著 . -- 北京 : 北京燕山
出版社 , 2018.3
　　ISBN 978-7-5402-5101-7

　　Ⅰ . ①古… Ⅱ . ①王… Ⅲ . ①竹－审美文化－研究－
中国－古代 Ⅳ . ① S795-092 ② B83-092

中国版本图书馆 CIP 数据核字 (2018) 第 087769 号

古代竹文化研究

责 任 编 辑： 李涛
封 面 设 计： 王尧
出 版 发 行： 北京燕山出版社
社　　　址： 北京市丰台区东铁营苇子坑路 138 号
邮　　　编： 100079
电 话 传 真： 86-10-63587071（总编室）
印　　　刷： 北京虎彩文化传播有限公司
开　　　本： 787×1092　1/16
字　　　数： 275 千字
印　　　张： 24
版　　　次： 2018 年 12 月第 1 版
印　　　次： 2018 年 12 月第 1 次印刷
ISBN 978-7-5402-5101-7
定　　　价： 800.00 元

内容简介

　　本专著《古代竹文化研究》为《中国花卉审美文化研究丛书》之第 13 种，由作者博士学位论文《中国古代文学竹子题材与意象研究》上编及绪论、结论、参考文献、后记等部分增订而成。本专著以竹文化研究为主，兼顾重要的竹意象。本书共三章，探讨了竹在生殖崇拜、道教、佛教等方面的文化意义及其在文学中的表现。第一章论述了竹生殖崇拜内涵及相关问题。前两节阐明古代中国曾广泛存在关于竹的生殖崇拜观念与性别象征内涵。后两节以此为基础，论述《竹枝词》起源于竹生殖崇拜、《诗经·淇奥》表现上古竹林野合风俗。第二章考察了竹的道教文化内涵。主要论述竹为仙物、竹林仙境等观念的形成，以及竹枝、竹叶的神仙功能，并考证扫坛竹的内涵。第三章考察了竹的佛教文化内涵。主要研究了竹在印度佛教与中土佛教中的不同文化含义，着重考证"翠竹黄花"话头、观音菩萨与竹结缘、"三生石"等传统话语和情结。

作者简介

王三毛，男，1974年1月生，安徽枞阳人。2010年毕业于南京师范大学文学院中国古代文学专业，获文学博士学位，现为湖北民族学院文学与传媒学院副教授。主要研究方向为中国古代文学与中国花卉文化。主持国家社科基金项目"中国古代竹文化史研究"、湖北省教育厅项目"中国古代文学植物隐喻生命研究"等。在《文献》《图书馆杂志》《贵州文史丛刊》《阅江学刊》等刊物发表学术论文十余篇，出版专著《南宋王质研究》（凤凰出版社，2012年）、《中国古代文学竹子题材与意象研究》（花木兰文化出版社，2014年）、《全芳备祖》（与程杰合作点校，浙江古籍出版社，2014年）。

《中国花卉审美文化研究丛书》前言

　　所谓"花卉"，在园艺学界有广义、狭义之分。狭义只指具有观赏价值的草本植物；广义则是草本、木本兼而言之，指所有观赏植物。其实所谓狭义只在特殊情况下存在，通行的都应为广义概念。我国植物观赏资源以木本居多，这一广义概念古人多称"花木"，明清以来由于绘画中花卉册页流行，"花卉"一词出现渐多，逐步成为观赏植物的通称。

　　我们这里的"花卉"概念较之广义更有拓展。一般所谓广义的花卉实际仍属观赏园艺的范畴，主要指具有观赏价值，用于各类园林及室内室外各种生活场合配置和装饰，以改善或美化环境的植物。而更为广义的概念是指所有植物，无论自然生长或人类种植，低等或高等，有花或无花，陆生或海产，也无论人们实际喜爱与否，但凡引起人们观看，引发情感反应，即有史以来一切与人类精神活动有关的植物都在其列。从外延上说，包括人类社会感受到的所有植物，但又非指植物世界的全部内容。我们称其为"花卉"或"花卉植物"，意在对其内涵有所限定，表明我们所关注的主要是植物的形状、色彩、气味、姿态、习性等方面的形象资源或审美价值，而不是其经济资源或实用价值。当然，两者之间又不是截然无关的，植物的经济价值及其社会应用又经常对人们相应的形象感受产生影响。

　　"审美文化"是现代新兴的概念，相关的定义有着不同领域的偏倚和形形色色理论主张的不同价值定位。我们这里所说的"审美文化"不具有这些现代色彩，而是泛指人类精神现象中一切具有审美性的内容，或者是具有审美性的所有人类文化活动及其成果。文化是外延，至大无外，而审美是内涵，表明性质有限。美是人的本质力量的感性显现，性质上是感性的、体验的，相对于理性、科学的"真"而言；价值上则是理想的、超功利的，相对于各种物质利益和社会功利的"善"而言。正是这一内涵规定，使"审美文化"与一般的"文化"概念不同，对植物的经济价值和人类对植物的科学认识、技术作用及其相关的社会应用等"物质文明"方面的内容并不着意，主要关注的是植物形象引发的情绪感受、心灵体验和精神想象等"精神文明"内容。

将两者结合起来，所谓"花卉审美文化"的指称就比较明确。从"审美文化"的立场看"花卉"，花卉植物的食用、药用、材用以及其他经济资源价值都不必关注，而主要考虑的是以下三个层面的形象资源：

一是"植物"，即整个植物层面，包括所有植物的形象，无论是天然野生的还是人类栽培的。植物是地球重要的生命形态，是人类所依赖的最主要的生物资源。其再生性、多样性、独特的光能转换性与自养性，带给人类安全、亲切、轻松和美好的感受。不同品种的植物与人类的关系或直接或间接，或悠久或短暂，或亲切或疏远，或互益或相害，从而引起人们或重视或鄙视，或敬仰或畏惧，或喜爱或厌恶的情感反应。所谓花卉植物的审美文化关注的正是这些植物形象所引起的心理感受、精神体验和人文意义。

二是"花卉"，即前言园艺界所谓的观赏植物。由于人类与植物尤其是高等植物之间与生俱来的生态联系，人类对植物形象的审美意识可以说是自然的或本能的。随着人类社会生产力的不断提高和社会财富的不断积累，人类对植物有了更多优越的、超功利的感觉，对其物色形象的欣赏需求越来越明确，相应的感受、认识和想象越来越丰富。世界各民族对于植物尤其是花卉的欣赏爱好是普遍的、共同的，都有悠久、深厚的历史文化传统，并且逐步形成了各具特色、不断繁荣发展的观赏园艺体系和欣赏文化体系。这是花卉审美文化现象中最主要的部分。

三是"花"，即观花植物，包括可资观赏的各类植物花朵。这其实只是上述"花卉"世界中的一部分，但在整个生物和人类生活史上，却是最为生动、闪亮的环节。开花植物、种子植物的出现是生物进化史的一大盛事，使植物与动物间建立起一种全新的关系。花的一切都是以诱惑为目的的，花的气味、色彩和形状及其对果实的预示，都是为动物而设置的，包括人类在内的动物对于植物的花朵有着各种各样本能的喜爱。正如达尔文所说："花是自然界最美丽的产物，它们与绿叶相映而惹起注目，同时也使它们显得美观，因此它们就可以容易地被昆虫看到。"可以说，花是人类关于美最原始、最简明、最强烈、最经典的感受和定义。几乎在世界所有语言中，花都代表着美丽、精华、春天、青春和快乐。相应的感受和情趣是人类精神文明发展中一个本能的精神元素、共同的文化基因；相应的社会现象和文化意义是极为普遍和永恒的，也是繁盛和深厚的。这是花卉审美文化中最典型、最神奇、最优美的天然资源和生活景观，值得特别重视。

再从"花卉"角度看"审美文化"，与"花卉"相关的"审美文化"则又可以分为三个形态或层面：

一是"自然物色"，指自然生长和人类种植形成的各类植物形象、风景及其人们的观赏认识。既包括植物生长的各类单株、丛群，也包括大面积的草原、森林和农田庄稼；既包括天然生长的奇花异草，也包括园艺培植的各类植物景观。它们都是由植物实体组成的自然和人工景观，无论是天然资源的发现和认识，还是人类相应的种植活动、观赏情趣，都体现着人类社会生活和人的本质力量不断进步、发展的步伐，是"花卉审美文化"中最为鲜明集中、直观生动的部分。因其侧重于植物实体，我们称作"花卉审美文化"中的"自然美"内容。

二是"社会生活"，指人类社会的园林环境、政治宗教、民俗习惯等各类生活中对花卉实物资源的实际应用，包含着对生物形象资源的环境利用、观赏装饰、仪式应用、符号象征、情感表达等多种生活需求、社会功能和文化情结，是"花卉"形象资源无处不在的审美渗透和社会反应，是"花卉审美文化"中最为实际、普遍和复杂的现象。它们可以说是"花卉审美文化"中的"社会美"或"生活美"内容。

三是"艺术创作"，指以花卉植物为题材和主题的各类文艺创作和所有话语活动，包括文学、音乐、绘画、摄影、雕塑等语言、图像和符号话语乃至于日常语言中对花卉植物及其相应人类情感的各类描写与诉说。这是脱离具体植物实体，指用虚拟的、想象的、象征的、符号化植物形象，包含着更多心理想象、艺术创造和话语符号的活动及成果，统称"花卉审美文化"中的"艺术美"内容。

我们所说的"花卉审美文化"是上述人类主体、生物客体六个层面的有机构成，是一种立体有机、丰富复杂的社会历史文化体系，包含着自然资源、生物机体与人类社会生活、精神活动等广泛方面有机交融的历史文化图景。因此，相关研究无疑是一个跨学科、综合性的工作，需要生物学、园艺学、地理学、历史学、社会学、经济学、美学、文学、艺术学、文化学等众多学科的积极参与。遗憾的是，近数十年相关的正面研究多只局限在园艺、园林等科技专业，着力的主要是园艺园林技术的研发，视角是较为单一和孤立的。相对而言，来自社会、人文学科的专业关注不多，虽然也有偶然的、零星的个案或专题涉及，但远没有足够的重视，更没有专门的、用心的投入，也就缺乏全面、系统、深入的研究成果，相关的认识不免零散和薄弱。这种多科技少人文的研究格局，海内海外大致相同。

我国幅员辽阔、气候多样、地貌复杂，花卉植物资源极为丰富，有"世界园林之母"的美誉，也有着悠久、深厚的观赏园艺传统。我国又是一个文明古国和世界人口、传统农业大国，有着辉煌的历史文化。这些都决定我国的花卉审美文化有着无比辉煌的历史和深厚博大的传统。植物资源较之其他生物资源有更强烈的地域性，我国花卉资源具有温带季风气候主导的东亚大陆鲜明的地域特色。我国传统农耕社会和宗法伦理为核心的历史文化形态引发人们对花卉植物有着独特的审美倾向和文化情趣，形成花卉审美文化鲜明的民族特色。我国花卉审美文化是我国历史文化的有机组成部分，是我国文化传统最为优美、生动的载体，是深入解读我国传统文化的独特视角。而花卉植物又是丰富、生动的生物资源，带给人们生生不息、与时俱新的感官体验和精神享受，相应的社会文化活动是永恒的"现在进行时"，其丰富的历史经验、人文情趣有着直接的现实借鉴和融入意义。正是基于这些历史信念、学术经验和现实感受，我们认为，对中国花卉审美文化的研究不仅是一项十分重要的文化任务，而且是一个前景广阔的学术课题，需要众多学科尤其是社会、人文学科的积极参与和大力投入。

我们团队从事这项工作是从 1998 年开始的。最初是我本人对宋代咏梅文学的探讨，后来发现这远不是一个咏物题材的问题，也不是一个时代文化符号的问题，而是一个关乎民族经典文化象征酝酿、发展历程的大课题。于是由文学而绘画、音乐等逐步展开，陆续完成了《宋代咏梅文学研究》《梅文化论丛》《中国梅花审美文化研究》《中国梅花名胜考》《梅谱》（校注）等论著，对我国深厚的梅文化进行了较为全面、系统的阐发。从1999年开始，我指导研究生从事类似的花卉审美文化专题研究，俞香顺、石志鸟、渠红岩、张荣东、王三毛、王颖等相继完成了荷、杨柳、桃、菊、竹、松柏等专题的博士学位论文，丁小兵、董丽娜、朱明明、张俊峰、雷铭等20多位学生相继完成了杏花、桂花、水仙、蘋、梨花、海棠、蓬蒿、山茶、芍药、牡丹、芭蕉、荔枝、石榴、芦苇、花朝、落花、蔬菜等专题的硕士学位论文。他们都以此获得相应的学位，在学位论文完成前后，也都发表了不少相关的单篇论文。与此同时，博士生纪永贵从民俗文化的角度，任群从宋代文学的角度参与和支持这项工作，也发表了一些花卉植物文学和文化方面的论文。俞香顺在博士论文之外，发表了不少梧桐和唐代文学、《红楼梦》花卉意象方面的论著。我与王三毛合作点校了古代大型花卉专题类书《全芳备祖》，并正继续从事该书的全面校正工作。目前在读的博士生张晓蕾及硕士生高尚杰、王珏等也都选择花卉植物作为学位论文选题。

以往我们所做的主要是花卉个案的专题研究，这方面的工作仍有许多空白等待填补。而如宗教用花、花事民俗、民间花市，不同品类植物景观的欣赏认识、各时期各地区花卉植物审美文化的不同历史情景，以及我国花卉审美文化的自然基础、历史背景、形态结构、发展规律、民族特色、人文意义、国际交流等中观、宏观问题的研究，花卉植物文献的调查整理等更是涉及无多，这些都有待今后逐步展开，不断深入。

"阴阴曲径人稀到，——名花手自栽"（陆游诗），我们在这一领域寂寞耕耘已近 20 年了。也许我们每一个人的实际工作及所获都十分有限，但如此络绎走来，随心点检，也踏出一路足迹，种得半畦芬芳。2005 年，四川巴蜀书社为我们专辟《中国花卉审美文化研究书系》，陆续出版了我们的荷花、梅花、杨柳、菊花和杏花审美文化研究五种，引起了一定的社会关注。此番由同事曹辛华教授热情倡议、积极联系，北京采薇阁文化公司王强先生鼎力相助，继续操作这一主题学术成果的出版工作。除已经出版的五种和另行单独出版的桃花专题外，我们将其余所有花卉植物主题的学位论文和散见的各类论著一并汇集整理，编为 20 种，统称《中国花卉审美文化研究丛书》，分别是：

1.《中国牡丹审美文化研究》（付梅）；

2.《梅文化论集》（程杰、程宇静、胥树婷）；

3.《梅文学论集》（程杰）；

4.《杏花文学与文化研究》（纪永贵、丁小兵）；

5.《桃文化论集》（渠红岩）；

6.《水仙、梨花、茉莉文学与文化研究》（朱明明、雷铭、程杰、程宇静、任群、王珏）；

7.《芍药、海棠、茶花文学与文化研究》（王功绢、赵云双、孙培华、付振华）；

8.《芭蕉、石榴文学与文化研究》（徐波、郭慧珍）；

9.《兰、桂、菊的文化研究》（张晓蕾、张荣东、董丽娜）；

10.《花朝节与落花意象的文学研究》（凌帆、周正悦）；

11.《花卉植物的实用情景与文学书写》（胥树婷、王存恒、钟晓璐）；

12.《〈红楼梦〉花卉文化及其他》（俞香顺）；

13.《古代竹文化研究》（王三毛）；

14.《古代文学竹意象研究》（王三毛）；

15.《蘋、蓬蒿、芦苇等草类文学意象研究》（张俊峰、张余、李倩、高尚杰、姚梅）；

16.《槐桑樟枫民俗与文化研究》（纪永贵）；

17.《松柏、杨柳文学与文化论丛》（石志鸟、王颖）；

18.《中国梧桐审美文化研究》（俞香顺）；

19.《唐宋植物文学与文化研究》（石润宏、陈星）；

20.《岭南植物文学与文化研究》（陈灿彬、赵军伟）。

我们如此刘禾聚把，集中摊晒，敛物自是快心，乱花或能迷眼，想必读者诸君总能从中发现自己喜欢的一枝一叶。希望我们的系列成果能为花卉植物文化的学术研究事业增薪助火，为全社会的花卉文化活动加油添彩。

程　杰

2018 年 5 月 10 日

于南京师范大学随园

目　录

绪 论

竹，学名 Bambusoideae（Bambusaceae），禾本科多年生木质化植物。"'竹'，英语叫 bamboo，德语叫 bambus，法语叫 bambou，都是由马来语 bambu 转化而来。据说这是模拟竹林着火时竹子的爆裂声造出的词汇。"① 而 "竹子" 二字原指竹笋。赞宁《笋谱》："（笋）一名竹子，张华《神异经》注：'子，笋也。'"② "竹子" 这一名称的流行可能是在魏晋时期，先秦称竹都是用竹、筱、簜之类单字③。"在英国竹子不是一种土生土长的植物，因此语言中就缺乏这方面的原始词汇。汉语中的 '笋' 只能译作 'bamboo—shoot'。"④ 竹非草非木，亦花亦树⑤，常与花、树

---

① ［日］君岛久子著、龚益善译《关于金沙江竹娘的传说——藏族传说与〈竹取物语〉》，《民间文学论坛》1983 年第 3 期，第 26 页。

② ［明］陶宗仪编《说郛》卷一〇六上，《影印文渊阁四库全书》第 882 册第 151 页上栏左。本书所引，凡《影印文渊阁四库全书》本皆上海古籍出版社 1987 年《影印文渊阁四库全书》本，以下出现，不再注明。

③ 据郭作飞研究，名词词缀 "子" 在先秦的时候就已出现，普遍使用则在中古时期。见郭作飞《汉语词缀形成的历史考察——以 "老" "阿" "子" "儿" 为例》，《内蒙古民族大学学报（社会科学版）》2004 年第 6 期，第 53 页。

④ 赵滨丽编著《词汇文化——英汉词语文化的内涵对比》，东北林业大学出版社 2005 年版，第 110 页。

⑤ 如贵阳市的市树是竹和樟，1987 年经贵阳市七届人大常委会第 35 次会议审议通过而确定。

并称"花竹""竹树"等。"草木之族，唯竹最盛。"① 全世界有竹子70
多属1200多种，主要分布于亚洲太平洋地区、南美洲和非洲。据统计，
中国竹类植物共有39属500多种②。

　　图 01　浙江安吉县中国竹子博物馆。图片由网友提供。（图片引自
网络。以下但凡从网络引用图片，除查实作者或明确网站外，均只称"图片由网
友提供"。因本书为学术论著，所有图片均为学术引用，非营利性质，所以不支
付任何报酬，敬祈图片的拍摄者、作者谅解。在此谨向图片的拍摄者、作者和提
供者致以最诚挚的敬意和谢意）

　　竹子生长快、繁殖力强，新雨之后春笋勃发，几年即成茂林。"二
战中广岛遭受原子弹的毁灭性打击后，在爆炸中唯一幸存的生命就是

---

① ［元］李衎著，吴庆峰、张金霞整理《竹谱详录》序，山东画报出版社
　　2006年版，第1页。
② 马乃训、陈光才、袁金玲《国产竹类植物生物多样性及保护策略》，《林业科学》
　　2007年第4期，第102页。

孟宗竹","越战期间许多森林田野遭受强力枯叶剂的灭绝性毒害后，唯一残留的生物也是竹子"①。这些都可见竹的生命力之强。

竹的文化生命力同样旺盛。在我国源远流长的文化史上，竹被广泛运用于日常生活与军事礼乐等领域（如弓箭、竹简、乐器等）。《史记》所谓"渭川千亩竹……此其人皆与千户侯等"②，至今民间也有"房前屋后种满竹，三年五年换新屋"③之说，都可见其经济价值。

图 02　元代景德镇窑青花瓜竹葡萄纹菱口盘。上海博物馆藏。王三毛摄。

与物质形态的利用相对应的，是它精神方面的价值。竹枝干挺拔修长，亭亭玉立，婀娜多姿，其观赏价值很早就得到重视。《礼记·礼器》曰："其在人也，如竹箭之有筠，如松柏之有心，二者居天下之大端矣，故贯四时而不改柯易叶。"竹有筠，既指翠茎青皮的物色美感，也具有

① 钟志艺《走进竹林深处——〈"竹文化"大擂台〉综合性学习》，《语文建设》2004 年第 11 期，第 19 页右。
② ［汉］司马迁撰、［南朝宋］裴骃集解、［唐］司马贞索隐、［唐］张守节正义《史记》卷一二九《货殖列传》，中华书局 1959 年版，第 10 册第 3272 页。
③ 刘也编著《农谚与科学》，农村读物出版社 1985 年版，第 92 页。

才美外现的人格象征意义。

竹中空、有节、凌寒不凋等植物特点，也被升华为精神人格的象征。松、竹、梅被誉为"岁寒三友"，梅、兰、竹、菊被称为"四君子"，竹均并列其中。竹因此成为文人士大夫寄情寓兴的载体，是他们最为喜爱的植物之一。

古代竹生殖崇拜观念流行，民间有崇拜竹林神的风俗，文学中也有临窗竹等相关意象。竹是道教崇拜的灵异植物之一，具有成仙、尸解等不同功能，竹笋、竹叶、竹枝等也都具有不同的道教内涵。竹还与佛教渊源颇深，从竹林寺的命名到观音菩萨紫竹林道场，从"翠竹黄花"话头到香严击竹公案，以及著名的"三生石"意象，都与竹有关。

古代历史上，在黍稷稻麻麦豆棉等经济作物、梅兰菊荷牡丹等观赏植物以及松柏杏桃等兼具经济与文化价值的植物中，竹是较为特殊和重要的植物之一，既具观赏价值与经济价值，又渗透于生活与文化的各个层面，为各阶层人民所喜爱，成为具有多种文化内涵的象征符号。竹之于中国文化的意义，为一般植物所难以企及。竹一身多任，其影响不限于一时一地，而是与中华民族文明史相伴随，故英国著名科技史学者李约瑟认为中国是"竹子文明"[①]的国度。如果就中国是竹的原产地以及在中华文明史上所起的作用来看，这个判断是毫不为过的。

中国当前竹子利用水平处于国际前列，伴随着竹子的经济利用出现了竹文化热。竹文化已逐渐受到全社会的关注，各级政府及企业主持组织了多届竹文化节，其规模有大有小，竹文化的热度则有增

---

① ［英］李约瑟《中国科学技术史》第一卷第一分册，科学出版社 1975 年版，第 181 页。

无减[①]。作为一种植物文化，在社会生活中占有如此重要的地位，就其规模和影响而言，竹都可与茶、梅、莲等相提并论。竹文化研究也方兴未艾，相关著作已出版几十种，仅以"竹文化"题名的著作就有十几种之多。

国内对竹文化的关注开始于中华人民共和国成立前，如马育麟《竹木工艺》（1948）。中华人民共和国成立后，《竹类研究》等杂志提供了交流平台。80年代以后的著作如《安吉竹类史料》（1990）等，为区域竹文化鼓与呼。我国台湾地区也出版了林海音《中国竹》、江涛《竹书》等。

图03 ［宋］赵昌《竹虫图》。

这一时期的单篇论文涉及的主要论题有竹林分布、竹崇拜以及竹与园林、绘画、文学等，如周芳纯《中国黄河流域的竹林》（1975）、何养明《竹子文明的国度》（1982）等。

20世纪90年代以前是竹文化的普及与研究起步阶段。90年代以来，多部竹文化专著的问世推动了研究的深入。相关著作可分三类：

---

① 自1997年首届中国竹文化节在安吉举办，以后湖南益阳（1999）、四川宜宾（2001）、湖北咸宁（2003）、福建武夷山（2006）、浙江安吉（2007）等地陆续举办国家级、国际性的竹文化节。地方性的竹文化节，如上海政府、北京紫竹院公园、成都望江楼公园等单位都举办过多次。

1.竹文化总论性著作。如周裕苍《中国竹文化》(1992)、关传友《中华竹文化》(2000)、王平《中国竹文化》(2001)、吴静波、李增耀《竹文化》(2003)、张济和等《传承的神韵——竹与竹文化》(2007)等。其中何明、廖国强《中国竹文化研究》(1994)①最具学术性,该书上编"竹文化景观"八章论述食笋、竹制品与竹制建筑,下编"竹文化符号"四章阐述竹在宗教、文学、绘画以及人格象征等领域的文化意蕴。

2.重点论述竹文化某一方面内涵的著作。关于地域竹文化的如屈小强《巴蜀竹文化揭秘》(2006),关于少数民族竹文化的如何明、廖国强《竹与云南民族文化》(1999),关于竹题材文学的如王立《心灵的图景:文学意象的主题史研究》(1999)第二章,关于画竹史观念史的如冯超《湖州竹派》(2003)、范景中《中华竹韵:中国古典传统中的一些品味》(2011),关于环境史的如王利华《人竹共生的环境与文明》(2013)。

3.还有一些著作反映地方竹文化或为当地竹文化节而作,如龙游县政协文史委员会编《龙游竹文化》(1993),伍振戈主编《益阳竹文化》(1993),邵武市竹文化活动筹备领导小组编《竹文化——献给邵武建市十周年庆典暨首届竹文化节》(1993),吴著富著《咸宁竹文化》(2003),青神县党史县志办公室编《青神竹文化》(2004)等。

关于本课题尚未见国外专著,仅日本学者有少量论文涉及。

关于竹的绝大部分学位论文,主要从植物学、工艺学、园林学、经济利用等角度进行研究,文化文学主题的相关研究成果所占比例较少。硕士学位论文涉及论题非常广泛,园林审美方面的如李宝昌《江

___

① 该书曾再版,题名《中国竹文化》,人民出版社2007年版。

南园林竹子造景的研究》（南京林业大学 1998 年）、徐佳蕾《竹子与风景园林——基于美学、社会学、生态学三种价值之上的竹子与园林》（南京林业大学 2003 年）、童茜《竹文化在环境艺术中的运用与研究》（湖南大学 2006 年）、蒲晓蓉《八种观赏竹在城市园林中的生态效应研究》（四川农业大学 2007 年）、李世和《竹在中国传统民居中的生态价值与在当今的生态应用研究》（福建师范大学 2007 年）、邓海鑫《观赏竹种引种试验及园林配景应用研究》（南京林业大学 2007 年）、马海艳《观赏竹在上海城市公园绿地中的应用调查与分析》（南京农业大学 2007 年）、刘海燕《我国南方建筑环境中的竹文化研究》（湖南大学 2007 年）、郝志刚《竹子在杭州城市园林绿化中的应用研究》（浙江大学 2007 年）、谢瑞霞《传统竹文化在盆景方面的诠释及竹盆景的设计》（福建农林大学 2008 年）等。

图 04 ［宋］萝窗《竹鸡图》。（绢本，水墨，浅设色。纵 96.3 厘米，横 43.4 厘米。日本东京国立博物馆藏。萝窗乃南宋末期禅僧，俗家姓名失传，住杭州西湖畔六通寺，与水墨画名手牧溪画意相仿。题款：“意在五更初，幽幽潜五德。瞻顾候明时，东方有精色。萝窗。”）

　　绘画工艺方面的如邵晓峰《“东坡朱竹”的启示》（南京师范大学

1998年)、谈生广《从王庭筠〈墨竹枯槎图〉看宋金及元初苏轼体系墨竹的传承》(南京师范大学2003年)、季正嵘《"竹构"景观建筑的研究》(同济大学2006年)、傅荕《中国传统竹文化在现代产品设计中的应用与研究》(上海交通大学2007年)、沈罗萍《安吉圆竹盛具研究》(江南大学2007年)、董天昊《竹画评议》(中国美术学院2008年)、蔡永成《福建漳浦竹马戏探源》(福建师范大学2008)、方正和《五代、两宋花鸟画中的"竹木法"》(南京艺术学院2009年)、王贞《从文同画竹看竹文化对宋元文人画的影响》(曲阜师范大学2009年)、周路平《墨竹的符号学分析》(河南大学2009年)等。还有姚琳琳《〈说文解字·竹部〉字研究》(西南大学2007年)等。

林业部竹子研究开发中心编辑出版的《竹子研究汇刊》,中国林科院竹类信息中心编辑出版的《世界竹藤通讯》(原名《竹类文摘》),云南省竹藤产业协会、云南竹藤产业研究发展中心及西南林学院竹藤研究所共同主办的《竹藤产业导报》(原名《竹业通报》),南京林业大学主办的《竹类研究》(已停刊)等竹类研究刊物,以及众多的农业、林业刊物都刊发过竹子研究论文。这些期刊及大量论文以研究竹子的生物学特性、开发利用及竹文化为主,其中竹文化研究涉及的范围极广,竹的题材文学研究仅是其中微弱的一部分,成果较多的论题主要有竹崇拜、竹枝词以及竹子与园林、绘画、音乐等。

此期单篇论文所涉领域更广泛、论题更深入,如何明《中国咏竹文学的形成、演进及其文化内涵》(1994)、方坚铭《从马、竹、剑三个意象来窥探长吉心态》(2004)、许红霞《"蔬笋气"意义面面观》(2005)、王利华《环境史视野下的自然物种人格化——中国古代文人与竹子的心灵交契》(2010)等。

总的来看，以上著作和论文涉及竹文化的很多重要方面，反映了竹文化研究的广度、深度及趋势，这些成果也为本书的深入展开提供了保障。

本书的创新之处首先在于研究方法的创新。对于竹文化主要形态的研究，立足于解决一个又一个小的论题，在众多小论题解决以后，自然形成对于竹生殖崇拜内涵、竹的道教内涵、竹的佛教内涵等主要竹文化形态的较为全面的理解。对竹文化的梳理是一个全新的探索过程，随时会涉及竹子与其他门类文化艺术的千丝万缕的联系，这样就把竹文化与文学、艺术、宗教、园林以及社会生产生活等广泛领域进行综合审视。

本书的创新之处还表现在，探讨了一些前修时贤较少

图 05 ［清］郑燮《华封三祝图》。（纸本，墨笔。纵 167.7 厘米，横92.7 厘米。中国国家博物馆藏。郑燮（1693—1765），字克柔，号板桥、板桥道人，江苏兴化人。寓意取自《庄子·天地篇》华封人三祝帝尧的典故。只画了三竿修竹和两块巨石。自题："写来三祝仍三竹，画出华封是两峰，总是人情真爱戴，大家罗拜主人翁。"）

关注或尚未关注的论题，深化了竹文化研究。如通过对竹的性别象征、《竹枝词》起源等论题的探讨，深入研究了竹的生殖崇拜内涵。通过对

扫坛竹、三生石、观音与竹结缘等问题的梳理，有助于对竹文化的道教内涵与佛教内涵进行全面考察，也便于理清竹的宗教崇拜内涵及其对文学的影响。

本书在构思时只求抓住重点，不求全面，因学力所限，一些重要专题未能涉及，已涉及的有些专题也因时间紧迫而未能深入。儒释道文化是中国传统文化的主体。本书探讨了道教、佛教文化视野下的竹文化，但是对于儒家文化中的竹文化则没有专列一章进行论述。这部分内容其实放在《古代文学竹意象研究》一书中，主要是该书第三章《竹子比德意义研究》。竹与园林、音乐、绘画、民俗等领域未能涉足，重要专题如竹与龙凤崇拜、竹的再生化生母题、竹与祥瑞灾异等未及讨论。

最后，对本书的叙述体例略作说明。凡引用文献，第一次出现详注著者及版本、卷次等信息，以后出现尽量从简。

第一章　竹生殖崇拜内涵研究

我国是竹子原产地及主要分布区。竹子因分布广、利用多而在先人的生产生活中有着举足轻重的作用，加上万物有灵观念的影响，竹崇拜意识遂遍布大江南北[①]。古代竹生殖崇拜表现为男性崇拜、女性崇拜及生殖神崇拜[②]。北方的孤竹国和西南的夜郎国以及其他少数民族地区还形成竹图腾崇拜。竹与高禖崇拜有密切联系，后来又出现竹林神崇拜。竹的再生、化生传说虽然多被视为祥瑞灾异，其实也源于竹生殖崇拜。

反映到文学中，体现竹生殖崇拜观念的有竹子男性象征、女性象征、合欢象征等象征内涵，在以竹子象征男女性别的背景下，文学作品中出现了临窗竹等相关竹意象。临窗竹具有象征别离与性别的意义，

---

① 严绍璗以为竹生殖崇拜主要在南方："从现有的史料考察，它（引者按，指竹生殖信仰）主要存在于中国从福建至湖南，经由四川到达云南的以长江为中心的文化圈内，或许，这一片横贯东西的富饶的竹产地，便是'竹生殖信仰'的起源地。"见严绍璗、中西进主编《中日文化交流史大系·文学卷》，浙江人民出版社 1996 年版，第 186 页。古代北方也产竹，竹崇拜应同样存在，虽然目前所知史料较少，也可略见竹崇拜之迹，《诗经》及《山海经》等书都有很多记载，如"如竹苞矣"（《诗经·小雅·斯干》）、"结根泰山阿"（《古诗十九首·冉冉孤生竹》）等，涉及的地域在今陕西、山东。如果说这些还不是典型的竹生殖崇拜，那么唐代京城长安的竹林神崇拜风俗可视为北方竹生殖崇拜观念的反映。

② 参考屈小强《巴蜀竹崇拜透视》，《社会科学研究》1992 年第 5 期；关传友《论中国的竹生殖崇拜》，《竹子研究汇刊》2005 年第 3 期。

成为唐宋词中出现较多的表现闺怨情感的意象之一。《竹枝词》也是竹生殖崇拜观念影响下的产物，从文献考索可知，具有艳情内涵的《防露》是《竹枝词》的早期形态；从文化形态推求可知，《竹枝词》的产生背景可能与竹生殖崇拜观念有关。《诗经·淇奥》的主旨，现代学者多倾向于理解为爱情诗，本章以竹生殖崇拜为文化背景，重新考索其主旨并诠释各句内涵。

第一节　竹生殖崇拜及相关问题

原始人认为花草树木乃至整个世界都有生命与灵魂。在万物有灵观念影响下，许多花草树木受到崇拜，其中生殖崇拜内涵较为普遍。竹同许多其他植物一样，因其旺盛的生命力，在先民的生产实践中受到崇拜，逐渐形成生殖崇拜内涵。

一、竹图腾崇拜与竹生人、人死化竹

"图腾"一词来源于印第安语"totem"，意思是"它的亲属""它的标记"。图腾的实体是某种动物、植物、无生物或自然现象。原始人曾产生三种图腾含义：图腾是血缘亲属；图腾是祖先；图腾是保护神①。确定一种植物是否图腾崇拜物，主要根据一些崇拜的迹象与传说来判断。

竹宗生族茂，凌寒不凋，生命力旺盛，使得不少部落氏族以之为图腾，南方的夜郎就是显例。《后汉书·西南夷列传》载夜郎竹王生于

_____

① 参看何星亮著《中国图腾文化》，中国社会科学出版社 1992 年版，第 10—12 页。

竹中的传说："有女子浣于遯水，有三节大竹流入足间，闻其中有号声，剖竹视之，得一男儿，归而养之。"①传说中"三节大竹流入女子足间"有性交合的象征意义。《华阳国志》载："有一女子浣于水滨，有三节大竹流入女子足间，推之不肯去，闻有儿声。取持归，破之，得一男儿。养之。长有才武，遂雄夷濮，氏以竹为姓。捐所破竹于野，成竹林，今竹王祠竹林是也。"②既然竹王生于三节大竹，可见夜郎的图腾是竹。其中"捐所破竹于野，成竹林"一句尤为明确地告诉人们竹的旺盛生殖力在这个故事中所具有的意义。"夜郎王名叫'多同'，翻译成汉语，便是'从竹筒里生出来的'之意。"③可见竹被认为是夜郎人的祖先。

龚维英论述：

前面引述过的那位诞自竹内的夜郎侯，"以竹为姓"，乃视竹为母也。《说文》："姓，人所生

金文　　小篆　　楷体

图 06　"筍"字的字源演变。图片引自汉典网。

也。古之神圣人，母感天而生子，故称天（之）子。因生以为姓，从女生。"《左传》隐公八年："因生以赐姓"，说得都明确易

① ［南朝宋］范晔撰、［唐］李贤等注《后汉书》卷八六，中华书局 1965 年版，第 10 册第 2844 页。
② ［唐］常璩撰、任乃强校注《华阳国志校补图注》卷四《南中志》，上海古籍出版社 1987 年版，第 230 页。此传说又载于《后汉书·南蛮西南夷列传》《蜀王本纪》《水经注·温水注》《异苑》《述异记》等。
③ 李立芳《湖湘竹文化及其在现代艺术设计中的传承》，《湖南商学院学报》2005 年第 6 期。

晓。在我国汉族和某些少数民族的姓上，便打有"植物生人"的烙印。例如：杨、柳、李、蓝、麦、柏、杜、花、桑、梅、朱（《说文》："朱，赤心木也，松柏属。"）等等均是。

外国的"姓"亦有取自植物的，如俄罗斯人即"用'黄瓜'、'白菜'等来取姓"。这是由于外国某些民族同样有"植物生人"的荒唐言。最著者莫如日本古传奇小说《竹取物语》，讲的是一个善良的老篾匠，采竹做竹器，"在一棵闪光的竹节里剖出一个三寸高的小女孩"的故事。①

龚先生认为："先民之所以有'植物生人'这种幼稚认识，盖渊源于远古的生殖器崇拜、图腾崇拜和灵物崇拜，而且和原始人的'感生'观念有关。"②因此，"姓"保留了图腾崇拜的文化因素③，"'以竹为姓'明白地是竹图腾的意识"④。

古人"以国为氏"⑤，殷末孤竹国子孙即以竹为姓⑥。任昉《述异记》载东海畔有孤竹，"斩而复生，中有管，周武王时，孤竹之国献瑞笋一株"⑦。

---

① 龚维英《原始人"植物生人"观念初探》，《民间文学论坛》1985年第1期，第85页。
② 龚维英《原始人"植物生人"观念初探》，《民间文学论坛》1985年第1期，第85页。
③ 王泉根《论图腾感生与古姓起源》，《民间文学论坛》1996年第4期，第19—24页。
④ 萧兵著《中国文化的精英——太阳英雄神话比较研究》，上海文艺出版社1989年版，第392页。
⑤ 郑樵《通志》卷二五《氏族》云："天子诸侯建国，故以国为氏，虞夏商周鲁卫齐宋之类是也。"
⑥ 《名贤氏族言行类稿》中记载："孤竹君，姜姓，殷汤封之辽西，令支至伯夷、叔齐，子孙以竹为氏焉，东莞。"《姓苑》："竺本姓竹，至汉枞阳侯竹晏改为竺。"
⑦ ［南朝梁］任昉撰《述异记》卷上，《影印文渊阁四库全书》第1047册第615页上栏。

此传说还保留了孤竹国以竹为图腾崇拜的一些痕迹：东海畔、孤竹、瑞笋一株、强大的生命力等，都足以使我们将其与孤竹国的竹崇拜联系起来。四库馆臣以为："附会竹生东海……尤为拙文陋识。"①殊不知这种附会实际是上古传说的遗留，不宜以自然科学的理性眼光来检验与评判其对错。因为汉族竹图腾传说已经失传，所以人们对于夜郎竹王传说多持贬抑态度，如《陈书》："瞻望乡关，何心天地？自非生凭廪竹，源出空桑，行路含情，犹其相愍。"②以为"生凭廪竹，源出空桑"才不会有乡关之思，因而贬之为非类。有人认为："汉族地区虽常以竹子作为有气节、讲操守的君子的象征，但并无人类学意义上的竹崇拜或以竹为图腾的观念。"③此种观点看似有理，其实并不符合事实，故此处不惜笔墨论述孤竹国的图腾崇拜。

竹也被一些氏族部落或少数民族视为祖神，加以敬奉和祭祀。竹生殖崇拜的深层原因可能正是竹的繁殖力。李玄伯认为："以上二团（引者按，指菔、荀）皆以屮为图腾。但金文中未见荀字，伯笋父簋、笋伯簋等器有笋字，我颇疑荀即笋，非以屮为图腾而以笋为图腾。笋乃新生幼竹，尤与生生之意相合。"④刘尧汉《中国文明源头新探》指出："各地彝族用竹根作为祖先禄位，也是把早先对竹的自然崇拜经历了图腾崇拜改变成祖先崇拜。"⑤

① 四库全书研究所整理《钦定四库全书总目》卷一四二《述异记》提要，中华书局 1997 年版，下册第 1886 页左。
② ［唐］姚思廉撰《陈书》卷二六《徐陵传》，中华书局 1972 年版，第 2 册第 331 页。
③ 陈金文《"竹生甲兵"母题生成新探》，《广西民族大学学报（哲学社会科学版）》2008 年第 2 期，第 149 页右。
④ 李玄伯《中国古代社会新研》，上海文艺出版社 1988 年影印版，第 127 页。
⑤ 转引自王立、苏敏《古典文学中竹意象的神话原型寻秘》，《大连大学学报》2006 年第 5 期。

值得一提的是，川滇边界金沙江沿岸的藏族视竹为其始祖神，有一个美丽的传说《斑竹姑娘》，讲述藏族伐竹青年朗巴从竹内剖出一个漂亮姑娘[1]。还有许多少数民族以竹为图腾，如苗族、彝族、傈僳族、布依族[2]以及我国台湾地区的高山族等，屈小强认为古代巴蜀的共同图腾是竹[3]。对于现今少数民族地区的竹图腾崇拜，关传友有详细论述[4]。东亚、东南亚很多国家也崇拜竹，有竹生人的神话传说。"竹生人神话概念流传在中国大陆南方及日本与南洋诸岛，包括印度尼西亚、菲律宾、美拉尼西亚与新几内亚等地。"[5]

图 07　"笋"字的字源演变。
图片引自汉典网。

人死后化生为竹，也是竹图腾崇拜的一种表现。较为著名的例子，如相繇、项託等。戴凯之《竹谱》："相繇既戮，厥土维腥。三埋斯沮，寻竹乃生。"[6]《搜神记》卷一五："汉陈留考城史姁，字威明，年少时，尝病，临死，

① 田海燕编著《金玉凤凰》，少年儿童出版社 1961 年版。
② 马长寿《苗瑶之起源神话》，《民族学研究集刊》1946 年第 2 期；宋兆麟《漫谈图腾崇拜》，《文史知识》1986 年第 5 期，第 89 页；宋兆麟《雷山苗族的招龙仪式》，《世界宗教研究》1983 年第 3 期；何星亮著《图腾与中国文化》，江苏人民出版社 2008 年版，第 176 页。
③ 屈小强《巴蜀氏族——部落集团的共同图腾是竹》，《四川师范大学学报（社会科学版）》1992 年第 3 期。
④ 参考关传友《论竹的图腾崇拜文化》，《六安师专学报》第 15 卷第 3 期（1999 年 8 月）。
⑤ ［俄］李福清（R. Riftin）著《神话与鬼话——台湾原住民神话故事比较研究》，社会科学文献出版社 2001 年版，第 82 页。
⑥ ［晋］戴凯之撰《竹谱》，《影印文渊阁四库全书》第 845 册第 175 页下栏左。

谓母曰:'我死当复生。埋我,以竹杖柱于瘗上,若杖折,掘出我。'及死埋之,柱如其言。七日往视,杖果折。即掘出之,已活,走至井上浴,平复如故。"①相繇为先秦神话人物,史妸是普通百姓,从这些传说可见人死化竹的观念自先秦至魏晋的一脉相承。如果说相繇死后化竹体现的是人为竹所生、死后化为竹的图腾意识,那么项讬死后化竹则与竹生甲兵的观念相结合。敦煌变文《孔子项讬相问书》:

> 项讬残气犹未尽,回头遥望启娘娘:"将儿赤血瓷盛着,擎向家中七日强。"阿娘不忍见儿血,擎将写着粪堆傍。一日二日竹生根,三日四日竹苍苍。竹竿森森长百尺,节节兵马似神王。弓刀器械沿身带,腰间宝剑白如霜。二人登时各觅胜,谁知项讬在先亡。夫子当时甚惶怕,州县分明置庙堂。②

项讬也是死后化生为竹,反映了人死化竹观念的延续。节节竹竿似兵马,体现的则是竹生甲兵的观念。人死化竹观念作为一种集体无意识已化为风俗流传至今,"今江浙一带习俗,子孙为前辈送葬,要手捧青竹竿,谓之'哭丧棒',岂非古苴杖之变也?瑶族丧事,亡人入土后,巫师需将名为'归宗竹'的竹竿插在坟头,流露出古时竹图腾崇拜的明显印迹"③。

竹图腾崇拜在有些少数民族地区直到现在还有遗存,而在汉族文化区域内,则与道教长生思想和民间多子长寿心理相结合,形成具有

---

① [晋]干宝撰、汪绍楹校注《搜神记》卷一五,中华书局 1979 年版,第 182 页。
② 黄征、张涌泉校注《敦煌变文校注》,中华书局 1997 年版,第 359 页。
③ 麻国钧《竹崇拜的傩文化印迹——兼考竹竿拂子》,《民族艺术》1994 年第 4 期,第 47 页。

健康成长、长寿安康、生殖崇拜和性象征等多种内涵的文化现象。我们既要考虑文化传播的因素，也不可忽略文化得以传播并演变的条件，如"竹生人"传说传布的地域在东亚、南亚、东南亚一带，而不是往北往西传播，可见跟竹的自然分布有关。

二、竹的生物特性与生殖崇拜内涵

古代生产力落后，人口繁殖受到种种威胁，繁殖率低、成活率低、寿命短等都是困扰先民的难题。竹是中华大地普遍习见的植物，其宗生族茂的繁殖力、蓬勃旺盛的生命力，都可能使先民产生神秘的敬畏与崇拜心理。费尔巴哈说："人的崇拜对象，包括动物在内，所表现的价值，正是人加于自己、加于自己的生命的那个价值。"[①]先民面对自身恶劣的生育条件、艰难的生

图 08　［清］孔孙《竹苞图》。（水墨纸本，立轴，纵 120 厘米，横 54.2 厘米。鲁得之（1585—？），初名参，字鲁山，后以字行，遂得名之，更字孔孙，号千岩，钱塘（今杭州）人，侨寓嘉兴（今浙江嘉兴）。此图为杨白桦藏品。"补陀洛伽之室"为杨白桦先生室名。钤印"孔孙"。款识"得之"。参见荣宝拍卖公司编《补陀洛伽之室藏书画》，荣宝斋出版社 2007 年版，第 167 页）

---

① ［德］路德维希·费尔巴哈著、荣震华等译《费尔巴哈哲学著作选集》下卷，生活·读书·新知三联书店 1962 年版，第 541 页。

命繁衍，在与竹生长繁茂的对比中，产生生命繁殖的渴望，祈求得到竹的庇护和保佑。就竹生殖崇拜的深层原因来说，当来自两方面：生命的生产与生命的延续。

首先，竹的旺盛繁殖能力易于引起先民的崇拜。只要能满足对水分和土壤的一定要求，竹子即能繁茂成林。《诗经·小雅·斯干》："如竹苞矣。"传："苞，本也。"笺："以竹言苞，而松言茂，明各取一喻。以竹笋丛生而本概，松叶隆冬而不凋，故以为喻。"①可见先民很早就崇拜竹的生殖力。此句在《斯干》中虽是形容贵族宫廷建筑的宏伟壮丽，但是借竹子宗生族茂来祝愿子孙"瓜瓞绵绵"的愿望给后人无限启迪。

先秦时代，"江南卑湿，丈夫早夭。多竹木"②，特殊的地理环境与竹子生长状态，促使先民将人口生殖与竹子生长联系起来。《酉阳杂俎》续集卷四："北方婚礼必用青布幔为屋，谓之青庐……以竹杖打婿为戏，乃有大委顿者。"③竹杖打婿，竹子的生殖功能已经融化为风俗活动，至今仍在不少地区表现为"竹杖拍喜""筷捣窗户"等婚俗④。竹子六十年开花枯死，落实而生或易根复生，这种生命轮回交替的现象引起古人的注意。如《太平御览》卷九六三引《荆州图》曰："筑阳薤山有孤竹，三年而生一笋，笋成，代谢常一。"三年一生笋，实是竹子六十年一易根现象的简单变形。

---

① 《十三经注疏》整理委员会整理、李学勤主编《毛诗正义》卷一一之二，北京大学出版社 1999 年版，第 682 页。
② 《史记》卷一二九《货殖列传》，第 10 册第 3268 页。
③ ［唐］段成式撰《酉阳杂俎》续集卷四，上海古籍出版社编，丁如明、李宗为、李学颖等校点《唐五代笔记小说大观》，上海古籍出版社 2000 年版，上册第 750 页。
④ 参考关传友《男婚女嫁，以竹为事——婚恋习俗中的竹意象和功能》，《皖西学院学报（综合版）》1998 年第 3 期第 22 页。

其次，竹子的顽强生命力也受到古人崇拜。竹子"托宗爽垲，列族圃田。缘崇岭，带回川。薄循隰，行平原"（江逌《竹赋》）①，几乎是不择地而生。竹子还具有凌冬不凋的耐寒特性。对此古人早有认识，一方面在对抗严寒气候条件时显示出生命力的顽强。如庾信《正旦上司宪府诗》："雪高三尺厚，冰深一丈寒。短笋犹埋竹，香心未起兰。"②另一方面在与其他落叶植物的对比中见出生命力的强盛。如《金楼子·志怪篇》："谓冬必死，而竹柏茂焉。"③就是在正常的地理环境与气候条件下，竹子的生命力也展露无遗，雨后春笋最能代表竹子旺盛的生命力，节节高生的趋势尤其能象征生命力的繁荣。

总之，在古人眼中，竹子具有顽强的生命力。对竹子顽强生命力的崇拜，在后代演化转变为希求子女茁壮成长的愿望。"竹有时又用以解小儿之厄、驱除病魔等。向绪成、刘中岳《湖南邵阳傩戏调查》一文引《武冈州志·风俗志》：'小儿有病者，或编竹为桥……使巫婆娑其间，谓之度花。'四川万县地区广安有类似风俗，《广安州新志》载：'禳小儿病，以竹编桥，置鸡竹枝中祭之，曰祭关煞。'"④在壮族地区，"当小孩饮食不佳或体弱多病时，父母即认为小孩命薄（生命力不强），要请魔公来为孩子种竹，以增补孩子之命，求其能像竹子那样生机勃勃"⑤。鲁南郯城民俗，腊月除夕以青竹插在磨盘眼中，祈求来年四季

---

① ［清］严可均辑《全上古三代秦汉三国六朝文》全晋文卷一〇七，中华书局1958年版，第2册第2073页上栏右。
② 逯钦立辑校《先秦汉魏晋南北朝诗》北周诗卷二，中华书局1983年版，第2357页。
③ ［南朝梁］萧绎撰《金楼子》卷五，中华书局1985年版，第89页。
④ 麻国钧《竹崇拜的傩文化印迹——兼考竹竿拂子》，《民族艺术》1994年第4期，第47页。
⑤ 廖明君《植物崇拜与生殖崇拜——壮族生殖崇拜文化研究（中）》，《广西民族学院学报（哲学社会科学版）》1995年第2期，第31页。

常青、丰收吉祥①。

　　竹子繁殖力强、生命力旺盛，是原始先民寄托子嗣繁荣愿望的重要原因。竹生殖崇拜表现为男性生殖崇拜、女性生殖崇拜及生殖神崇拜（或性崇拜）。竹子女性生殖崇拜表现为以竹叶、竹筒喻女性或女性生殖器，引起联想和附会，从而寄托生殖崇拜观念。在竹图腾崇拜观念中，竹筒是子宫和阴道的象征②。如"有大竹名濮竹，节相去一丈，受一斛许"③，极力形容竹大节长及其涵容性。典型的莫过于夜郎竹王传说。因为传说记载的简单模糊，竹王故事中三节大竹，"或说象征母腹，或说象征男阴，竹入足间是性接触的'隐语'"④。在《异苑》中，竹子能孕人："建安有笕筜竹，节中有人长尺许，头足皆具。"⑤晋王彪之《闽中赋》："笕筜函人，桃枝育虫。"《齐民要术》注："笕筜竹，节中有物，长数寸，正似世人形，俗说相传云'竹人'，时有得者。育虫，谓竹䗩(liú)，竹中皆有耳。因说桃枝，可得寄言。"⑥可知笕筜竹生人传说实由于竹中物似人而生的联想。

　　但这种附会并非空穴来风，有竹能生人的思想文化背景。"大量的容器生人，无论是葫芦、竹子、南瓜、石缝、盘等等，同样都是对女

①　参考靳之林著《生命之树与中国民间民俗艺术》，广西师范大学出版社2002年版，第107页。
②　参考王小盾著《中国早期思想与符号研究：关于四神的起源及其体系形成》，上海人民出版社2008年版，第744页。
③　[晋]常璩撰、刘琳校注《华阳国志校注》卷四"永昌郡"，巴蜀书社1984年版，第430页。
④　萧兵著《中国文化的精英——太阳英雄神话比较研究》，第392页。
⑤　[南朝宋]刘敬叔撰、范宁校点《异苑》，中华书局1996年版，第10页。
⑥　[后魏]贾思勰著、缪启愉校释《齐民要术校释》卷一〇，农业出版社1982年版，第633页。

性生殖的象征性隐喻。"①严绍璗认为："这里描写的便是'竹孕'(竹胎)现象，它显然就是'母胎'的隐喻。前述'竹生殖说'，便是此种'母胎说'的必然结果。此种对'竹'的隐喻与崇拜，与中国古代曾经流行的'桃崇拜''瓜崇拜''葫芦崇拜'等一样，都是原始的女性生殖器崇拜的延伸与演化。"②"在从开始到最后的各个发展阶段中，我们都看到了这个体现女性本质的原型象征。女人＝身体＝容器，这一基本的象征等式，与也许是人类（男人的和女人的）最基本的女性经验相一致。"③故关传友指出："从表象上看，竹的中空秆筒，与女阴的轮廓相似；从内涵而言，竹多子（发笋多）繁殖力极强。"④可见竹子女性生殖崇拜观念反映了两方面内容：竹子形似女阴与子宫、希求得到竹子的繁殖力与生命力。

竹子的男性生殖崇拜表现为以竹竿、竹笋等象征男根。竹竿用以象征男根⑤，最常见的组合就是钓鱼意象。不仅渔竿，"统治者的节杖与权杖、棍棒和主教牧杖一样也起源于其男性的生育象征意义"⑥。另一方面，男性生育的奇特方式在远古先民是相信其可能性的，至少在

---

① 刘黎明、夏春芬《论密室型故事》，项楚主编《中国俗文化研究》第四辑，巴蜀书社 2007 年版，第 82 页。
② 严绍璗、中西进主编《中日文化交流史大系·文学卷》，第 190 页。
③ ［德］埃利希·诺伊曼著、李以洪译《大母神：原型分析》，东方出版社 1998 年版，第 38 页。
④ 关传友《论中国的竹生殖崇拜》，《竹子研究汇刊》2005 年第 3 期，第 55 页左。
⑤ 赵国华认为："女性生殖器的象征物转化为男性生殖器的象征物，再演为图腾。如在彝族中，象征女性生殖器的竹，以其坚挺又转化为男根的象征物，受到崇拜；它进而演变为图腾，被奉为始祖，但仍然被视作男根的象征。"见氏著《生殖崇拜文化论》，中国社会科学出版社 1990 年版，第 360 页。
⑥ ［英］杰克·特里锡德著，石毅、刘珩译《象征之旅：符号及其意义》，中央编译出版社 2001 年版，第 139 页。

远古神话中是如此。《山海经》丈夫之国"其国无妇人"[①]，"鲧复（腹）生禹"[②]，《史记·楚世家》"陆终生六子，坼剖而产焉"，《太平御览》卷七九〇引《括地图》，王孟无妻而背生丈夫民[③]。甚至某些地区还出现过"产翁"习俗[④]。

因此，作为男性生殖器象征物的竹竿也能生人，著名的如孤竹崇拜。龚维英从图腾崇拜的角度立论："从男根崇拜的角度看，竹之挺拔，正男根之象也。"[⑤]"孤竹和殷商均隶属古东夷鸟图腾族团。在上古人的观念里，鸟和孤竹都象征男根，图腾意蕴相通。"[⑥]孤竹即孤生之竹，一柱擎天的挺拔之感尤为引人注目。有人以为，新竹生而老竹死，故名孤竹，同样与生殖崇拜观念相关。

以竹竿比拟男根的风俗至今仍存，如宋兆麟《中国生育信仰》一书中的例证：

> 湖南常宁东桥乡有一座凹形石山，山腰上有一口水井，当地人称为"求子洞"。当地汉族妇女多年不生育时，必前去烧香，拜石井。然后把竹竿或木竿插入井内，上下抽动若干次，有如交媾动作，最后不育妇女要饮用井水。传说该井过去较小，由于经常往里插竹木竿，井口已扩大。[⑦]

---

① 袁珂校注《山海经校注》引郭璞注，上海古籍出版社 1980 年版，第 401 页。

② 袁珂校注《山海经校注·海内经》，第 472 页。

③ 参考李剑国《唐前志怪小说史》，天津教育出版社 2005 年版，第 143 页。

④ 参考肖发荣《"产翁制"与早期社会组织演变》，《贵州民族研究》2004 年第 2 期。

⑤ 龚维英《原始崇拜纲要——中华图腾文化与生殖文化》，中国民间文艺出版社 1989 年版，第 242 页。

⑥ 龚维英《对孤竹、伯夷史实的辨识及评价》，《江汉考古》1995 年第 2 期。

⑦ 宋兆麟著《中国生育信仰》，上海文艺出版社 1999 年版，第 180 页。

怀化小沙江虎形山乡铜钱坪路边上，有一座石堆小庙，如女阴状，庙的中下部有一个卵圆形空洞。洞前放一小杯，杯内盛水。庙旁又放一根竹竿，竹子从正方形空木板的中央穿过去。该地不育妇女多在天亮前去祭神，然后饮用小杯中的水。①

上述两例中竹竿插入井内或木板，都是隐喻性交，竹竿则象征男根。很多时候竹子生殖功能在风俗中仅以象征意义表现出来。宋兆麟介绍说，贵州雷山县麻料村苗民有一种招龙仪式，这种仪式每十二年举行一次，"以竹子代表图腾，人们为其穿衣一拴棉条，上供，并把竹子迎到林内，在路上插许多竹子，上贴纸人，象征龙竹带来子女"②。因此，竹子男性生殖崇拜观念也反映了两方面内容：竹子形似男根、希求得到竹子的繁殖力与生命力。

这里有必要说明两点：首先，同人类由母系社会转向父系社会的历程有关，竹生殖崇拜有一个从女性生殖器崇拜到男性生殖器崇拜的转变过程，即由女阴崇拜到男根崇拜的过程。其次，涉及竹子的性象征与生殖崇拜内涵之间的关系问题。阿尔伯特·莫德尔在《文学中的色情动机》第十一章《文学中的性象征》论述道：

人类在远古就开始使用象征来表达性爱欲望，这一点已为大多数人类学家和语言学家所承认。他们追溯各种民间风俗、语言习惯和修辞方式的起源，最后发现都和远古人类的性活动有关。在我们的语言中，有许多名词现在已明显地具有性含义，但它们一开始仅仅是象征而已，譬如，seed（种子）

---

① 宋兆麟著《中国生育信仰》，第 181 页。
② 宋兆麟著《生育神与性巫术研究》，文物出版社 1990 年版，第 19 页。

一词，希伯来语是 zera，拉丁语是 semen（源于 sero 即"播种"）。这两个词同时也被用来指称男人的精液。远古时代的人和今天的人一样寻求类比；这往往是因为他害怕触犯禁忌，于是就把话说得含蓄一点。他知道生育的法则在任何地方都一样，于是就为自己的生育活动寻找象征表示，如太阳、月亮、流水、树林、田野和花草等自然现象；蛇、马、牛、鱼、羊、鸽子等动物；还有箭、剑和犁等工具。一般之物都被他赋予了另一层意思。这样，他就有了一种新的表达方式，可以用来表示他自己的性活动和性对象；譬如，当他用钻子在木头上钻洞时，或者当他把一根树枝插入火堆时，他就联想到了他在女人身上做的那件事。后来，这样的象征表示越来越多，如：把塞子塞入瓶口、把面包放进炉子、把钥匙插入锁眼，等等。[①]

可见，性象征语言有很多是即兴式的、随意的，但不可否认，性象征语言很多来自生殖崇拜。而与竹子有关的性象征词汇，如扫坛竹等，也可以找到渊源于早期竹生殖崇拜的蛛丝马迹。

三、竹与高禖崇拜

与生殖器崇拜相对应的是性交崇拜，古人认为性交能与天地相通，盛大节日中既有象征性的舞蹈，也有性交活动。人们崇尚野合，即在野外性交，认为这样既可得天地之气而获得生殖力量的源泉，也会因人的性活动而使土地获得丰产。

我们的祖先认为大地之所以丰饶是因为天神对地母的性行为(下雨)

---

① ［美］阿尔伯特·莫德尔著、刘文荣译《文学中的色情动机》，文汇出版社
　2006 年版，第 167—168 页。

所致，按照原始思维，通过模拟活动（"顺势巫术"或"模拟巫术"）[①]以实现丰收丰产。《周礼·地官·司徒》："中春之月，令会男女。于是时也，奔者不禁。"这种祈丰收求子嗣的狂欢活动，使男女两性间的自由结合成为可能。《墨子·明鬼下》也记载："燕之有祖，当齐之社稷、宋之桑林、楚之云梦也。此男女之所属而观也。"卜辞中的社，"多为性器的象形，且社祖同源"[②]。

郭沫若说："祖社同一物也。祀内者为祖，祀外者为社。在古未有宗庙之时，其祀殊无内外。此云'燕之有祖，当齐之社稷'，正祖社为一之证。古人本以牡器为神，或称之祖，或谓之社。祖而言驰，盖驰此牡器而趋也。"[③]故而闻一多说："祖、社稷、桑林和云梦即诸国的高禖。"[④]

闻一多进一步阐述：

> 《春秋·庄公三十三年》"公如齐观社"，三传皆以为非礼，而《谷梁》解释非礼之故曰"是以为尸女也"。郭先生据《说文》"尸，陈也，像卧之形"，说尸女即通淫之意，这也极是。社祭尸女，与祠高禖时天子御后妃九嫔的情事相合，故知社稷即齐的高禖。桑林与《诗·鄘风·桑中》所咏的大概是一事，《鄘风》即《卫风》，而卫、宋皆殷之后，故知桑林即宋的高禖。

---

① 叶舒宪《探索非理性的世界》，四川人民出版社 1988 年版，第 24 页，叶舒宪译为"模仿巫术"和"染触巫术"。

② 参见凌纯声《中国古代神主与阴阳性器崇拜》，《中央研究院民族学研究所集刊》第 8 册，1959 年。转引自车广锦《中国传统文化论——关于生殖崇拜和祖先崇拜的考古学研究》，《东南文化》1992 年第 5 期，第 55 页左。

③ 郭沫若《释祖妣》，《郭沫若全集·考古编》第一卷，科学出版社 2002 年版，第 56—57 页。

④ 闻一多《高唐神女传说之分析》，《闻一多全集·神话编诗经编上》，湖北人民出版社 1993 年版，第 17 页。

云梦即高唐神女之所在，而楚先王幸神女，与祠高禖的情事也相似，故知云梦即楚的高禖。燕之祖虽无事实可征，但《墨子》分明说它等于齐之社稷，宋之桑林，楚之云梦，则祖是燕的高禖也就无问题了。[①]

在社祭过程中，一般都要跳象征男女性事的舞蹈，参加完社祭的男女青年，自然而然就在附近的树林中野合。刘毓庆论述：

> 在《路史·余论》中，又有"高禖古祀女娲"之说。《路史·后纪》二引《风俗通义》说："女娲祷祈而为女媒，因置婚姻行媒始行明矣。"所谓"高禖"，就是主宰婚姻的神禖，也即生育之神，亦作"郊禖"。《毛诗·生民》传说："去无子，求有子，古者必立郊焉。"《玉烛宝典》引蔡邕《月令章句》说："高禖，祀名，高犹尊也，禖犹媒也。吉事先见之象也。盖谓之人先，所以祈子孙之祀也。"《后汉书·礼仪志》注引卢植云："玄鸟至时，阴阳中，万物生，故于是以三牲请于高禖之神。居明显之处，故谓之高；因求其子，故谓之媒。"[②]

生殖的愿望通过祭高禖、会男女等活动得以实现，而那些野合场面也通过文字和图画影影绰绰地流传下来。出土的汉代画象砖中就有不少野合图。可见高禖崇拜与竹子有密切联系。

首先，远古的高禖仪式上有弓箭。《礼记·月令》："是月也，玄鸟至。至之日，以大牢祠于高禖。天子亲往，后妃帅九嫔御，乃礼天子所御，带以弓韣，授以弓矢，于高禖之前。"傅道彬论述道："祭于高禖前的

---

① 闻一多《高唐神女传说之分析》，见氏著《闻一多全集·神话编》，湖北人民出版社 1993 年版，第 17 页。
② 刘毓庆《"女娲补天"与生殖崇拜》，《文艺研究》1998 年第 6 期，第 96 页左。

弓矢具有明显的性器的象征意味，弓是女性之象，矢是男子性器的象征。而在这个盛大的带有宗教意味的性交行为的象征仪式中，其执行人是天子和后妃、九嫔，后妃九嫔要'礼天子所御'。御是性行为的一个特殊隐语，这一用法在古代典型中屡见不鲜，兹不繁引。那么这个象征性的盛大而庄严的性行为礼仪的用意是很清楚的了，它的用意是由天子与后妃的性行为仪式，来为处于仲春二月而萌动的自然万物举行婚庆典礼。在大自然充满旺盛的生命春情的季节发生性行为，是为了引导自然万物的阴阳交媾，以促使万物的生长繁育。"[1]竹子是制作弓箭的重要材料，甚至因此有"竹箭"之称。日本至今仍有"裸身祭祀"的风俗，参加裸身祭祀的人都赤身裸体，"每一个人都拉抬着一捆硕大的马尾巴式带枝叶的竹子为神器，敬献于神社"[2]，还遗留着竹子生殖崇拜的痕迹。

其次，高禖石上有竹叶图案。《隋书·礼仪志二》："梁太庙北门内道西有石，文如竹叶，小屋覆之，宋元嘉中修庙所得。陆澄以为孝武时郊禖之石。然则江左亦有此礼矣。"[3]闻一多考察认为杜光庭《墉城集仙录》"石天尊神女坛，侧有竹垂之若慧"与《隋书》所记颇有相似之处，石天尊之石亦即高媒之石，高唐神女即楚之高媒。[4]傅道彬认为："《隋书·礼仪志》称梁太庙有郊禖石——'文如竹叶'，高禖是婚姻之

---

① 傅道彬著《中国生殖崇拜文化论》，湖北人民出版社 1990 年版，第 106—107 页。

② 陈勤建著《民俗视野：中日文化的融合和冲突》，华东师范大学出版社 2006 年版，第 86 页。

③ ［唐］魏征、令狐德棻撰《隋书》卷七《礼仪志二》，中华书局 1973 年版，第 1 册第 146 页。

④ 闻一多《高唐神女传说之分析补记》，见《神话与诗》，华东师范大学出版社 1997 年版，第 121 页。

神的象征，竹叶形状是女阴的象征，这样高禖石以竹叶为象，其意义自然可以明白了。"①竹叶是女阴的象征。"和印度教教徒崇拜的女性外阴像一样，外阴也成为印度密教艺术中的一个重要主题。女性外阴常用两道相连的弧形表示，象征获得精神再生之门，这一符号表现了密教哲学关于世界存在即无休止的生育过程的观点。"②

再次，竹生殖崇拜意识与竹子在生殖方面的物质应用，可能是竹子与高禖崇拜结缘的深层原因。竹子生殖崇拜意识在《周易》中已体现出来。《周易·说卦》："（震）为长子，为决躁，为苍筤竹。"③又云："万物出乎震，震，东方也。"④"震"代表东方，而东方在古代蕴含着生命和生育的主题⑤。

汉代以来，竹子相关药物的广泛应用尤其在妇科疾病的治疗上疗效显著，可能也会引起联想。张仲景《金匮要略》："哕逆者，橘皮、竹茹汤主之。"⑥"产后中风发热面正赤喘而头痛，竹叶汤主之。""妇人乳中虚，烦乱呕逆，安中益气，竹皮大丸主之。"⑦唐代孙思邈《备急千金要方》中，竹叶、（青）竹茹、（青）竹皮、竹沥、竹根等药用功能体现于妇女妊娠、产后以及其他妇科疾病（见于卷三、卷四、卷五）。

---

① 傅道彬著《中国生殖崇拜文化论》，第 93 页。
② ［英］杰克·特里锡德著《象征之旅：符号及其意义》，第 13 页。
③ 《十三经注疏》整理委员会整理、李学勤主编《周易正义》，北京大学出版社 1999 年版，第 331 页。
④ 李学勤主编《周易正义》，第 327 页。
⑤ 参考黄维华《"东方"时空观中的生育主题——兼议〈诗经〉东门情歌》，《民族艺术》2005 年第 2 期。
⑥ ［汉］张机撰、［清］徐彬注《金匮要略论注》卷一七，《影印文渊阁四库全书》第 734 册，第 154 页下栏右。
⑦ ［汉］张机撰、［清］徐彬注《金匮要略论注》卷二一，第 178 页下栏左。

如卷三载："竹沥汤治妊娠常苦烦闷，此是子烦"，"治妊娠心痛方"用青竹皮，"治妊娠头痛壮热心烦呕吐不下食方"用青竹茹，"治妊娠伤寒"服汤及擦拭身体皆用竹叶，"治妊娠患疟汤方"用竹叶①。卷四载，"竹根汤治产后虚烦方"②。这些有关竹子的物质应用与文化内涵都可能成为竹子与高禖崇拜相关的原因。

四、竹林野合与竹林神崇拜

"在人类历史上，生殖崇拜曾经历了若干个阶段，曾产生过几个不同的生殖崇拜方式，崇拜生殖神仅是其中之一。不过，它不是最早的生殖崇拜方式，而是较晚时候的。"③对竹子的生殖崇拜发展到一定程度，就出现神化竹子的倾向，最终形成生殖神崇拜。如果说高禖是更为原始的生殖神，竹林神则是后起的。

竹林野合的目的主要是求子（在早期可能有祈求丰收的愿望），希望获得竹子的旺盛生殖能力。早期道教天师道把竹子视为具有送子功能的灵物。陶弘景《真诰》甄命授第四云：

> 我案《九合内志文》曰："竹者为北机上精，受气于玄轩之宿也。"所以圆虚内鲜，重阴含素，亦皆植根敷实，结繁众多矣。公(引者按，指晋简文帝)试可种竹于内北宇之外，使美者游其下焉。尔乃天感机神，大致继嗣；孕既保全，诞亦寿考；微著之兴，常守利贞。此玄人之秘规，行之者

---

① ［唐］孙思邈撰《备急千金要方》卷三，《影印文渊阁四库全书》第735册，第56、57、58页。
② ［唐］孙思邈撰《备急千金要方》卷四，第75页上栏右。
③ 何星亮著《中国图腾文化》，中国科学出版社1992年版，第231页。

甚验。①

可见天师道徒把竹之"圆虚内鲜，重阴含素"的形象特征与道教"北机上精""玄轩之宿"的宗教理论相联于一体，希望借助竹子"植根敷实，结繁众多"的旺盛生殖力来达到"天感机神，大致继嗣，孕既保全，诞亦寿考"的愿望，这正是道教视竹子为生殖神的崇拜观念。结果，简文帝司马昱"按许夫人告云令种竹北宇，以致继嗣……于是李夫人生孝武及会稽王"，"（晋）孝武帝、会稽王道子及会稽世子元显等东晋当日皇室之中心人物皆为天师道浸淫传染"②，可见其影响之大。

南朝宋废帝还沿袭此风，"帝好游华林园竹林堂，使妇人裸身相逐。有一妇人不从命，斩之"③。此处所记废帝纯粹出于淫乐，但是使妇人游于竹林，恐非全出偶然。南齐东昏侯萧宝琛的行径如出一辙。《南齐书·东昏侯纪》载："（永元）三年夏，于阅武堂起芳乐苑，山石皆涂以五采，跨池水立紫阁诸楼观，壁上画男女私亵之像。种好树美竹，天时盛暑，未及经日，便就萎枯。"④无怪宋代陈普《咏史·山涛》感慨："君王祖述竹林风，竹叶纷纷插满宫。"⑤

竹子的历史地理分布，对于竹生殖崇拜文化的发生有着天然的影响。先民食竹、用竹，睹竹之繁盛，思人类之生殖。缘于竹生殖崇拜观念，

① ［日］吉川忠夫等编、朱越利译《真诰校注》卷八《甄命授第四》，中国社会科学出版社 2006 年版，第 259 页。
② 陈寅恪《天师道与滨海地域之关系》，见氏著《金明馆丛稿初编》，上海古籍出版社 1980 年版，第 10 页。
③ ［唐］李延寿撰《南史》卷二《宋前废帝纪》，中华书局 1975 年版，第 1 册 70 页。
④ ［梁］萧子显撰《南齐书》卷七，中华书局 1972 年版，第 1 册第 104 页。
⑤ 北京大学古文献研究所编、傅璇琮等主编《全宋诗》第 69 册，北京大学出版社 1991—1998 年版，第 43837 页。

后代以竹比人、祝愿子孙繁盛则称"如竹苞矣"。《爱日斋丛抄》卷三：

> 昌黎《咏笋》："成行齐婢仆，环立比儿孙。"栾城："凌
> 霜自得良朋友，过雨时添好子孙。"亦谓笋也。《周礼·大司乐》
> "孙竹之管"注云："竹枝根之未生者。"《疏》言："若子孙然。"
> 荆公"篱落生孙竹"正用此。东坡"槟榔生子竹生孙"自注：
> "南海勒竹每节生枝，如竹竿大，盖竹孙也。"则别一种竹。《题
> 竹阁》："苍然犹是种时孙。"是以竹之后出者为孙，又谓"儿
> 子森森如立竹"，此因子孙之盛比竹也。①

有时甚至超出以竹比子孙的修辞意义，而出现带有巫术性的观念
或行为。明代王行《赠吴隐君序》："母未死时，尝谓（聂茂宣）曰：'女
能疗人疾，毋收贫者直，第令树竹一本，竹盛则汝子孙昌矣。'自是行
母言不怠，竹至数千本。"②"竹盛则汝子孙昌"表明言者信奉竹生殖
繁盛能带给人子孙兴旺的结果。

竹生殖崇拜的发展和影响，使古代高禖文化与竹子有着密切联系。
这些又促进并丰富了竹生殖崇拜的形式，产生了竹林神崇拜。唐传奇《李
娃传》中，李娃对荥阳公子说："与郎相知一年，尚无孕嗣。常闻竹林
神者，报应如响，将致荐酹求之，可乎？"③唐长庆三年（823），"季
夏以来，雨泽不降"（韩愈《贺雨表》）④，韩愈时任京兆尹兼御史大夫，

---

① ［宋］叶釐撰《爱日斋丛抄》卷三，《影印文渊阁四库全书》，第854册第
653页下栏。
② ［明］王行撰《半轩集》卷五，《影印文渊阁四库全书》第1231册，第348
页下栏右。
③ ［宋］李昉等编《太平广记》卷四八四，中华书局1961年版，第10册第
3986—3987页。
④ ［清］董诰等编《全唐文》卷五四九，中华书局1983年版，第6册第5558
页上栏。

多次祈雨，并写有《祭竹林神文》。刘禹锡《为京兆韦尹贺祈晴获应表》亦云："今月十七日中使某奉宣圣旨，以霖雨未晴诸有灵迹并令祈祷者。臣当时于兴圣寺竹林神亲自祈祝，兼差官城外分路遍祠。"[1]据李剑国考证，竹林神在长安通义坊兴圣寺[2]。竹林求子的风俗甚至延续到明代。如徐霖《绣襦记·竹林祈嗣》[亭前柳]唱道："夫妇愿和谐，鸳鹭早投胎。易生还易长，无难亦无灾。"[3]

竹林神是何方神圣？李剑国推测："《华阳国志》和《水经注》说的是古代西南夷原始感生神话中的'夷濮'始祖'竹王'，死后夷人立'竹王三郎祠'祭祀。他是其母感大竹而生，故而祠旁有竹林。想来长安竹林神和'竹王祠'了不相干，唐人不会把'夷獠'的神搬进长安城的。"[4]李先生的推测是有道理的。民间祭拜神祇必与当地生活风俗相关，唐代京城长安的竹林神崇拜应是南朝以来竹子生殖崇拜观念的产物。

对竹林神进行祭祀崇拜，目的无非祈求获取竹子的旺盛生殖力以得到子嗣。也有于竹林间游戏及性交以求感孕的，即所谓竹林野合。何以要在竹林？爱德华·泰勒说过："日常经验的事实变为神话的最初和主要原因，是对万物有灵的信仰，而这种信仰达到了把自然拟人化的最高点。当人在其周围世界的最细微的详情中看到个人生活和意志的表现时，人类智慧的这种绝非偶然或非假设的活动，跟原始的智力

---

① 《全唐文》卷六百，第 6 册第 6068 页下栏左。
② 李剑国《竹林神·平康里·宣阳里——关于〈李娃传〉的一处阙文》，《古典文学知识》2007 年第 6 期，第 34 页。
③ ［明］徐霖撰《绣襦记》第十八曲《竹林祈嗣》，文学古籍刊行社 1955 年版，第 50 页。
④ 李剑国《竹林神·平康里·宣阳里——关于〈李娃传〉的一处阙文》，《古典文学知识》2007 年第 6 期，第 35 页。

状态是不断地联系着的。"①竹子正是因其生殖力受到膜拜而逐渐被神化的。宋兆麟认为："人类是把农作物、树木作为是有灵魂、有欲望的事物对待的，它们与人本身一样，是有繁殖能力的，而这种繁殖又来源于交合，其中既有植物间的交合，也有人与植物的交合，甚至人的交合与植物交合互为因果，彼此促进，从而形成许多农事活动中的繁殖巫术。"②竹林野合同桑林野合一样，无疑有着生殖巫术背景。

第二节　竹的性别象征内涵

我国古代有普遍的植物生殖崇拜意识及相关传说，文学中的表现也较为丰富多样。学界对此已有关注，如莲、桑等植物的生殖崇拜意蕴就得到较多的重视和研究。竹子在历史上也一直存在相关的生殖崇拜意蕴，在文学与民俗中也有大量表现，可惜还未能得到足够的关注。

竹子的性别象征首先是男女性器官的象征，进而成为指示男女性别的象征物。正如霭理士《性心理学》所言："生殖之事，造化生生不已的大德，原始的人很早就认识，是原始文明所崇拜的最大一个原则，原始人为了表示这崇拜的心理，设为种种象征，其中最主要的一个就是生殖器官本身。"③徐亮之《中国史前史话》也指出："性具崇拜，即是祖先崇拜；性具至上，即是祖先至上；即是石器时代的礼之

---

① ［英］爱德华·泰勒著《原始文化》，上海文艺出版社1992年版，第285页。
② 宋兆麟著《中国生育信仰》，第131页。
③ ［英］霭理士著、潘光旦译注《性心理学》，商务印书馆1997年版，第76页。

本源；也是后来中国一系列的以男女关系为基点的《易》理的起源。"①
男性生殖器突出高耸、鼓胀坚挺，与之相对，女性生殖器则低凹深陷、
中空包容。将某种植物（或其组成部分）用以象征男女生殖器，这只
是植物性别象征意义的一方面，更重要的是存有自视为该植物的意识，
体现了图腾崇拜的遗迹，从而形成整体的性别象征内涵。

"凡事之有渊源者，皆应探源析流，以见演变之迹。"②竹子性别
象征意义有其渊源流变，但在文学中的表现至今还罕见探讨。本章第
一节中我们已经探讨过竹生殖崇拜观念及相关文化事象，本节则试图
考察竹子的性别象征意义。

一、竹有雌雄

竹子叶片为单子叶，茎（竿）为多年生木质，繁殖器官隐藏于地下，
反复进行无性生殖。但是在古人看来，竹子不仅性别上有雌雄，其并
立的形象也可用以象征男女合欢。

首先，在古人看来，竹有雌雄，成为性别的象征。中国古代有"双
性同体"的神话传说，如《山海经》中"自为牝牡"的鸟兽与男女同
体的伏羲女娲。《山海经·南山经》："又东四百里，曰亶爰之山，多水，
无草木，不可以上。有兽焉，其状如狸而有髦，其名曰类，自为牝牡，
食者不妒。"③袁珂《中国神话传说词典》引郝懿行说："陈藏器《本草
拾遗》云：'灵猫生南海山谷，状如狸，自为牝牡。'又引《异物志》云：

---

① 徐亮之著《中国史前史话》，香港，1954 年，第 281 页以下。转引自叶舒宪
  著《诗经的文化阐释——中国诗歌的发生研究》，湖北人民出版社 1994 年版，
  第 534 页。
② 刘叶秋《古小说的新探索》，李剑国《唐前志怪小说史》卷首，第 1 页。
③ 袁珂校注《山海经校注》，上海古籍出版社 1980 年版，第 5 页。

'灵狸一体，自为阴阳。'据此，则为灵狸无疑也。类、狸亦声相转。"[①]

竹子雌雄观念本质上与此类似。古人总结了一些识别竹子雌雄的方法。如苏轼《记竹雌雄》："竹有雌雄，雌者多笋，故种竹当种雌。自根而上至梢一节发者为雌。物无逃于阴阳，可不信哉！"[②]李衎说："或云从下第一节生单枝者谓之雄竹，生双枝者谓之雌竹。"[③]竹有雌雄的观念当来自竹子生殖现象及竹生殖崇拜观念。竹子"亦雌亦雄，忽男忽女，真堪连类也"[④]，成为古代性别象征的重要资源之一。

竹有雌雄的观念一经产生，即以各种形式辐射影响到相关竹文化。竹子与龙有密切关系。龙是有雌雄的，古人说"龙有雌雄，其状不同"[⑤]。竹子雌雄观念还影响到对竹制乐器的认识。《周礼·春官宗伯》："典同掌六律六同之和，以辨天地四方阴阳之声，以为乐器。"郑玄注："阳律以竹为管，阴律以铜为管，竹阳也，铜阴也，各顺其性，凡十二律，故大师职曰'执同律以听军声'。"[⑥]这是以竹为阳性。

《周礼·春官·宗伯》："凡乐，圜钟为宫，黄钟为角，大蔟为徵，姑洗为羽，靁鼓靁鼗，孤竹之管，云和之琴瑟，《云门》之舞，冬日至，于地上之圜丘奏之，若乐六变，则天神皆降，可得而礼矣。凡乐，函钟为宫，大蔟为角，姑洗为徵，南吕为羽，灵鼓灵鼗，孙竹之管，空

① 袁珂著《中国神话传说词典》，上海辞书出版社1985年版，第289页。
② 曾枣庄、刘琳主编《全宋文》，上海辞书出版社、安徽教育出版社2006年版，第91册第202页。
③ ［元］李衎著，吴庆峰、张金霞整理《竹谱详录》卷二《竹态谱》，第27页。
④ 钱钟书著《管锥编》，中华书局1979年版，第2册第592页。
⑤ ［清］陈元龙撰《格致镜原》卷九〇引《乘异记》，《影印文渊阁四库全书》第1032册第640页下栏右。
⑥ 《十三经注疏》整理委员会整理、李学勤主编《周礼注疏》卷三三，北京大学出版社1999年版，第619页。

桑之琴瑟，《咸池》之舞，夏日至，于泽中之方丘奏之，若乐八变，则地示皆出，可得而礼矣。凡乐，黄钟为宫，大吕为角，大蔟为徵，应钟为羽，路鼓路鼗，阴竹之管，龙门之琴瑟，《九德》之歌，九磬（sháo）之舞，于宗庙之中奏之，若乐九变，则人鬼可得而礼矣。"①郑玄注："孤竹，竹特生者。孙竹，竹枝根之末生者。阴竹，生于山北者。"②可见作为阳物的竹子也有阴性，故有"阴竹"之说。

宋玉《笛赋》："名高师旷，将为《阳春》《北鄙》《白雪》之曲。假途南国，至此山，望其丛生，见其异形，曰命陪乘，取其雄焉。宋意将送荆卿于易水之上，得其雌焉。于是乃使王尔、公输之徒，合妙意，角较手，遂以为笛。"③也提到竹子有雄有雌。竹制乐器也能发出雌雄双凤的鸣声，如"只应更使伶伦见，写尽雌雄双凤鸣"（柳宗元《清水驿丛竹天水赵云余手植一十二茎》）。

其次，竹子形态像男女并立，成为合欢的象征。竹子品种中有雌雄同体者，著名的如扶竹。李衎《竹谱详录》载："骈竹，一根数节之上分为两竿，各生枝叶，别无种类，特常竹之变，犹连理木、并蒂莲之属。"又载："合欢竹，出南岳下诸州山溪间，柳州尤多。其笋初生便有合欢形势。"④还载"扶竹"：

扶竹，出武林山中，与他竹无异。但（引者按，原作"俱"，此据《影印文渊阁四库全书》本）生笋时皆对抽并胤，有合欢之意。司马温公云："杭州广严寺有之，相比而生，举林皆然。

---

① 《周礼注疏》卷二二，第586页。
② 《周礼注疏》卷二二，第587页。
③ 转引自曹文心著《宋玉辞赋》，安徽大学出版社2006年版，第254页。
④ ［元］李衎著，吴庆峰、张金霞整理《竹谱详录》卷四《异形品上》，第76页、77页。

图09 ［元］柯九思《双竹图轴》。（纸本，水墨，纵86厘米，横44厘米。现藏于上海博物馆。柯九思（1290—1343），字敬仲，号丹丘生、五云阁吏，台州仙居（今属浙江）人。精画墨竹，师法文同一派。画面上，两株竹子从左侧伸入，一直一斜，姿态各异）

故有'龙腾双角立，鲸喷两须长'之句。"僧惠律诗云："饥残夷叔风姿瘦，泣尽娥英粉泪干。"赞宁云："武林山西双竹，寺中所产，自永泰以来有之。冯翊、严诸为之记。"王子敬谱云："会稽箭竹、钱塘扶竹，犹东方之扶桑，两两并之而生，谓之扶竹。"①

扶竹又称连理竹。《蜀中广记》卷六三："梁天监起居注云：十六年，连理竹生益州郫县王家园外，连理并干。"按照古代祥瑞灾异观念，这种现象也被解释为祥瑞。《白虎通义·封禅》："德至草木则朱草生，木连理。"所以朱竹、连理竹等也被附会成祥瑞。

但更多情况下还是附会性别象征内涵。如杨慎《丹铅续录》卷七"扶竹"条：

武林山西旧有双竹，院中所产，修篁嫩筱，皆对抽并胤，王子敬《竹谱》所谓扶竹，

---

① ［元］李衎著，吴庆峰、张金霞整理《竹谱详录》卷四《异形品上》，第78页。

譬犹海上之桑，两两相比，谓之扶桑也。扶竹之笋名曰合欢，按律书注，伶伦取嶰谷之竹，阳律六，取雄竹吹之，阴律六，取雌竹吹之。蜀涪州有相思崖，昔有童子、卯女相说交赠，今竹有桃钗之形，笋亦有柔丽之异，崖名相思崖，竹曰相思竹。孟郊诗曰"竹婵娟，笼晓烟"，指此竹也。[①]

可见扶竹、连理竹、双竹等名目并非特异竹种的名称[②]，而是由"对抽并立"的生长形态引起男女合欢的联想，因而模拟命名的。

而双竹并列的形象也确实能引起男女爱情的联想，如"江水春沉沉，上有双竹林。竹叶坏水色，郎亦坏人心"（郭元振《春江曲》）。再如《情史》载："广东有相思竹，两两生笋。"[③]也是对现实中男女情爱的比拟连类。《竹谱详录》所载更为详细："合欢竹，出南岳下诸州山溪间，柳州尤多。其笋初生便有合欢形势，及成竹时，或三茎合，或两茎合。"[④]表明合欢竹的命名与其生长形态之间的关系。民间传说中，"相传为古代男女青年二人殉身于爱情所化，自由生长在竹林深处，终年不萎。因而民间俗称为'连理竹'"[⑤]。可见在传说中合欢竹同相思鸟、连理树一样，借助传说"能使得男女二人生前在阳世不能实现、或不能持续相聚的

---

① ［明］杨慎撰《升庵集》卷八〇，《影印文渊阁四库全书》第 1270 册，第 803 页。杨慎所云相思竹实见《涪州志》。《蜀中广记》卷六三引《涪州志》云："黄葛峡有相思崖，昔有童子卯女相悦交赠，今竹有桃钗之形，笋有柔丽之异，崖曰相思，崖竹曰相思竹。"

② 也有人以为扶竹即筇竹，因用以做手杖而著称于世，故名。《山海经·中山经》："（龟山）多扶竹。"郭璞注："扶竹，邛竹也。高节实中，中杖也，名之扶老竹。"

③ ［明］冯梦龙著《情史》卷二三《情通类》"竹"条，大众文艺出版社 2002 年版，第 899 页。

④ ［元］李衎著，吴庆峰、张金霞整理《竹谱详录》卷四《异形品上》，第 77 页。

⑤ 陈爱平编著《湖南风土文化》，湖南教育出版社 1998 年版，第 123 页。

痴愿，在死后世界里变形实现"[1]。

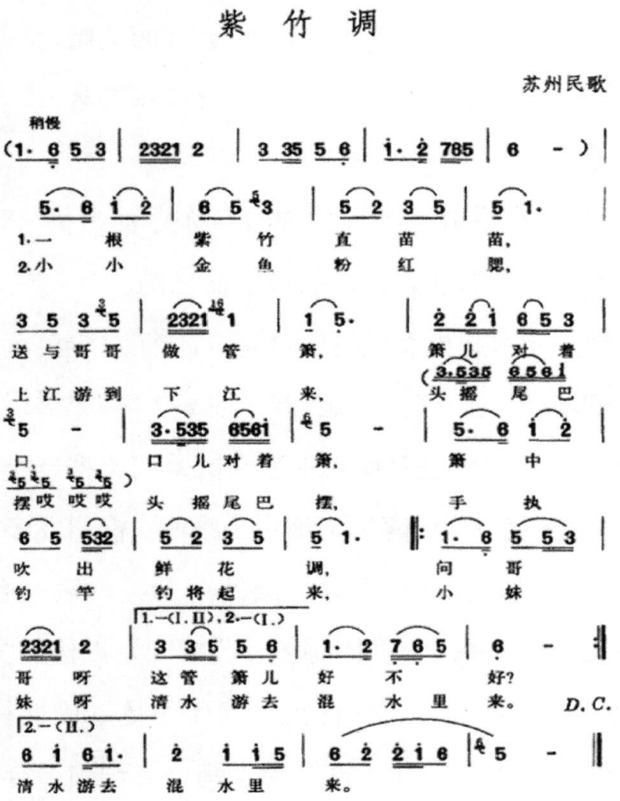

竹有阴阳雌雄的性别，一方面是竹生殖崇拜观念的遗留，另一方面也是情爱观念的折射附会。在动植物比翼连枝的情爱象征氛围中，竹子也受到沾染浸润。竹本无情，"竹里见攒枝"（刘孝绰《侍宴诗》）[2]是再正常不过的生长形态，但在生殖崇拜（或性崇拜）意识和情爱心理观照下，无情之竹成了人间情爱的象征资源。

竹有雌雄，且成双成对，因而成了夫妻形象的象征，而孤竹在特定情境中也成了丧失伴侣的暗示。如李峤《天官崔侍郎夫人挽歌》："宠服当年盛，芳魂此地穷。剑飞龙匣在，人去鹊巢空。簟怆孤生竹，琴哀半死桐。惟当青

图10　苏州民歌《紫竹调》歌谱。（参见李汝松、车冠光编选《百首爱情经典歌曲集》，中国文联出版公司1967年版，第60页）

---

[1] 王立、刘卫英著《红豆：女性情爱文学的文化心理透视》，人民文学出版社2002年版，第86页。

[2] 《先秦汉魏晋南北朝诗》梁诗卷一六，下册第1826页。

史上，千载仰嫔风。"①即以孤生竹与半死桐形容失妻的崔侍郎。

不仅竹子，树也具有两性象征内涵。阿尔伯特·莫德尔在《文学中的色情动机》中说：

> 情人的拥抱也是以树为比喻象征地说出来的。我们知道，树在早先既被用来代表男性，也被用来代表女性。"树的这种双性象征特点"，荣格在《无意识心理学》一书里说，"其实和拉丁文有关，因为在拉丁文里，'树'一词既有阳性词尾，又属阴性词"。②

可见以一种植物同时象征两性的意识具有世界普遍性，著名的还有莲花。"莲花两性的象征含义在印度密教传统中最为盛行，有时代表男性的花杆和代表女性的花朵完美地组合成为两性精神结合、和谐融洽的象征。大乘佛教中的曼特罗祈文符咒'嘛呢叭呢哞'将其称作'莲花象征意义中的珍宝'。"③

不仅植物，其他有生命或无生命的东西都可能被附会上雌雄象征的意义，如《搜神记》中干将、莫邪所铸的雌雄剑，这些都可见人类为情爱寻找象征物的努力。据研究，在地球表面，95%的动植物成双成对地繁殖后代④，因此人类很容易找到男女情爱的类比联想物。植物"对抽并立"，动物"双行匹至"⑤，甚至非生物的并列相依，都可能引起男女成双配对、双行双止的联想和附会。这种现象已经不是生殖崇拜，

---

① ［清］彭定求等编《全唐诗》卷五八，中华书局1960年版，第3册第699页。
② ［美］阿尔伯特·莫德尔著、刘文荣译《文学中的色情动机》，第169页。
③ ［英］杰克·特里锡德著《象征之旅：符号及其意义》，第92页。
④ 张艳礼编译《性的当代意义》，《恋爱·婚姻·家庭》2009年第3期，第59页。
⑤ ［汉］何休解诂，［唐］徐彦疏、陆德明音义《春秋公羊传注疏》卷一五，《影印文渊阁四库全书》第145册，第294页上栏右。

而是性崇拜或情爱观念的反映。

二、竹的男性象征内涵

竹子具有男性生殖崇拜的象征意义，是因为外在形态近似，竹竿、竹笋挺拔雄健，都形似男根。这在佛经中也有反映，如东晋天竺三藏佛陀跋陀罗共法显译《摩诃僧祇律》卷五"明僧残戒之一"："若比丘共女人举柱欲竖者非威仪。若有欲心越比尼罪。若欲心动柱者偷兰罪。若比丘与女人共张施供养具。若竹木苇各捉一头者非威仪。若有欲心，得越比尼罪。若欲心动竹木苇者，得偷兰罪。"[1]可见竹杆因形似男根而引起联想具有世界普遍性。

竹子倾向于象征男性，更为原始而本质的原因在于竹子代表阳性。《周易·说卦》："（震）为长子，为决躁，为苍筤竹。"[2]张君房《云笈七签》云："笋者，日华之胎也，一名大明。"[3]竹与笋男性意蕴是相通的。班固《白虎通义》卷一〇："所以杖竹、桐何？取其名也。竹者，蹙也。桐者，痛也。父以竹，母以桐何？竹者，阳也。桐者，阴也。竹何以为阳？竹断而用之，质，故为阳。桐削而用之，加人功，文，故为阴也。故《礼》曰：'苴杖竹也。削杖桐也。'"[4]可见竹子阳性象征意义在历史上是持续沿袭的，并非一时偶然现象。《华阳国志·南中志》记载竹王生于三节大竹，遂雄夷狄，受到膜拜。"竹枝既然是被顶礼膜拜的竹王的寄身之所，根

---

① 《大正原版大藏经》，新文丰出版股份有限公司1983年版，第22册，266c。以下简称《大正藏》。

② 李学勤主编《周易正义》，第331页。

③ ［宋］张君房撰《云笈七签》卷二三"食竹笋"条，《影印文渊阁四库全书》第1060册第285页。

④ ［清］陈立撰，吴则虞点校《白虎通疏证》卷一一《丧服》，中华书局1994年版，下册第511—512页。

据接触巫术的原理，就顺理成章地成为竹王的象征。"①陶弘景《真诰》载："中候夫人告云：'令种竹比宇，以致继嗣。'"②可见在道教看来竹子具有生殖能力，有男性象征意义。后代诗歌中也多以竹拟喻男性。

文学中的相关表现早在《诗经》《楚辞》中已露端倪。如《卫风·淇奥》"瞻彼淇奥，绿竹猗猗"与《卫风·竹竿》"籊籊竹竿，以钓于淇。岂不尔思，远莫致之"，但较为宽泛，远未形成相关意蕴。东方朔《七谏·初放》则云："便娟之修竹兮，寄生乎江潭。上葳蕤而防露兮，下泠泠而来风。孰知其不合兮，若竹柏之异心。"③此诗已与

图 11　石笋，位于福建泉州市鲤城区浮桥笋浯村。（花岗岩材质，高 4.18 米，大约建于北宋时期。图片引自网络。网址：httpblog.sina.com.cnsblog_5003e1d60100obdz.html）

男女情爱相联系，但"竹柏异心"还没有明确对应男女性别，至少竹子空心并非对应女子，更像针对男性。

笋同样具有男性象征意义。龚维英《原始崇拜纲要》曾论述：

---

① 刘航著《中唐诗歌嬗变的民俗观照》，学苑出版社 2004 年版，第 239 页。
② 《真诰校注》卷一九《翼真检第一》，第 565 页。
③ 《全上古三代秦汉三国六朝文》全汉文卷二五，第 1 册第 262 页上栏。

从男根崇拜的角度看，竹之挺拔，正男根之象也。伯夷、叔齐所隶的孤竹国，意大致相同。日本学者安冈秀夫《从小说看来的支那民族性》说中国人"耽享乐而淫风炽盛"，自然是诬蔑；但谓喜吃笋乃"是因为那挺然翘然的姿势，引起想象来"之故，如从男根崇拜"蛮性的遗留"角度去认识，不无道理。①

以为吃笋能引起性的想象才为人们所喜欢，这是附会猜想，不符合人类普遍的认知规律。就人类的一般认知过程而言,总是经济利用(包括吃)在先,文化象征意义在后。譬如吹箫具有情色象征意义。情歌《紫竹调》唱道："一根紫竹直苗苗，送给哥哥做管箫。箫儿对着口，口儿对着箫。箫中吹出鲜花调，问哥哥呀，这管箫儿好不好？"②是否因为箫管易于"引起想象来"才去吹呢？③显然不是。此处安冈秀夫及龚维英都缺乏细致论证，难免千虑一失。

但竹笋确实能引人想到男根，这又是符合实际的。陶宗仪《辍耕录》卷一〇："鞑靼田地野马或与蛟龙交，遗精入地。久之，发起如笋，上丰下俭，鳞甲栉比,筋脉连络,其形绝类男阴,名曰锁阳。即肉从容之类。或谓里妇之淫者就合之，一得阴气，勃然怒长。土人掘取，洗涤去皮，薄切晒干，以充药货，功力百倍于从容也。"④"发起如笋"最为形象

---

① 龚维英《原始崇拜纲要——中华图腾文化与生殖文化》，第242页。
② 李汝松、车冠光编选《百首爱情经典歌曲集》，中国文联出版公司1967年版，第60页。
③ 关于歌词喻意，不能排除有暗示男女之事的倾向，这从下一段歌词也可窥见端倪："小小金鱼粉红腮，上江游到下江来。头摇尾巴摆，头摇尾巴摆，手执钓杆钓将起来。小妹妹呀，清水游去混水里来。"
④ ［元］陶宗仪《辍耕录》卷一〇"锁阳"条，中华书局1959年版，第127—128页。

地描写出竹笋与男根的形似，是其直观特点。不仅由于竹笋形似男根，更在于其集中体现了旺盛的繁殖能力。"一笋明其胤嗣，三节获乎婴儿"（吴筠《竹赋》）[1]，正是以笋为男根之象。王维《冬笋记》："笋，阳物也。"[2]更是明言竹笋为阳性之物。宋僧赞宁《笋谱》引李淳风《占梦书》云："梦竹生笋者，欲有子息也。"也是以竹生笋为繁衍子息的象征进而以之解梦。

图 12　石笋立碑图，位于福建泉州市鲤城区浮桥笋浯村。（1963 年 12 月石笋被列为福建省重点文物保护单位。图片引自网络。网址：httpblog.sina.com.cnsblog_5003e1d60100obdz.html）

竹笋的这种男根象喻早已表现于文学。如鲍照《采桑》："季春梅始落，女工事蚕作。采桑淇洧间，还戏上宫阁。早蒲时结阴，晚篁初解箨。蔼蔼雾满闺，融融景盈幕。乳燕逐草虫，巢蜂拾花萼。是节最暄妍，佳服又新烁。绵叹对迥途，扬歌弄场藿。抽琴试抒思，荐佩果成托。承君郢中美，服义久心诺。卫风古愉艳，郑俗旧浮薄。灵愿悲渡湘，宓赋笑瀍洛。盛明难重来，渊意为谁涸。君其且调弦，桂酒妾

① ［宋］李昉等《文苑英华》卷一四六，《影印文渊阁四库全书》第 1334 册第 311 页上栏左。"胤"字，《全唐文》卷九二五（第 10 册第 9643 页下栏左）避讳改作"允"。程章灿《魏晋南北朝赋史》（江苏古籍出版社 1992 年）第 383 页以为南北朝人，误，且引作"一笋明其元嗣，三节获乎婴儿（原注：《笋谱》）"。引者按，《影印文渊阁四库全书》本《笋谱》作："道士吴筠著《竹赋》云：'一笋明其胤嗣，三节获乎婴儿。'"
② 《全唐文》卷三二五，第 4 册第 3298 页上栏左。

行酌。"①诗题为"采桑"，其实隐喻男女之事，晚筐解箨的意象在诗中有暗示意义②。可见当时文化中已经以竹笋为男根之象。再如南朝宋阙名《奏裁诸王车服制度》："悉不得朱油帐钩，不得作五花及竖笋形。"③帐钩忌讳作竖笋形，其原因正在于竖笋极易与男根相联系。

竹笋的男根象喻意义从石笋文化也可略窥一二。例如：

> （石笋）位于泉州市鲤城区新门外龟山西麓。由七段大
> 小不同的花岗岩迭垒而成，高约4米，圆锥体自下而上渐细
> 而尖秃，底座有斜线纹雕饰，石面雕琢粗糙，造形奇特古朴。
> 石笋没有明确纪年，据《泉州府志》载："卓立如笋，宋郡守
> 高惠连以私憾击断之，成化中知府张岩以旧断之石辅之，今
> 岁久渐不见旧断之迹。"高氏于北宋大中祥符四年（1011）来
> 泉州任郡守，可知最迟北宋时已有这件文物。南宋时王十朋
> 作诗亦有"刺桐为城石为笋"句。因此晋江流经此段名笋江，
> 横跨江上的桥名称"石笋桥"。从其状如男性生殖器分析，国
> 外一些学者认为是印度教的林伽（linga），是该教以湿婆神
> 生殖器为象征的崇拜物；另一说认为是建造来面对朋山的男
> 性生殖器崇拜物。④

石笋整体上尖下粗，呈圆锥状，下部斜线纹雕饰，犹如竹笋外壳。

---

① 《先秦汉魏晋南北朝诗》宋诗卷七，中册第1257页。
② 法国汉学家桀溺《牧女与蚕娘——论一个中国文学的题材》说："诗一开始的采桑活动，与及后来描述的游戏，都预告了被季节和大自然这唯一规律所安排操纵的幽通情节。"见钱林森编《牧女与蚕娘——法国汉学家论中国古诗》，上海古籍出版社1990年版，第205页。
③ 《全上古三代秦汉三国六朝文》全宋文卷五八，第3册第2751页下栏左。
④ 泉州市文物管理委员会编、陈鹏鹏主编《泉州文物手册》，出版社不详，2000年版，第63页。

有意思的是如下一段记载：

> 石笋被击断后，有人将散倒的5段石身集中在附近垒叠，高约3米，而原处尚有2段埋在地下，又经900多年，直到1983年，泉州市文管会才把它移接在原处，故石笋又恢复7段的原状。负责修缮的林宗鸿为考证石笋的年代，在基底发现2块象征男性生殖器睾丸的椭圆形石核和40多片唐至北宋初年的碎瓷片，这对推断其建造年代有直接的史料价值。①

> 石笋屹立于清源、紫帽二山余脉交会的龟山上，从江上望去，石笋则对着双乳山（朋山）之中。无疑它是象征泉州男性雄威，与丕振乾纲、人才蔚起的风水迷信有关。②

从这些史料中，我们不难发现石笋的男性生殖崇拜意蕴。与此类似的，流行于川渝各地的石笋也是竹生殖崇拜的体现③。

文学意象中湘妃竹最初是男性象征物，这从唐前文学作品中以笋代竹也能看出。如萧大圜《竹花赋》："学应龙于葛水，宿鹓凤于方桐。洛下七贤，湘滨二女。倾翠盖之踟蹰，泛莲舟之容与。偶傥人，便嫒笑语。拊嫩笋以含啼，顾贞筠而命醑。"④庾信《和宇文内史入重阳阁诗》："北原风雨散，南宫容卫疏。待诏还金马，儒林归石渠。徒悬仁寿镜，空聚茂陵书。竹泪垂秋笋，莲衣落夏蕖。顾成始移庙，阳陵正徙居。旧兰憔悴长，残花烂熳舒。别有昭阳殿，长悲故婕好。"⑤此

---

① 黄天柱著《泉州稽古集》，中国文联出版社2003年版，第115页。
② 黄天柱著《泉州稽古集》，中国文联出版社2003年版，第116页。
③ 参考雷喻义主编《巴蜀文化与四川旅游资源开发》，四川人民出版社2000年版，第515—519页。
④ 《全上古三代秦汉三国六朝文》全隋文卷一三，第4册第4091—4092页。
⑤ 《先秦汉魏晋南北朝诗》北周诗卷三，下册第2374页。

两例虽暗用湘妃泣竹之典，其实主要还是源于竹笋的男性象征意义。

竹笋象喻男根，在明清艳情文学中多有，如子弟书《送枕头》第二回写樊梨花不甘"雌伏"，主动荐枕薛丁山的"Woman on top"："〈香馥馥芍药凝〉香笼玉笋，〈颤巍巍海棠带〉露锁金针。"①即以玉笋、芍药分别比拟男女私处。再如明代民歌《作难》："今日四，明朝三。要你来时再有介多呵难。姐道郎呀，好像新笋出头再吃你逐节脱，花竹做子缯竿多少斑。"②以新笋脱节喻情郎退缩，已看不出多少艳情成分，但笋喻男性的文化背景仍在。

竹子男性象征意义还来自竹与龙、蛇由形似进而附会为一的先民意识。龙、蛇常用于象征男根。《汉书·高帝纪》："（刘邦）母媪尝息大泽之陂，梦与神遇。是时雷电晦冥，父太公往视，则见交龙于上。已而有娠，遂产高祖。"③关于薄姬孕育汉文帝的经过，《史记·外戚世家》有如下记载：

> 汉王心惨然，怜薄姬，是日召而幸之。薄姬曰："昨暮夜妾梦苍龙据吾腹。"高帝曰："此贵征也，吾为女遂成之。"一幸生男，是为代王。④

薄姬夜梦与苍龙交合，除了附会于龙的帝王象征外，其男性性别象征意义也是显然的。

---

① 转引自张克济《子弟书中的艳曲》，张宏生编《明清文学与性别研究》，江苏古籍出版社 2002 年版，第 467 页。
② ［明］冯梦龙编《山歌》卷一《私情》，［明］冯梦龙等编《明清民歌时调集》，上海古籍出版社 1987 年版，上册第 278—279 页。
③ ［汉］班固撰、［唐］颜师古注《汉书》卷一上，中华书局 1962 年版，第 1 册第 1 页。
④ 《史记》卷四九《薄太后传》，第 6 册第 1971 页。

竹与龙俱为阳性，傅道彬《中国生殖崇拜文化论》说："龙是中华民族崇拜的图腾，但龙的形成却是根源于男性生殖崇拜的象征物。龙的原型象蛇，蛇在原始先民的世界里，是富于勃起、生命力顽强的神灵之物，正是从这一点上它获得了男性的生命力量。"[1]车广锦进一步论述：

> 如同地母的"图像作女人身"，作为乾天阳具的龙当然具有男根的特性。"龙，灵虫之长。能幽能明，能细能巨，能短能长。春分而登天，秋分而潜渊。"所谓"能幽能明，能细能巨，能短能长"，是隐喻当男根疲软时则细、则短、则幽，勃起时则巨、则长、则明。[2]

文学中的表现也很多。如梁武帝萧衍《龙笛曲》："美人绵眇在云堂，雕金镂竹眠玉床。婉爱寥亮绕红梁。绕红梁，流月台，驻狂风，郁徘徊。"[3]王千秋《风流子》上阕："夜久烛花暗，仙翁醉、丰颊缕红霞。正三行钿袖，一声金缕，卷茵停舞，侧火分茶。笑盈盈，溅汤温翠碗，折印启缃纱。玉笋缓摇，云头初起，竹龙停战，雨脚微斜。"[4]此词虽写分茶，实具艳情内涵。"竹龙"实即竹竿，隐喻男根。

如果说龙体现了阳性，而蛇则更多地体现了"淫"。蛇性淫，历史上多有蛇精行淫的故事流传[5]，这也与竹子的生殖内涵相合。洪迈《夷

---

① 傅道彬著《中国生殖崇拜文化论》，第 25 页。
② 车广锦《中国传统文化论——关于生殖崇拜和祖先崇拜的考古学研究》，《东南文化》1992 年第 5 期，第 39 页右。
③ 《先秦汉魏晋南北朝诗》梁诗卷一，中册第 1522 页。
④ 唐圭璋编《全宋词》，中华书局 1965 年版，第 3 册第 1466 页。
⑤ 参见祁连休著《中国古代民间故事类型研究》卷中，河北教育出版社 2007 年版，中册第 569 页。

坚丁志》卷二〇《蛇妖》载：

> 蛇最能为妖，化形魅人，传记多载，亦有真形亲与妇女
> 交会者。南城县东五十里大竹村，建炎间，民家少妇因归宁
> 行两山间，闻林中有声，回顾，见大蛇在后，妇惊走。蛇昂
> 首张口，疾追及，绕而淫之。妇宛转不得脱，叫呼求救。见
> 者奔告其家，邻里皆来赴，莫能措手。尽夜至旦乃去。①

故事中"大竹村"恐怕不是随意虚构，而是蛇生活的地方，甚至
暗示了蛇与竹的某种联系。

当然更多情况下竹子的男性象征意义还是根据竹子的植物特性和
特定情境进行附会。如钓鱼象喻。乐府古辞《白头吟》："皑如山上雪，
皎若云间月。闻君有两意，故来相决绝。今日斗酒会，明旦沟水头。
躞蹀御沟上，沟水东西流。凄凄复凄凄，嫁娶不须啼。愿得一心人，
白头不相离。竹竿何嫋嫋，鱼尾何簁簁。男儿重意气，何用钱刀为。"②
萧纲《娈童》诗云："怀猜非后钓，密爱似前车。"③前诗强调男女应
情投意合如竹竿之钓鱼尾，后诗则是对男性同性恋行为的譬喻，两诗
一含蓄一直露，但以竹竿比喻男性（根）则是一致的。

有时还结合撑船为喻。如明代民歌《老公小》："老公小。逼疳疳。
劣马无缰那亨骑。水涨船高只吃竹竿短。何会点着下头泥。"④虽以撑
船比喻性行为，也以"竹竿"比喻男根。民间甚至以竹子的不同形态
拟喻不同人物的男根，如"或以形伟者为竹爿，貌猥者为篾丝，老者

---

① 转引自祁连休著《中国古代民间故事类型研究》卷中，中册第 567—572 页。
② 《先秦汉魏晋南北朝诗》汉诗卷九，上册第 274 页。
③ 《先秦汉魏晋南北朝诗》梁诗卷二一，下册第 1941 页。
④ ［明］冯梦龙编《山歌》卷三《私情四句》，《明清民歌时调集》，上册第 324 页。

为竹根，幼者为新笋，优者为篾青，劣者为篾黄"①。

也有仅以"竹""修竹"等形容男根者，如明末春册《花营锦阵》第十九图题跋"疏竹影萧萧，桂花香拂拂"句，高罗佩《秘戏图考》下篇注："有关竹和桂的最后一行句子无从解释，因为图中并无此二物。也许这行句子有我所不清楚的特殊色情含义。"②高罗佩的猜测是对的。此词写男女肛交，"疏竹"其实隐喻男根，桂花则隐喻后庭。这从题辞"美人兀自更多情，番做个翰林风月""回头一笑生春，却胜酥胸紧贴"也可看出。《花营锦阵》第廿三图《东风齐着力》题辞："绿展新簟，红舒莲的，庭院深沉。春心撩乱，携手到园林。堪受（爱）芳丛蔽日，凭修竹、慢讲闲情。绿阴里、金莲并举，玉笋牢擎。摇荡恐难禁，倩

① ［明］冯梦龙编《挂枝儿》卷八《咏部·灯笼》，《明清民歌时调集》上册第208—209页。《明清民歌时调集》所载冯梦龙评语原文为："旧笑话云：阔客阳萎，折笆上篾片帮之以入，问妓乐否？妓曰：客官尽善，嫌帮者太硬挣耳。吴中呼帮闲为篾片本此……或以形伟者为竹爿，貌猥者为篾丝，老者为竹根，幼者为新笋，优者为篾青，劣者为篾黄。而篾氏之宗繁衍吴中，遂与朱张顾陆争盛。吁，可笑已！"刘瑞明先生说："《苏州方言词典》：'篾片：①竹子劈成细而扁平的薄片，可编成各种器具。②旧时指帮闲。'吴语区'篾片'词普遍是第一义，唯苏州话又有第二义。用篾片编织灯笼等绑成架子，便由'绑'而谐音成'帮闲'义。冯评引旧笑话而言'吴中呼帮闲为篾片本此'，实际是语言学所说的'民间词源'或'流俗词源'。先有引申的'帮闲'义，后有这种笑话故事，故事为此词义的使用起了推波助澜的作用。"见氏著《冯梦龙民歌集三种注解》，中华书局2005年版，上册第250—251页。刘先生所说"先有引申的'帮闲'义，后有这种笑话故事"，确为精见，这与本文观点并不冲突，所谓老、幼、优、劣、形伟、貌猥等等，其实都衍生于"竹竿喻男根"这一基本的原始的观念。

② ［荷兰］高罗佩著、杨权译《秘戏图考：附论汉代至清代的中国性生活》，广东人民出版社1992年版，第208页。原词《后庭宴》云："半榻清风，一庭明月。书斋幽会情难说。美人兀自更多情，番做个翰林风月。回头一笑生春，却胜酥胸紧贴。尤云滞（引者按，原文如此，应作'殢'）雨，听娇声轻聒。疏竹影萧萧，桂花香拂拂。"

女伴、暂作肉几花茵。春风不定，簌簌影筛金。不管腰肢久曲，更难听、怯怯莺声。休辞困、醉乘余兴，轮到伊身。"①题辞中的新篁、修竹等竹意象，都隐喻男根。

修竹的男性意蕴其实早在张鷟《游仙窟》中即已出现，云："下官又遣曲琴取'扬州青铜镜'，留与十娘。并赠诗曰：'仙人好负局，隐士屡潜观。映水菱光散，临风竹影寒。月下时惊鹊，池边独舞鸾。若道人心变，从渠照胆看。'"②根据《游仙窟》的叙事体例，诗句对答表现的是男女调情，所以此诗与其他诗歌一样带有艳情色彩，"临风竹影寒"应是具有男性象征意蕴③。袁枚《子不语》云："广西柳州有牛卑山，形如女阴，粤人呼阴为卑，因号牛卑山。每除夕，必男妇十人守之待旦，或懈于防范，被人戏以竹木梢抵之，则是年邑中妇无不淫奔。"④这个传说中的"竹木"无疑具有男根象征意蕴。又小说《金瓶梅》中蒋竹山的命名也与竹有关，"竹外强中干，是个'中看不中用'镴枪头"⑤，李瓶儿因此得不到性爱满足而最终投入西门庆的怀抱。

竹子男性象征意义还表现在以其他花木与竹子配对成双。如"青梅竹马"一词的民俗运用。李白《长干行》云："郎骑竹马来，绕床弄

---

① 《秘戏图考》，第 342 页。
② ［唐］张鷟著《游仙窟》，上海书店 1929 年版，第 66 页。
③ 《列仙传·负局先生》："负局先生者，不知何许人也。语似燕代间人，常负磨镜局，徇吴市中，衒磨镜一钱因磨之。"诗中"仙人负局"用典双关，既指磨镜，也指下棋，又都涉及艳情。借"棋"作"期"，是谐音寓意，如"今日已欢别，合会在何时。明灯照空局，悠然未有期"（《子夜歌》）。虽然此诗未出现"棋"字，但"隐士屡潜观"喻指有期。
④ ［清］袁枚编撰，申孟、甘林点校《子不语》卷二四"牛卑山守岁"条，上海古籍出版社，1986 年，下册第 622 页。
⑤ 傅憎享、董文成著《金瓶梅》，春风文艺出版社 1999 年版，第 41 页。

青梅。"本是形容男女儿童之间两小无猜的情状。宋代林逋有"梅妻鹤子"之说，"从苏、黄时代起，月宫嫦娥、瑶池仙姝、姑射神女、深宫贵妃、林中美人、幽谷佳人等'美人'形象成了咏梅最普遍的拟喻"[1]，梅遂成为花中佳人、群芳领袖。竹子因此以男性形象与梅花出双入对，"青梅竹马"逐渐带上性别象征色彩。

梅竹的性别象征意义在民俗中得到了广泛应用，人们画上梅竹，竹喻夫，梅喻妻，再画两只喜鹊，遂成《梅竹双喜图》[2]。再如刘基《题柯敬仲墨竹花石》："红桃花夭夭，绿竹叶蘸蘸。水边石上相依倚，恰似佳人配君子。奎章博士丹丘生，宝书鉴尽芸阁清。染朱涅翠归墨笔，收入造化无逃形。烟浓风暖春如醉，竹有哀音花有泪。花枯竹死今几年，空留手迹令人怜。"[3]诗中以竹比拟君子，也是竹子男性象征意义的体现。滕延振解释真子飞霜纹镜："我们认为这类镜作为女子陪嫁妆奁的一种，纹饰中的弹琴者和凤凰左右并列，有'琴瑟调和''鸾凤和鸣'之意；梅竹相对，寓意为'红梅结子''绿竹生孙（笋）'；月亮、荷叶及龟（有的镜上有仙鹤），正合'月圆花好人寿'。"[4]此说虽是猜测，却大致符合古人的文化心理。

"对于神话思维来说，隐喻不仅只是一个干巴巴的'替代'，一种单纯的修辞格；在我们后人的反思看来不过是一种'改写'的东西，

---

① 程杰《"美人"与"高士"——两个咏梅拟象的递变》，《南京师大学报（社会科学版）》1999年第6期，第105页。

② 参考陈娟娟《锦绣梅花》，《故宫博物院院刊》1982年第3期，第92页；杨广银《图必有意，意必吉祥——中国传统文化中的谐音造型》，《文艺研究》2009年第7期，第160页左。

③ ［明］刘基撰《诚意伯文集》卷四，《影印文渊阁四库全书》第1225册第100—101页。

④ 滕延振《浙江宁海发现一件真子飞霜铜镜》，《文物》1993年第2期。

对于神话思维来说却是一种真正的直接认同。"①闻一多早已认识到此点，他曾指出："《三百篇》中以鸟起兴者，不可胜计，其基本观点，疑亦导源于图腾。歌谣中称鸟者，在歌者之心理，最初本只自视为鸟，非假鸟以为喻也。假鸟为喻，但为一种修词术；自视为鸟，则图腾意识之残余。历时愈久，图腾意识愈淡，而修词意味愈浓。"②文学中竹子男性象征意蕴虽还可见图腾意识的残余，已是越来越淡而更像是性意识的流露。

三、竹的女性象征内涵

自《周易》以来竹子以男性意蕴示人，魏晋南朝以来经道教渲染倡扬，其男性象喻更为普遍。而文学中将竹子比拟为女性则是南朝时期的事。一般认为竹喻女性较早例子是《古诗十九首》之八，全诗如下：

> 冉冉孤生竹，结根泰山阿。与君为新婚，菟丝附女萝。
>
> 菟丝生有时，夫妇会有宜。千里远结婚，悠悠隔山陂。思君
>
> 令人老，轩车来何迟？伤彼蕙兰花，含英扬光辉。过时而不采，
>
> 将随秋草萎。君亮执高节，贱妾亦何为？③

《文选》李善注曰："结根于山阿，喻妇人托身于君子也。"④李周翰甚至说："结根泰山，谓心托于夫，如竹生于泰山之深也。"⑤按照

---

① ［德］恩斯特·卡西尔著、于晓等译《语言与神话》中译本，生活·读书·新知三联书店 1988 年版，第 111 页。

② 闻一多《诗经通义·周南》，《闻一多全集·诗经通义甲》，湖北人民出版社1993 年版，第 293 页。

③ 《先秦汉魏晋南北朝诗》汉诗卷一二，上册第 331 页。

④ ［梁］萧统编，［唐］李善注《文选注》卷二九，《影印文渊阁四库全书》，第 1329 册第 507 页下栏右。

⑤ ［梁］萧统编，［唐］李善、吕延济等注《六臣注文选》卷二九，《影印文渊阁四库全书》，第 1330 册第 670 页上栏左。

这种理解，诗以"孤生竹""兔丝"自比，"泰山""女萝"比丈夫。

其实这是竹子女性化之后唐人的认识，并非诗中或当时的性别象征意义。此说影响极大，也是造成诗意误解的源头。南朝宋何偓《冉冉孤生竹》："流萍依清源，孤鸟宿深沚。荫干相经萦，风波能终始。草生有日月，婚年行及纪。思欲侍衣裳，关山分万里。徒作春夏期，空望良人轨。芳色宿昔事，谁见过时美。凉鸟临秋竟，欢愿亦云已。岂意倚君恩，坐守零落耳。"①表达的也是迟暮忧思之感，除诗题及主旨沿袭《冉冉孤生竹》，诗中也涉及竹子，所谓"荫干相经萦，风波能终始"，即喻指夫妻患难相守、甘苦与共的愿望。何诗模拟痕迹明显，也许可以提供一些启发。

其实竹子与女性的联系，早在《楚辞》中已有。《楚辞·山鬼》"余处幽篁兮不见天"仅仅作为背景环境的景物出现，女性象征意义不明显，所谓"山鬼迷春竹"（杜甫《祠南夕望》），那是后人的想象。南朝普遍以花木比拟女性，如"若映窗前柳，悬疑红粉妆"（萧纲《咏初桃诗》）②，这种时代风气使竹子也逐渐染上脂粉，具有女性象征内涵。竹子女性意识在南朝有零星的表现，如清商曲辞《团扇郎》其二："青青林中竹，可作白团扇。动摇郎玉手，因风托方便。"③

除了作为居处环境的一部分，竹子还以其形象之美被用于直接比拟女性。较早的例子，如沈约《丽人赋》对女子赴约时的情景的描摹："响罗衣而不进，隐明灯而未前，中步檐而一息，顺长廊而迥归。池翻

---

① 《先秦汉魏晋南北朝诗》宋诗卷六，中册第 1239 页。
② 《先秦汉魏晋南北朝诗》梁诗卷二二，下册第 1959 页。
③ 《先秦汉魏晋南北朝诗》晋诗卷一九，中册第 1052 页。

荷而纳影，风动竹而吹衣。薄暮延伫，宵分乃至。"①赋借竹写女子，不仅是增其美感，更是社会氛围中竹子女性化的意识在文学中的表现。因此，"风动竹"意象有着闺情或艳情内涵。再如张率《楚王吟》："章台迎夏日，梦远感春条。风生竹籁响，云垂草绿饶。相看重束素，唯欣争细腰。不惜同从理，但使一闻韶。"②此诗似乎还未明确将竹子与细腰相联系。《云窗私志》载："凝波竹出区吴山，紫枝绿叶，坚滑如玉，风吹声如环佩。汉成帝种于临池观，名环佩竹，花如海榴，实如莲子而小。赵飞燕服之，肌滑体轻。"③此环佩竹已与女性有了较多联系，如服竹实体轻、竹声如环佩、赵飞燕肌滑如竹等。南朝陈徐陵《侍宴诗》："园林才有热，夏浅更胜春。嫩竹犹含粉，初荷未聚尘。承恩豫下席，应阮独何人。"④诗中嫩竹含粉、初荷洁净既是写景，也未尝不是比拟侍宴的女子。后代民间市语还以笋牙为幼女。如明无名氏《六院汇选江湖方语》："笋牙，乃幼女也。"⑤[清]范寅注《越谚》："好笋出东笆外，喻好女子。"⑥都以笋喻女性。

到唐代，竹子女性化更为普遍。如唐代李建勋《新竹》："箨干犹抱翠，粉腻若涂妆。"竹子的形象俨然是涂脂抹粉的娇娆女性。类似的再如"纤粉妍腻质，细琼交翠柯"（元稹《和东川李相公慈竹十二韵》）、

---

① 《全上古三代秦汉三国六朝文》全梁文卷二五，第 3 册第 3097 页下栏右。
② 《先秦汉魏晋南北朝诗》梁诗卷一三，中册第 1782 页。
③ [清]佚名著《葩经识名衍韵》，转引自范景中《竹谱》，载范景中、曹意强主编《美术史与观念史》第Ⅶ辑，南京师范大学出版社 2009 年版，第 260 页。
④ 《先秦汉魏晋南北朝诗》陈诗卷五，下册第 2530 页。
⑤ 转引自王锳著《宋元明市语汇释》，中华书局 2008 年版，第 202 页。
⑥ [清]范寅注、侯友兰等点注《〈越谚〉点注》卷上，人民出版社 2006 年版，第 55 页。

"荷珠贯索断，竹粉残妆在"（刘禹锡《和乐天秋凉闲卧》）、"新竹开粉奁，初莲爇香注"（刘禹锡《牛相公林亭雨后偶成》）、"紫箨坼故锦，素肌擘新玉"（白居易《食笋》）、"葳蕤之态，困顿美人之春睡"（薛季宣《种竹赋》），都更为突出清秀粉泽之美，虽与"燕余丽妾，方桃譬李"（萧纲《筝赋》）①的审美趣味稍有不同，但用以比拟女性却是一致的。再如王勃《慈竹赋》："若乃宗生族茂，天长地久，万柢争盘，千株竞纠，如母子之钩带，似闺门之悌友，恐孤秀而成危，每群居而自守。"②以慈竹丛生之状比拟母子、闺友的关系。

竹叶垂露也被想象为女性哭泣之状，所谓"滴露如泣"（慕容彦逢《岩竹赋》）③。至于"离宫散萤天似水，竹黄池冷芙蓉死"（李贺《九月》），天寒地冷的环境与衰飒凋零的景物又成了女子伤心形象的写照。白居易《北窗竹石》："一片瑟瑟石，数竿青青竹。向我如有情，依然看不足。况临北窗下，复近西塘曲。筠风散余清，苔雨含微绿。有妻亦衰老，无子方茕独。莫掩夜窗扉，共渠相伴宿。"此诗并非以竹比妻，只是说妻老无子的寂寞中有竹子相伴，能稍慰茕独④。此两例都说明竹子的女性化倾向，也可见还未固定为男女情爱意义上的性别象征意蕴。

竹子的女性象征意蕴也来自竹叶与女性的联系，竹叶不仅是女阴的象征并进而成为高禖石上图案，而且在民间还用于女性衣裙窗帘床

---

① 《全上古三代秦汉三国六朝文》全梁文卷八，第 3 册第 2996 页下栏右。

② 《全唐文》卷一七七，第 2 册第 1806 页下栏左。

③ 《全宋文》，第 135 册，第 290 页。

④ 白居易在其他诗中也表达过同样愿望，如《题小桥前新竹招客》："雁齿小红桥，垂檐低白屋。桥前何所有，茸茸新生竹。皮开坼褐锦，节露抽青玉。筠翠如可餐，粉霜不忍触。闲吟声未已，幽玩心难足。管领好风烟，轻欺凡草木。谁能有月夜，伴我林中宿。为君倾一杯，狂歌竹枝曲。"

帏等的装饰图案。如李贺《难忘曲》："夹道开洞门，弱杨低画戟。帘影竹叶起，箫声吹日色。蜂语绕妆镜，拂蛾学春碧。乱系丁香梢，满栏花向夕。"①而女性裙裾饰以竹叶图案最为普遍，如"练裙香动竹叶小"（许琮《渌水词》）②、"竹叶裙纱折折香"（周端臣《古断肠曲三十首》其四）③。再如罗公升《和宫怨》："竹叶垂黄雨露偏，羞缘买赋费金钱。有缘会有承恩日，莫遣蛾眉减去年。"④宫女如同竹叶垂黄，等待着君王的雨露，竹叶的女性象征意蕴表现得较为明显。

后代甚至以"竹枝"名妾，也是竹喻佳人的延续。如《尧山堂外纪》："杨廉夫雅好声妓，晚居淞江，有四妾：竹枝、柳枝、桃花、杏花，皆善歌舞。有嘲之者云：'竹枝柳枝桃杏花，吹箫鼓瑟拨琵琶。可怜一代杨夫子，化作江南散乐家。'"⑤再如《幼学琼林·花木》："煮豆燃萁，比兄残弟；砍竹遮笋，弃旧怜新。"以旧竹新笋分别比拟旧妻新人。至今在少数民族地区还保留竹子指示女性的风俗。"广西西北部巴马、都安两个瑶族自治县，妇女生女孩，便要在门楣上插竹枝，以示女儿如竹之秀美、高洁。"⑥

文学作品中以竹拟喻佳人的情况，在唐宋以后不乏其例。如明代何乔新《钩勒竹赋》："夫何美人之清修兮，秉婷节以为常。所好在乎同德兮，岂群葩之能当。驾飙轮而遐览兮，乃夷犹乎潇湘。芳草蓑其

① 《全唐诗》卷三九二，第 12 册第 4415 页。
② 《全宋诗》，第 50 册第 31184 页。
③ 《全宋诗》，第 53 册第 32966 页。
④ 《全宋诗》，第 70 册第 44348 页。
⑤ ［明］蒋一葵撰《尧山堂外纪》卷七七，《续修四库全书》第 1194 册，上海古籍出版社 2002 年版，第 698—699 页。
⑥ 关传友《论竹的崇拜》，《古今农业》2000 年第 3 期，参考李蒲《竹枝词断想及其他》，《民间文学论坛》1989 年第 6 期，第 32 页。

溢目兮，纷迎秋而凋伤。爰有贞筠兮冰玉其标，挺宿莽而独立兮，凌霰雪而不凋。虽同族于草木兮，顾殊质于夭乔。"将清修、贞筠的美感形象与品德内涵相结合，赋予竹子坚贞自守的女性象征。

以上就竹喻女性的历史发展情况略作梳理，可见竹喻女性的角度在不断丰富，竹、笋、竹叶、竹枝都可拟喻女性。竹子美感形象与女子容貌之间的比拟之外，竹的比德意义与女子的贞行懿德之间也有对应的象征关系。

竹子凌寒之性用于女性比德，也是形成竹的女性象征意蕴的重要原因。前引鲍令晖《拟青青河畔草诗》已初开端倪。乔知之《杂曲歌辞·定情篇》也云："君念菖蒲花，妾感苦寒竹。菖花多艳姿，寒竹有贞叶。"这些诗句虽将竹子与女性联系起来，多是着眼于坚贞品格的简单比拟，在形象塑造上还不够。

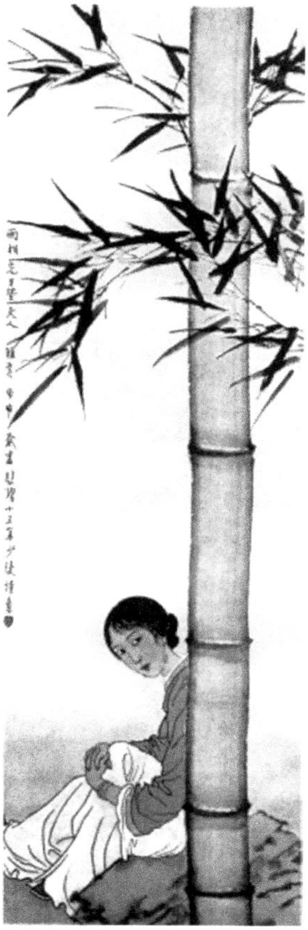

再如清俞樾《茶香室丛钞·夫人竹》："国朝陈鼎《竹谱》云：'夫人竹，产汉阳桃花洞息夫人祠侧。伐竹忌男子持斤，男子伐之，竹寸寸裂，女子伐之则完。君子曰：竹之贞者也，宜以夫人呼之。'按自来咏息夫人者，止言桃花，无言竹者。据刘向《列女传》夫人固烈女子也，千载之下，犹有此竹以表贞姜（按，"姜"原作"妻"，据刻本改），足为桃花

图13　徐悲鸿《日暮倚修竹》。作于1944年。纵100厘米，横31厘米。

夫人一洗之矣。"①此例也仅因产自息夫人祠侧，故称夫人竹，又借竹以比夫人之贞。

　　成功地将竹子凌寒坚贞之性与失意佳人的形象相结合的，是杜甫。其《佳人》诗云："绝代有佳人，幽居在空谷。自云良家子，零落依草木。关中昔丧败，兄弟遭杀戮。官高何足论，不得收骨肉。世情恶衰歇，万事随转烛。夫婿轻薄儿，新人已如玉。合昏尚知时，鸳鸯不独宿。但见新人笑，那闻旧人哭。在山泉水清，出山泉水浊。侍婢卖珠回，牵萝补茅屋。摘花不插发，采柏动盈掬。天寒翠袖薄，日暮倚修竹。"诗写一位绝代佳人幽居深谷，与草木相依，夫婿却另有新欢，把她遗弃，佳人贞洁自持。仇兆鳌云："翠袖倚竹，寂寞无聊也。"以为："末言妇虽见弃，终能贞节自操。"②可见末句除表明独处，还有贞洁自守之意。

　　杜甫将竹子凌寒不凋的物性与佳人处境艰难而贞洁自守的品格进行对接，这是他超迈前贤时辈之处。杜甫以后，"倚竹佳人""佳人修竹"成了诗人们惯用的套语，独创性较高的如姜夔《疏影》："苔枝缀玉。有翠禽小小，枝上同宿。客里相逢，篱角黄昏，无言自倚修竹。"③更多的则是陈词套语的沿用，难免因循之讥。如权无染《凤凰台忆吹箫》："无人见，翠袖倚竹天寒。"④纯粹套用杜诗。曹组《蓦山溪》："洗妆真态，不在铅华御。竹外一枝斜，想佳人、天寒日暮。"⑤强调素妆真朴之美，与竹子青翠的形象与凌寒的本性都相契合，似有所创新。吴潜《贺新郎·寓言》："可意人如玉。小帘栊、轻匀淡泞，道家装束。长恨春归

---

① ［清］俞樾撰《茶香室丛钞》卷二二，中华书局1995年版，第1册第450页。
② ［清］仇兆鳌注《杜诗详注》卷七，中华书局1979年版，第554页。
③ 《全宋词》，第3册第2182页。
④ 《全宋词》，第2册第993页。
⑤ 《全宋词》，第2册第801页。

无寻处，全在波明黛绿。看冶叶、倡条浑俗。比似江梅清有韵，更临风、对月斜依竹。看不足，咏不足。"①刻画临风对月依竹的佳人形象，突出不俗之态，也较可贵。

由竹到箫笛之材进而到箫笛等乐器，都可喻女性。我们由此感受到竹喻女性的思路在丰富，范围在扩大。如苏轼《水龙吟》。词序交代写作缘起："咏笛材。公旧序云：时太守闾丘公显已致仕居姑苏，后房懿卿者，甚有才色，因赋此词。一云赠赵晦之。"词云："楚山修竹如云，异材秀出千林表。龙须半翦，凤膺微涨，玉肌匀绕。木落淮南，雨晴云梦，月明风袅。自中郎不见，桓伊去后，知孤负、秋多少。闻道岭南太守，后堂深、绿珠娇小。绮窗学弄，梁州初遍，霓裳未了。嚼徵含宫，泛商流羽，一声云杪。为使君洗尽，蛮风瘴雨，作霜天晓。"②此词虽咏笛材，却以竹拟喻女子，有凤膺玉肌的形象比拟。其后冯取洽《沁园春》(有孤竹君)写法类似东坡之作。再如广西民歌《手扎风炉哥转钳(悔恨)》："可惜了，可惜好箫配破笛；嫁个老公象（引者按，原文如此，应作'像'）疯子，打妹还要剥妹衣！"③这是以箫喻女、以笛喻男。

再如夏季消暑的竹夹膝，又名竹姬、青奴、竹奴、竹妃等，最普遍的还是称作竹夫人。《红楼梦》第二十二回，薛宝钗有灯谜诗："有眼无珠腹内空，荷花出水喜相逢。梧桐叶落分离别，恩爱夫妻不到冬。"谜底是"竹夫人"。"竹夫人"之称，始于北宋。诗文中也多附会艳情内涵，如"留我同行木上座，赠君无语竹夫人"(苏轼《送竹几与谢秀才》)④、"瓶

---

① 《全宋词》，第 4 册第 2730 页。
② 《全宋词》，第 1 册第 277 页。
③ 柯炽编《广西情歌》第六集，广西人民出版社 2003 年版，第 234 页。
④ 《全宋诗》第 14 册，第 9365 页。

竭重招曲道士，床空新聘竹夫人"（陆游《初夏幽居四首》其二）^①。

以竹制品比喻女性的源头较早。箕帚、枕席、竹夫人等词汇意象，在后代能够比喻女性，都与早期相关的事象与传说有关。以"箕帚"为例，试作论述。"箕帚"原指畚箕和扫帚，皆洒扫除尘之具。《吕氏春秋·顺民》："孤将弃国家，释群臣，服剑臂刃，变容貌，易姓名，执箕帚而臣事之，以与吴王争一日之死。"此例中"箕帚"未与女性联系。"箕帚之使""箕帚之用"指持箕帚以供扫除之役，可作己妻之谦称，也借指妻妾。《吴越春秋·勾践阴谋外传》："（越王勾践有二遗女）谨使臣蠡献之，大王不以鄙陋寝容，愿纳以供箕帚之用。"《文选·王微〈杂诗〉》："弄弦不成曲，哀歌送苦言，箕帚留江介，良人处雁门。"李周翰注："箕，所以簸扬物者;帚，扫除也者。此妇人所执以事夫也。"持箕帚的奴婢可称"箕帚妾"，借作妻妾之谦称。如《战国策·楚策一》："请以秦女为大王箕帚之妾，效万家之都，以为汤沐之邑，长为昆弟之国，终身无相攻击。"《史记·高祖本纪》："臣有息女，愿为季箕帚妾。"妻妾之娱后来就称"箕帚之欢"。如元戴善夫《风光好》第二折："学士不弃妾身，残妆陋质，愿奉箕帚之欢。"

第三节 《竹枝词》起源新探

关于《竹枝词》起源，前贤时修多有研究，其中任半塘《唐声诗·竹枝》"杂考"无疑是集大成的研究成果。但至今仍众说纷纭，未有定论。《竹枝词》由民间《竹枝歌》而来，这有刘禹锡等人文辞可证，学者也无疑问。

---

① 《全宋诗》第 40 册，第 25447 页。

但民间《竹枝歌》又源于何时何歌？有人认为由《女儿子》、吴歌西曲等演变而来①，此说因证据不足等原因，应者寥寥。学界转而探寻《竹枝》与巴歈歌舞及竹崇拜的渊源，如认为《竹枝》源于巴渝歌舞②、竹王崇

---

① ［明］董文涣《声调四谱图说》云："至《竹枝辞》一种，虽始自唐人，而实本齐梁《江南弄》《折杨柳》诸曲来,盖乐府之苗裔,不得以绝句目之。"(《唐声诗》下编第 391 页，上海古籍出版社 1982 年版) 许学夷指出："梦得七言绝有《竹枝词》，其源出于六朝《子夜》等歌。"(《诗源辩体》卷二九，人民文学出版社 1987 年版, 第 281 页) 刘毓盘以为竹枝词由《女儿子》演变而来，见氏著《词史》，上海书店 1985 年版, 第 14 页。王运熙《六朝乐府与民歌》亦持此说："皇甫松《竹枝辞》的和声必定渊源于《女儿子》无疑。"(任半塘著《唐声诗》下编第 334 页，下引本书仅注页码) 蔡元亨《巴人"变风"之觞及其滥觞》亦主此说 (见《湖北民族学院学报（社会科学版)》1995 年第 3 期)。朱自清《中国歌谣》以为："巴渝本与《西曲》盛行的荆郢樊邓等处相近。疑《竹枝词》颇受西曲或吴歌的影响。"(朱自清《中国歌谣》，金城出版社 2005 年版, 第 123 页) 蔡起福《凄凉古竹枝》："追本溯源，竹枝可以说源于南朝的西曲、吴声。"(《文学遗产》1981 年第 4 期, 第 119 页)

② 此说始自［清］张德瀛《词征》。任半塘驳之："《词征》引《旧唐书·音乐志》语，以考'巴歈'之文，一若《竹枝》乃本诸隋清商曲之《巴歈》者。果尔，刘禹锡序中何以只字未提？"(任半塘《唐声诗》下编，第 394 页) 夏承焘指出蜀中是《竹枝词》发源地，刘禹锡、白居易及《花间集》各家《竹枝曲》都用四川民歌声调，见《论杜甫入蜀以后的绝句》(《月轮山词论集》，中华书局 1979 年版, 第 185 页)。彭秀枢、彭南均《竹枝词的源流》认为："巴人之歌，就是竹枝词的前身。"进而以为《竹枝》源于《九歌》(《江汉论坛》1982 年第 12 期第 46 页右)。熊笃认为巴渝《竹枝词》演变轨迹是：下里巴人→鼙舞→竹枝词→摆手舞，见熊笃《竹枝词源流考》,《重庆师范大学学报（哲学社会科学版)》2005 年第 1 期,第 77—80 页。持此论者还有祝注先《论"竹枝词"》,《西南民族学院学报（哲学社会科学版)》1988 年第 4 期；季智慧《探〈竹枝〉之源——从声音工具、宗教咒语到一种独立的民间艺术形式》,《民间文学论坛》1989 年第 6 期；张学敏《竹枝词四论》,《西华师范大学学报（哲学社会科学版)》2005 年第 1 期。

拜①、湘妃传说②等。关于《竹枝词》命名，学者也意见不一，历来有"竹枝"指和声、吸酒竹竿、佐舞道具、取拍之器、短笛等说③。笔者之见稍异诸家，故陈拙以求正方家。

本书认为《防露》是民间《竹枝歌》源头，竹生殖崇拜则是远源。民间普遍的竹生殖崇拜表现为以竹枝拟人、情歌唱《竹枝》、竹林野合等，竹王崇拜、湘妃竹仅是其中重要部分。《防露》源头隐约可溯至《诗经·淇奥》，《防露》《竹枝》一直在民间流传，最终经唐代文人拟作而大行天下。

一、《防露》为《竹枝》之始：《竹枝词》起源的文献考索

白居易《听芦管》诗云："幽咽新芦管，凄凉古《竹枝》。"④一般当朝不称"古"，故《竹枝词》必于唐前已存在。《月令粹编》"鸡子卜"条注："《玉烛宝典》：蜀中乡市，士女以人日击小鼓，唱《竹枝歌》，作鸡子卜。"⑤《玉烛宝典》为隋杜台卿作，"可为竹枝词产生于隋代或

---

① 何光岳推测："有名的竹枝歌，可能是夜郎竹王的歌，也为巴人之歌。"见氏著《南蛮源流史》，江西教育出版社1988年，第379页。主此说者较多，参见王庆沅《竹枝歌和声考辨》，《音乐研究》1996年第2期；黄崇浩《"竹王崇拜"与〈竹枝词〉》，《黄冈师专学报》1999年第1期；向柏松《巴人竹枝词的起源与文化生态》，《湖北民族学院学报（哲学社会科学版）》2004年第1期；刘航《中唐诗歌嬗变的民俗观照·竹枝词考》，学苑出版社2004年版。

② 傅如一、张琴认为："二妃的故事，楚国尽人皆知。他们必然要嗟叹之、咏歌之，进而舞之蹈之。既然'触目皆竹'，就以竹起兴，发哀怨之声，这应当也是情理之中的事。唱的人多了，就起名叫'竹枝'歌。这可能是'竹枝'命名的由来。"见傅如一、张琴《民歌"竹枝"溯源——竹枝词新论之一》，《山西大学学报（哲学社会科学版）》1993年第4期，第70页。

③ 王庆沅《竹枝歌和声考辨》，《音乐研究》1996年第2期，第47页。黄崇浩以为"竹枝"是竹王灵位或竹王图腾，见《"竹王崇拜"与〈竹枝词〉》，《黄冈师专学报》1999年第1期，第58页。

④ 《全唐诗》卷四六二，第14册第5254页。

⑤ ［清］秦嘉谟编《月令粹编》卷四，《续修四库全书》第885册，上海古籍出版社2002年版，第737页上栏左。

者更早之旁证"①。学界追溯《竹枝词》文献记载的源头，仅到此为止。如果我们转换一下思路，从《防露》与《竹枝》的关系入手，似有柳暗花明的发现。

（一）《防露》的艳情内涵及其与竹林的关系

《防露》多次出现于汉魏晋及南朝文献，且具有两个明显特点：一是与竹林关系密切，二是充满艳情内涵。

先说其艳情内涵。"防露"一词早见于东方朔《七谏·初放》。《初放》云："便娟之修竹兮，寄生乎江潭。上葳蕤而防露兮，下泠泠而来风。孰知其不合兮，若竹柏之异心。"②《楚辞章句》云："《七谏》者，东方朔之所作也……东方朔追悯屈原，故作此辞以述其志，所以昭忠信、矫曲朝也。"又云："竹心空，屈原自喻志通达也；柏心实，以喻君闇塞也。言已性达道德而君闭塞其志，不合若竹柏之异心也。"③以为"竹柏异心"譬喻君臣，未免失之过直，其间曲折关系未能尽行抉发。

游国恩曾指出："《离骚》往往以夫妇比君臣，荃荪者，亦以妇对其夫之美称为喻耳。王逸以为直接喻君，略失之泥。"④"屈原《楚辞》中最重要的'比兴'材料是'女人'，而这'女人'是象征他自己，象征他自己的遭遇好比一个见弃于男子的妇人。"⑤《初放》主旨也是如此，以男女恋情寄托君臣遇合。故"竹柏异心"比喻男女情离，又以女子

---

① 刘航著《中唐诗歌嬗变的民俗观照》，第 232 页。

② 《全上古三代秦汉三国六朝文》全汉文卷二五，第 1 册第 262 页上栏。

③ ［汉］王逸撰《楚辞章句》卷一三，《影印文渊阁四库全书》第 1062 册，上海古籍出版社 1987 年版，第 74 页上栏左、75 页上栏右。

④ 游国恩《离骚纂义》，中华书局 1980 年版，第 70 页。

⑤ 游国恩《楚辞女性中心说》，褚斌杰编《屈原研究》，湖北教育出版社 2003 年版，第 254 页。

遭弃比喻屈原为君所弃。竹林既能"防露",又能"来风"①,本来适宜男女相合,与下文"孰知其不合"形成强烈对比,突出失望与伤心之情。

歌谣《防露》,是成于东方朔之前,还是因《七谏》而出现?今已无从考证。但《防露》早期接受史表明是艳曲。

晋陆机《文赋》:"寤《防露》与《桑间》,又虽悲而不雅。"李善注:"《防露》,未详。一曰谢灵运《山居赋》曰:'楚客放而防露作。'注曰:'楚人放逐,东方朔感江潭而作《七谏》。'然灵运有《七谏》有《防露》之言,遂以《七谏》为《防露》也。"②可见他已不明《防露》内涵。清何焯认为:"'防露'指'岂不夙夜,畏行多露',言桑间不可与并论,故戒

---

① "防露""来风"含义,向为学者所忽视。一般写花草树木是"布叶俱承露,开花共待风"(隋孙万寿《庭前枯树诗》),而此处"防露""来风"两词应是表达男女之情的艳词。"防露"含义有二:既防露水,也防人见。《诗经》中多有男女野合而苦于露水的描写,如"厌浥行露,岂不夙夜?谓行多露"(《召南·行露》)、"野有蔓草,零露溥兮"(《郑风·野有蔓草》)等。"露水夫妻"不愿做"露天夫妻",而竹林正是能防露的隐蔽之处。"来风"之义也有二:一指自然之风,竹林枝叶稀疏,不同于树林,故能来风。二指男女间的风情。我们可从陆侃如先生的论述获得启发。陆先生说:"《尚书·费誓》'马牛其风'及《左传》'风马牛不相及'的'风'字,普通均训作'放'字,《广雅》及《释名》亦然。惟服虔注:'牝牡相诱谓之风'一句颇可注意。'放'字本可训为'纵'(《吕览·审分》注),又可训为'荡'(《汉艺文志》注)。江南方言,男女野合,恐人撞见,倩人守卫,谓之'望风',与情敌竞争,谓之'争风',亦可助证。故'风'的起源大约是男女赠答之歌。"见氏著《中国诗史》(上),作家出版社1957年版,第18—19页。男女风情之例,如南唐李煜《柳枝》词:"风情渐老见春羞,到处芳魂感旧游。"宋柳永《雨霖铃》词:"便纵有千种风情,更与何人说。"《二刻拍案惊奇》卷一四:"听说世上男贪女爱,谓之风情。""争风"之例,如元兰楚芳《四块玉·风情》曲:"双渐贫,冯魁富,这两个争风做姨夫。"《儒林外史》第四五回:"凌家这两个婆娘……争风吃醋,打吵起来。"

② [梁]萧统编、[唐]李善注《文选注》卷一七,《影印文渊阁四库全书》第1329册第293页上栏右。

66

妖冶也。"①明明"士衡诮淫于《防露》"②，却以为"言桑间不可与并论"，显然也是不明《防露》艳情内涵的曲解。

唐代平列《舞赋》："燕姬抚琴，秦女吹笙。楚妃歌《防露》之曲，陈后唱结风之声。则有楚媛巴儿，齐童郑女。蹑凌波之缓步，曳飞蝉之薄缕。掩长袖以徐吟，顿纤腰而起舞。"③由绮艳场面可略见《防露》之"艳"。明杨慎论述：

> 《文赋》："寤防露与桑间，又虽悲而不雅。"注引东方朔《七谏》，谓"楚客放而防露作"。此说谬矣，若指楚客即为屈原，屈原忠谏放逐，其辞何得云不雅？"防露"与"桑间"为对，则为淫曲可知。谢庄《月赋》："徘徊《房露》，惆怅《阳阿》。"注："《房露》古曲名，'房'与'防'古字通。"以"防露"对"阳阿"，又可证其非雅曲也。《拾翠集》引王彪之《竹赋》云："上承霄而防露，下漏月而来风，庇清弹于幕下，影耀歌于帷中。"盖楚人男女相悦之曲有《防露》，有《鸡鸣》，如今之《竹枝》。《东坡志林》亦云。然则《竹枝》之来亦古矣。《诗》云："野有蔓草，零露漙兮。有美一人，清扬婉兮。邂逅相遇，适我

① 〔清〕何焯撰《义门读书记》卷四五，《影印文渊阁四库全书》第860册第660页下栏右。
② 〔明〕倪元璐撰《倪文贞集》卷五《视学及士习文体策》，《影印文渊阁四库全书》第1297册第62页下栏左。
③ 〔宋〕李昉等编《文苑英华》七九，《影印文渊阁四库全书》第1333册，第613页下栏左。

愿兮。"以此推之,《防露》之意可知。^①

虽然对于《七谏》解释得勉强,但是所论《防露》可谓慧眼独具。据王彪之《竹赋》,竹林防露,犹如帷中幕下,林中"清弹""嬥歌"得以遮蔽^②,故《防露》与男女情事有关。

其次,《防露》与竹林关系密切。谢灵运《山居赋》:"其竹则二箭殊叶,四苦齐味……卫女行而思归咏,楚客放而《防露》作。"^③卫女思归而咏"籊籊竹竿,以钓于淇"(《诗经·竹竿》);楚人屈原放逐,东方朔借竹林"防露"以抒怀。此处"思归"与"防露"(即竹林间情事)并举,以"竹"为联系纽带。吴筠《竹赋》:"湘妃有挥涕之感,楚谣兴《防露》之作。"^④以湘妃挥涕对楚谣《防露》,也都与竹相关。

《七谏》借竹林间男女情事表达君臣遇合,与当地多竹这一自然地理环境相合,可能此前竹林防露已成男女野合的譬喻而相当流行。"拂竹鸾惊侣"(厉玄《缑山月夜闻王子晋吹笙》)^⑤,竹林是鸾凤栖息之所,也是男女幽会之地。范云《登城怨诗》:"楚妃歌修竹,汉女奏幽

---

① [明]杨慎撰《升庵集》卷五二"防露之曲"条,《影印文渊阁四库全书》第 1270 册,第 449 页。程章灿《魏晋南北朝赋史》以为晋王彪之《竹赋》有残句"《防露》为《竹枝》所缘始"(见该书第 368 页,江苏古籍出版社,1992 年),所据为清陈仅《竹林答问》第八十一条。查《竹林答问》原文为:"此体起于巴濮间男女相悦之词,刘禹锡始取以入咏,诙谐嘲谑,是其本体。杨升庵引王彪之《竹赋》,谓《防露》为《竹枝》所缘始,亦属有见。"见[清]陈仅著《竹林答问》,《四库未收书辑刊》第九辑,北京出版社 2000 年版,第 30 册第 761 页。可知程先生误辑。
② 《文选·左思〈魏都赋〉》:"或明发而嬥歌,或浮泳而卒岁。"张载注:"嬥歌,巴土人歌也。何晏曰:'巴子讴歌,相引牵,连手而跳歌也。'"以为"嬥歌"即巴人之歌。
③ 《全上古三代秦汉三国六朝文》全宋文卷三一,第 3 册第 2606 页上栏右。
④ 《全唐文》卷九二五,第 10 册第 9643 页下栏左。
⑤ 《全唐诗》卷五一六,第 15 册第 5898 页。

68

兰。独以闺中笑，岂知城上寒。"①此云"修竹"，或为歌名，或为内容，总与竹有关。楚妃、汉女所歌为闺情，故云"闺中笑"。宋玉《讽赋》："臣复援琴而鼓之，为《秋竹》、《积雪》之曲，主人之女又为臣歌曰：'内怵惕兮徂玉床，横自陈兮君之傍。君不御兮妾谁怨，日将至兮下黄泉。'"②宋玉此文是说"不忍爱主人之女"，但其女有意于宋玉，《秋竹》之曲似不可谓全与艳情无关。"披卫情于淇水，结楚梦于阳云。"③再往前追寻，《诗经·淇奥》似乎是源头，诗写竹林野合，"绿竹如箦"一句隐隐有"防露"之意。

后人以"防露"为习语，昧于情爱本义，降格为写景之词。无怪乎清徐文靖《管城硕记》云："承霄、防露，犹言干霄蔽日也。岂可以《竹赋》防露，同为男女相悦之曲乎？"④

但也有极少数文人仍能领会于心、用于创作，如谢庄《月赋》："若乃凉夜自凄，风篁成韵。亲懿莫从，羁孤递进。聆皋禽之夕闻，听朔管之秋引。于是弦桐练响，音容选和。徘徊《房露》，惆怅《阳阿》。声林虚籁，沦池灭波。情纤轸其何托，诉皓月而长歌。"⑤李善注："《防露》，盖古曲也。《文赋》曰：'寤防露于桑间，又虽悲而不雅。'房与防古字通。"⑥隐约可见《房露》（即《防露》）与竹林（风篁）的联系。

① 《先秦汉魏晋南北朝诗》梁诗卷二，中册第 1551 页。
② 曹文心《宋玉辞赋》，第 248 页。
③ ［唐］李白《惜馀春赋》，安旗主编《李白全集编年注释》，巴蜀书社 1990 年版，第 1910 页。
④ ［清］徐文靖著、范祥雍点校《管城硕记》卷二八，中华书局 1998 年版，第 527 页。
⑤ 《全上古三代秦汉三国六朝文》全宋文卷三四，第 3 册第 2625 页下栏右。
⑥ ［梁］萧统编、［唐］李善注《文选注》卷一三，《影印文渊阁四库全书》第 1329 册，第 230 页上栏左。

（二）《竹枝词》的艳情内涵及其与竹子的关系

《防露》的两个特点，《竹枝词》同样具备。刘禹锡曾亲历《竹枝》传唱地，其诗如《杨柳枝》三首其三："巫峡巫山杨柳多，朝云暮雨远相和。因想阳台无限事，为君回唱《竹枝歌》。"①《踏歌词》云："日暮江头闻《竹枝》，南人行乐北人悲。自从雪里唱新曲，直到三春花尽时。"②都可见《竹枝》与男女情事联系在一起。

刘禹锡《竹枝词九首·序》云："四方之歌，异音而同乐。岁正月，余来建平，里中儿联歌《竹枝》，吹短笛击鼓以赴节。歌者扬袂睢舞，以曲多为贤。聆其音，中黄钟之羽，卒章激讦如吴声。虽伧儜不可分，而含思宛转，有《淇奥》之艳音。昔屈原居沅、湘间，其民迎神，词多鄙陋，乃为作《九歌》，到于今，荆楚歌舞之。故余作《竹枝词》九篇，俾善歌者飏之。附于末，后之聆巴歈，知变风之自焉。"③

---

① 《全唐诗》卷三六五，第11册第4110页。
② 《全唐诗》卷三六五，第11册第4111页。
③ 《全唐诗》卷三六五，第11册第4112页。

"有《淇奥》之艳音"表明民间《竹枝》的艳情内涵^①。朱熹云："昔楚南郢之邑，沅湘之间，其俗信鬼而好祀，其祀必使巫觋作乐，歌舞以娱神。蛮荆陋俗，词既鄙俚，而其阴阳人鬼之间，又或不能无亵慢淫荒之杂。"^②而刘禹锡正是出于"其民迎神，词多鄙陋"的考虑，才仿作《竹枝》。

---

① 任半塘先生认为："'艳音'谓尾声。'变风之自'，谓民歌《竹枝》犹《诗》之有变风，穷其所自，则远在卫风《淇奥》，而近在屈原《九歌》。"（《唐声诗》下编第 377 页）以音乐"尾声"解释"艳音"，其说得到不少学者认同（如杨晓霭著《宋代声诗研究》，中华书局 2008 年版，第 50 页）。论者可能受宋代《邵氏闻见录》影响。《邵氏闻见录》载："夔州营妓为喻迪孺扣铜盘歌刘尚书《竹枝词》九解，尚有当时含思宛转之艳，他妓者皆不能也……妓家夔州，其先必事刘尚书者，故独能传当时之声也。"（刘德权、李剑雄点校《邵氏闻见后录》卷一九，中华书局 1983 年版，第 151 页）邵氏袭用刘禹锡成言，不足为证据。其实刘禹锡所云"艳音"非指音乐，而指内容。不仅《淇澳》，整部《诗经》的音乐到唐代都已失传，刘禹锡又如何能知晓其作为尾声的"艳音"呢？"艳"当指内容纤艳婉转。"音"有信息、消息义，如音信、佳音、音讯等。"艳"在唐代指男女之情并非罕见，如中唐戴孚《广异记》记裴徽路遇美妇人，"以艳词相调"，"艳词"指男女调谐的话语。白居易《〈和答诗十首〉序》："凡二十章，率有兴比，淫文艳韵，无一字焉。"此处"艳韵"与"淫文"并举，其意义更为明显。李商隐《杂纂·恶模样》："对丈人丈母唱艳曲。"此"艳曲"更明显有淫秽之义。刘禹锡序中将《竹枝》艳音与沅湘迎神"鄙陋"之词相提并论，隐隐有以屈原作《九歌》自许之意。"脽"似是"脽"形近之误写。段玉裁《说文解字注》以为"脽"即"尻"，云："《东方朔传》曰：'连脽尻。'……尻乃近秽处，今北方俗云沟子是也。连脽尻者，敛足而立之状。"（见该书第 170 页上栏左，上海古籍出版社 1981 年版）闻一多认为："案《说文》'脽，尻也'，今俗亦呼男阴为脽。脽、朘音同脂部，朘即脽之别构。然脽字本只作隹。隹鸟古同字，俗正呼男阴为鸟也。《老子》以为赤子阴，则犹俗谓小儿阴曰鸡儿，曰麻雀。要之，脽之本字当作隹，以为男阴专字，始加肉作脽。"（见《闻一多全集》第二卷《璞堂杂识》"朘"条）故"脽舞"可能是赛神祭祀时手执男性生殖器象征物而舞或舞者裸露生殖器，如当今某些少数民族风俗。

② ［宋］朱熹撰《楚辞集注》，上海古籍出版社 1979 年版，第 29 页。

中唐顾况《竹枝曲》:"帝子苍梧不复归,洞庭叶下荆云飞,巴人夜唱《竹枝》后,肠断晓猿声渐稀。"①这是今存最早的文人拟作《竹枝》,咏湘妃事,还带有男女情歌的痕迹。在后代民间又将《竹枝》用于婚嫁,约略可见情爱内涵,如"《巫山志》云:琵琶峰下女子皆善吹笛,嫁时,群女子治具,吹笛,唱《竹枝词》送之"②。

这种"艳"的特点从唐代《竹枝》风靡传唱的情况也可窥见一二。由于商业兴盛,娱乐业发展,《竹枝》风行于秦楼楚馆,如孟郊《教坊歌儿》"能嘶《竹枝词》,供养绳床禅"③、杜牧《见刘秀才与池州妓别》"楚管能吹《柳花怨》,吴姬争唱《竹枝歌》"④、方干《赠赵崇侍御》"却教鹦鹉呼桃叶,便遣婵娟唱《竹枝》"⑤、张籍《江南行》"娼楼两岸临水栅,夜唱《竹枝》留北客"⑥、白居易《郡楼夜宴留客》"艳听《竹枝曲》,香传莲子杯"⑦等诗句可见,甚至出现歌妓们"歌《竹枝词》较胜"⑧的情况。总之,艳情内容是《竹枝》在唐代大受欢迎的重要原因。

唐以后《竹枝》在民间依然保留着艳情特点。陆游《老学庵笔记》载:

---

① 《全唐诗》卷二六七,第 8 册第 2970 页。

② [明]曹学佺撰《蜀中广记》卷五七,《影印文渊阁四库全书》第 591 册,第 762 页下栏左,又见同书卷二二。论者多误为《水经注·本志》而疑《竹枝词》汉代已有,如肖常纬《〈竹枝曲〉寻踪》(《音乐探索》1992 年第 4 期第 29 页)等。可见学者们引用文献层层相因,不能甄别,也是《竹枝词》起源研究难有突破的重要原因。马利文《唐代咏竹诗研究》对此条材料已有辨析(南京师范大学 2008 年硕士论文第 59 页)。

③ 《全唐诗》卷三七四,第 11 册第 4200 页。

④ 《全唐诗》卷五二二,第 16 册第 5967 页。

⑤ 《全唐诗》卷六五三,第 19 册第 7497 页。

⑥ 《全唐诗》卷三八二,第 12 册第 4288—4289 页。

⑦ 《全唐诗》卷四四三,第 13 册第 4953 页。

⑧ 《太平广记》卷八六"赵燕奴"条引杜光庭《录异记》,第 2 册第 565 页。

"辰、沅、靖州蛮……其歌有曰：'小娘子，叶底花，无事出来吃盏茶。'盖《竹枝》之类也。"[①]待嫁少女含羞隐媚，如叶底之花，邀约吃茶掩盖不住渴求亲近的欲望。陆游曾入蜀,经过《竹枝》流行区域,他这样说，表明《竹枝》在宋代依然保留着艳情为主的特色。

王迪发掘整理的明代《和文琴谱》中有一首《竹枝词》，云："非商非羽声吾伊，宛转歌喉唱艳词。"[②]清代吴绮《跋陶奉长〈维扬竹枝词〉后》："春风城郭旧是魂销，明月楼台时为肠断。而香车宝络虽如昔日繁华，乃绣幕青丝迥异当年。佳丽写柔情于纸上，不减名士风流；寓胜赏于篇中，欲问美人消息。君请歌《竹枝》于堤上，余将寻桃叶于江干矣。"[③]可见明清时期《竹枝》也还有艳情特色。

《竹枝》与竹的关系，由于文献记载缺乏，一直是学者论证的薄弱环节。如能认真梳理文献，还是有线索可寻。如唐代陈陶《题僧院紫竹》："久绝钓竿歌，聊裁竹枝曲。"[④]宋代阎伯敏《十二峰·净坛》："山头枝枝竹扫坛，舟子《竹枝》歌上滩。"[⑤]都可见在唐宋时代人们的意识中《竹枝》与竹子确有联系。再如刘商《秋夜听严绅巴童唱竹枝歌》："天晴露白钟漏迟，泪痕满面看竹枝。曲终寒竹风袅袅，西方落日东方晓。"[⑥]虽叙乡思，也透露《竹枝》与竹的关系。

我们不应忽视《竹枝》之流行并进入人们视野是在中唐，且此后

---

① ［宋］陆游撰,李剑雄、刘德权点校《老学庵笔记》卷四,中华书局 1979 年版，第 45 页。
② 杨匡民《楚声今昔初探》,《江汉论坛》1980 年第 5 期，第 95 页右。
③ ［清］吴绮撰《林蕙堂全集》卷一〇,《影印文渊阁四库全书》第 1314 册第 404 页下栏左。
④ 《全唐诗》卷七四五，第 21 册第 8470 页。
⑤ 《全宋诗》，第 51 册第 32081 页。
⑥ 《全唐诗》卷三〇三，第 10 册第 3448 页。

多为文人拟作，而非民间原唱，因此去原旨渐远，《竹枝》与竹的关系之所以记载甚少，可能与此有关。正如鲁迅所说："东晋到齐陈的《子夜歌》和《读曲歌》之类，唐朝的《竹枝词》和《柳枝词》之类，原都是无名氏的创作，经文人的采录和润色之后，留传下来的。这一润色，留传固然留传了，但可惜的是一定失去了许多本来面目。"①另外，歌咏赛神、湘妃等也可见《竹枝》与竹的关系。对于《竹枝》和《防露》间共同具有的艳情内涵及与竹子的联系，恐怕我们不能简单地以"巧合"来解释。

（三）《竹枝词》与《防露》的地缘关系

由以上所论可知《竹枝》本出楚谣《防露》。据唐宋文献记载，《竹枝》又盛行于巴蜀。《太平寰宇记》记开州风俗："巴之风俗，皆重田神，春则刻木虔祈，冬即用牲解赛，邪巫击鼓以为淫祀，男女皆唱《竹枝歌》。"②记达州巴渠县风俗："其民俗，聚会则击鼓踏木牙，唱《竹枝歌》为乐。"③记万州风俗："正月七日，乡市士女渡江南，娥眉碛上作鸡子卜，击小鼓，唱《竹枝歌》。"④刘禹锡《阳山庙观赛神（原注：梁松南征至此，遂为其神，在朗州)》云："汉家都尉旧征蛮，血食如今配此山。曲盖幽深苍桧下，洞箫愁绝翠屏间。荆巫脉脉传神语，野老娑娑起醉颜。日落风生庙门外，几人连蹋竹歌还。"⑤开州、达州、万州、朗州皆为

---

① 鲁迅《且介亭杂文·门外文谈》，见《鲁迅全集》第六卷，人民文学出版社
  1981 年版，第 94 页。
② ［宋］乐史撰、王文楚等点校《太平寰宇记》卷一三七，中华书局 2007 年版，
  第 6 册第 2671 页。
③ 《太平寰宇记》卷一三七，第 6 册第 2678 页。
④ 《太平寰宇记》卷一四九，第 6 册第 2886 页。
⑤ 《全唐诗》卷三五九，第 11 册第 4057 页。

巴蜀之地，在今重庆市、四川省境内。明曹学佺《蜀中广记》也云："夫《竹枝》者，间阎之细响，风俗大端也。四方莫盛于蜀，蜀尤盛于夔。"①

对这种"墙里开花墙外香"的现象，后人易生误会。如黄庭坚认为"竹枝歌本出三巴，其流在湖湘"②，宋郭茂倩《乐府诗集》以为"《竹枝》本出巴渝"③，都是倒流为源。《竹枝》之所以生于楚地而盛于巴蜀，其原因可能是：

首先，可能是两地毗邻，风俗相近，易于传播。如唐皇甫冉《杂言迎神词二首·序》云："吴楚之俗与巴渝同风。"④巴地与楚地传统上都流行艳歌，前已叙楚地，关于巴地艳歌的记载也史不绝书，如"美女兴齐赵，妍唱出西巴"⑤"艳曲兴于南朝，胡音生于北俗"⑥等。唐代也还是如此，如虞世南《门有车马客行》："危弦促柱奏巴渝，遗簪堕珥解罗襦。"⑦巴楚两地又都自古多竹，竹生殖崇拜也都非常盛行。

其次，人口流动也会使包括《竹枝》在内的风俗民情传播。清王士禛云："唐人《柳枝词》专咏柳，《竹枝词》则泛言风土。"⑧任半塘

① ［明］曹学佺《蜀中广记》卷五七，《影印文渊阁四库全书》，第 591 册第 762 页下栏右。
② ［宋］黄庭坚《王稚川既得官都下有所盼未归予戏作林夫人欸乃歌二章与之（原注：竹枝歌本出三巴其流在湖湘耳）欸乃湖南歌也》，见黄庭坚撰、刘尚荣校点《黄庭坚诗集注》，中华书局 2003 年版，第一册第 53 页。
③ ［宋］郭茂倩编《乐府诗集》卷八一，中华书局 1979 年版，第四册第 1140 页。
④ 《全唐诗》卷二四九，第 8 册第 2799 页。
⑤ ［晋］张华《轻薄篇》，《先秦汉魏晋南北朝诗》晋诗卷三，上册第 611 页。
⑥ ［宋］郭茂倩编《乐府诗集》卷六一，第三册第 884 页。
⑦ 《全唐诗》卷二〇，第 1 册第 245 页。
⑧ ［清］王士禛撰、赵伯陶选评《香祖笔记》卷三"橘枝词"条，学苑出版社 2001 年版，第 150 页。

谓:“《竹枝》胎息于民间山歌,所状者风土,所抒者乡思。”[1]“泛言风土”是事实，但这应是《竹枝》流行以后的情况，并非原初状态。《竹枝》多思乡之情，必是《竹枝》之变体。

顾况《早春思归有唱竹枝歌者座中下泪》云:“渺渺春生楚水波，楚人齐唱竹枝歌。”[2]是于楚地听唱《竹枝》,“此楚人，实为巴人之旅楚者”[3]。刘禹锡《竹枝词》九首其一:“白帝城头春草生，白盐山下蜀江清。南人上来歌一曲，北人莫上动乡情。”[4]郑谷《渠江旅思》:“故楚春田废，穷巴瘴雨多。引人乡泪尽，夜夜竹枝歌。”[5]此二诗“皆谓巴中楚客思乡而歌”[6]。楚人入巴或巴人自楚回乡者,都可能传播《竹枝》,并借以抒怀乡之思，正所谓“巫云蜀雨遥相通”(李贺《湘妃》)[7]。

在楚地与巴蜀风俗相近、人口流动与文化传播的情况下，我们为什么说是《竹枝》从楚地传到巴蜀，而不是相反？请看闻一多的论述:

> 近来许多人都主张最初的楚民族是在黄河下游，这是可信的。胡厚宣的《楚民族源于东方考》举了许多证据，其中有一项尤其能和我们的问题互相发明。他据春秋时曹、卫皆有地名楚丘，楚丘即楚的故墟，证明最初的楚民族是在曹、卫地带住过的。对了，楚国的神话发见于曹、卫的民歌中，不也是绝妙的证据吗？此外我想曹还有鄸邑，而在古代地名

---

① 任半塘著《唐声诗》下编，第389页。
② 《全唐诗》卷二六七，第8册第2971页。
③ 任半塘《唐声诗》上编，上海古籍出版社1982年版，第291页。
④ 《全唐诗》卷三六五，第11册第4112页。
⑤ 《全唐诗》卷六七四，第20册第7717页。
⑥ 任半塘《唐声诗》上编，第292页。
⑦ 《全唐诗》卷三九〇，第12册第4401页。

上加邑旁是汉人的惯例，则鄁邑字本作"梦"，与楚地云梦之梦同字。楚高唐神女所在的巫山是在云梦中，而曹亦有地名梦，这一来，朝隮与朝云间的瓜葛岂不更加密一层，而二者原是出于一个来源，不也更可靠了吗？总之，曹、卫曾经一度是楚民族的老家，所以二国的民歌中还保留楚民族神话的余痕。[①]

我们似乎也可以说，早期的《防露》和后来的《竹枝》也是随着楚民族的南迁扩散而传播着自《淇奥》以来的余响。

事实上，唐代也还残留着丝丝缕缕的痕迹，足以表明《竹枝词》具有悠久传统。如刘商《秋夜听严绅巴童唱竹枝歌》："巴人远从荆山客，回首荆山楚云隔。思归夜唱竹枝歌，庭槐叶落秋风多。曲中历历叙乡土，乡思绵绵楚词古。"既云"楚词古"，可见此"巴童"所唱《竹枝词》有传统内涵。刘禹锡说《竹枝》"有《淇奥》之艳音"，可能不仅因为两者都表现了竹生殖崇拜，有着艳情内涵，也许还有某种地缘上的联系。理清《竹枝》由楚入巴的传播过程，关于它起于巴蜀还是楚地的聚讼可以休矣。

上面以文献为依据论述《防露》《竹枝》都与竹有关，又都涉及男女相悦之事，地缘上也很接近，可见《防露》是《竹枝》的雏形或源头。

二、源于竹生殖崇拜：《竹枝词》起源的文化寻踪

《竹枝》多艳情固然有其他因素的辐射影响，如祭赛娱神、歌妓传唱等，但本质上还是源于竹生殖崇拜，延续着自《防露》以来的艳情传统。竹生殖崇拜影响到《竹枝》的产生，主要表现在以竹拟人、情歌唱竹、

---

① 闻一多《高唐神女传说之分析》，见氏著《闻一多全集·神话编上》，湖北人民出版社1993年版，第16—17页。

竹林野合等。

（一）"竹枝"拟人与"竹枝"和声

《竹枝》原有"竹枝""女儿"的和声。《尊前集》载皇甫松《竹枝词》六首都注出和声，举一首为例："芙蓉并蒂（竹枝）一心连（女儿），花侵隔子（竹枝）眼应穿（女儿）。"①《花间集》载孙光宪"竹枝"二首也都注出和声。唐尉迟偓《中朝故事》载刘瞻唱《竹枝词》送李庚："蹑履过沟（竹枝）恨渠深（女儿）。"②虽仅一句，也存和声。宋代王灼云："今黄钟商有《杨柳枝》曲，仍是七言四句诗，与刘、白及五代诸子所制并同。但每句下各增三字一句，此乃唐时和声，如《竹枝》《渔父》，今皆有和声也。"③而今存唐代文人拟作多无和声，说明民间《竹枝》传唱本有和声，而文人拟作则失去和声。

《竹枝》取名是否因为和声"竹枝"？有人认为"以衬词而命名，是符合于民歌的命名习惯的"④。也有人认为："最初的创作者也许以蜀地之竹起兴，后来形成固定的曲调。'竹枝'的和声可能取自曲名，'女儿'大约是为了同'竹枝'叶韵。如唐代有个歌舞《秦王破阵乐》，《新唐书·音乐志》说'歌者和曰秦王破阵乐'，其和声正与曲名同。"⑤

如果不纠缠于先有鸡还是先有蛋的问题，可以肯定的是，《竹枝》以及和声"竹枝"都与竹子有关。和声"竹枝"又有什么含义？刘航认为："'竹枝''女儿'之语虽然具备和声的形式与作用，却绝非赛神

---

① 曾昭岷等编著《全唐五代词》，中华书局 1999 年版，上册第 94 页。

② 《全唐五代词》，上册第 146 页。

③ ［宋］王灼撰《碧鸡漫志》卷五，唐圭璋编《词话丛编》本，中华书局 1986 年版，第 1 册第 117 页。

④ 王庆沅《竹枝歌和声考辨》，《音乐研究》1996 年第 2 期，第 49 页右。

⑤ 蔡起福《凄凉古竹枝》，《文学遗产》1981 年第 4 期，第 121 页。

时歌唱之初衷，它们实质上是祭歌中对神灵的呼唤……是祭祀时对竹王与竹王之母的呼唤；就形式而言，便成为和声。至于呼竹王之母为'女儿'，则是母系氏族社会所特有的'处女生子'传说的折光。"①这种解释附会多于实证。如果呼唤神灵，为何不呼"竹公（王）""竹母"之类，而呼"竹枝""女儿"？要知道，"竹公（王）""竹母"也是当时的词汇，而且更能表示尊敬之意。

傅如一、张琴认为楚国人感湘妃哭舜之事，咏歌之，"既然'触目皆竹'，就以竹起兴，发哀怨之声，这应当也是情理之中的事。唱的人多了，就起名叫'竹枝'歌"②。并进一步分析："其'女儿'和声既与'竹枝'叶韵，又与所咏内容有关，因为二妃均是'女儿'。"③此说注意到和声"竹枝"与竹的关系，也能照应和声"女儿"，可惜局限于湘妃故事，且对"竹枝"含意未能充分揭示。

王庆沅认为："竹枝歌当是竹崇拜的产物，'竹枝''女儿'这个文化符号也应发端于竹子感应女子而生人的崇拜实质，实则包含了生殖崇拜和祖先崇拜的双重内涵。"④王先生已注意到《竹枝词》源于竹生殖崇拜，惜乎未能深入论证，结论却是"竹枝歌本出夜郎"⑤。

对此，任半塘有精彩分析：

曲调之制，缘于本事或本旨。调名与散声皆以本旨为归，

① 刘航著《中唐诗歌嬗变的民俗观照》，第 241 页、242 页。
② 傅如一、张琴《民歌"竹枝"溯源——竹枝词新论之一》，《山西大学学报（哲学社会科学版）》1993 年第 4 期，第 70 页。
③ 傅如一、张琴《民歌"竹枝"溯源——竹枝词新论之一》，《山西大学学报（哲学社会科学版）》1993 年第 4 期，第 70 页。
④ 王庆沅《竹枝歌和声考辨》，《音乐研究》1996 年第 2 期，第 52 页。
⑤ 王庆沅《竹枝歌和声考辨》，《音乐研究》1996 年第 2 期，第 54 页右。

非调名与散声之间互相因应。苟非商女怀春，水边情调，奚必呼及"女儿"？例如迎神送神中，何至唤及"女儿"，为声情之助？可与"竹枝"相叶之字正多，何尝非"女儿"不可！①

任先生推测"商女怀春，水边情调"，可谓精见。任先生又以为"舞者手中或执竹枝，汉代似已有之；在唐舞，《柘枝》《柳枝》皆其类也。或因眼前景物而起兴；或无竹枝，则以花枝代"②，"《竹枝》大抵歌于月明之夜，或荳蔻花时。手中持竹枝，且歌且踏"③，作了多种推测，只有"因眼前景物而起兴"较为可信。可惜任先生未能就此展开论述，以下尝试论之。

古代树枝、花枝拟人有悠久传统。如汉武帝哀悼李夫人云"桂枝落而销亡"（《汉书·外戚传》）。后来还形成连理枝的意象。如白居易《长相思》："愿作远方兽，步步比肩行；愿作深山木，枝枝连理生。"连理枝具有男女情爱的象征意义。也有以女萝、藤蔓攀附树枝比喻夫妇相依的形象。作为表达爱情的象征，树枝还以谐音"知"而被广泛运用，如"山有木兮木有枝，心悦君兮君不知"（《越人歌》）、"日暮风吹，叶落依枝。丹心寸意，愁君未知"（《青溪小姑歌》其一）④、"黄鹤悲故群，山枝咏新识"（何逊《拟轻薄篇》）⑤，无论民歌还是文人诗作，都可见树枝谐音"知"是普遍的思维方式。

"竹枝"是树枝的一种，也有类似的象征意义。竹子的男性象征可

---

① 任半塘著《唐声诗》下编，第 388 页。
② 任半塘《唐声诗》下编，第 387 页。
③ 任半塘《唐声诗》上编，第 292 页。
④《先秦汉魏晋南北朝诗》宋诗卷一二，中册第 1372 页。
⑤《先秦汉魏晋南北朝诗》梁诗卷八，中册第 1679 页。

追溯至《周易》。《说卦》云:"(震) 为长子,为决躁,为苍筤竹。"① "竹枝" 是植物,而 "女儿" 是人类,二者同为和声,其间必有某种联系。考虑到 "竹枝" 象征男子,与 "女儿" 并列为和声,符合月下男女对唱求偶的场景。

现今巴渝地区民间《竹枝》也还如此:"望郎望在大竹山哟 (竹枝),抱倒竹子哭一天罗 (妹儿);别人问我哭啥子呀 (竹呀竹枝子),我哭竹子没心肝罗 (乖呀乖妹儿)。"② 再如四川达州市民间传统《竹枝歌》:"领:情妹生得 (合:竹枝) 嫩冬冬嘛 (合:妹儿也)。领:就像菜园 (竹呀竹枝子) 四季葱嘛 (乖呀乖妹儿)。"③ 以 "竹枝" 与 "妹儿" 并列为和声,尤其是巴渝《竹枝》"我哭竹子没心肝" 的双关用法,都可证 "竹枝" 的男性象征意蕴。这种类比思维如同西部民歌中以 "花儿" 与 "少年" 并举④。

《竹枝词》影响大,流传广,传唱中可能加进新内容,并改编歌词。如刘禹锡《插田歌》:"农妇白纻裙,农父绿蓑衣。齐唱郢中歌,嘤儜如竹枝。但闻怨响音,不辨俚语词。时时一大笑,此必相嘲嗤。"⑤ 刘禹锡《纥那曲》:"踏曲兴无穷,调同辞不同。愿郎千万寿,长作主人

---

① 李学勤主编《周易正义》,第 331 页。
② 杨先国《再议巴渝舞》,《民族艺术》1993 年第 3 期,第 195 页。
③ 陈正平《巴渝古代民歌简论》,《四川师范学院学报 (哲学社会科学版)》2003 年第 1 期,第 21 页左。
④ 张亚雄如此解释:"'花儿' 指所钟爱的女人,'少年' 则 (引者按,此处当缺一 "是" 字) 男人们自觉的一种口号。"见氏著《花儿集》,中国文联出版社 1986 年版,第 33 页。朱仲禄《谈谈 "花儿"》一文指出,在歌词中,男的称女的为 "花儿",女的称男的为 "少年"。参考高彩荣、马洁《"花儿" 名称研究综述》,《三门峡职业技术学院学报》2003 年第 1 期,第 25 页右。
⑤《全唐诗》卷三五四,第 11 册第 3962 页。

翁。"①"调同辞不同"是绝好说明。

后世《竹枝词》内容庞杂，以致淹没了原初的竹生殖崇拜内涵。正如现在情歌，因传唱久远，于是旧瓶装新酒，歌词翻新而曲调依旧。项安世云：

> 作诗者多用旧题而自述己意，如乐府家"饮马长城窟""日出东南隅"之类，非真有取于马与日也，特取其章句音节而为诗耳。《杨柳枝曲》每句皆足以柳枝，《竹枝词》每句皆和以竹枝，初不于柳与竹取与也。②

此论不当。最初形态的"旧题"很可能有取于所述事物，《杨柳枝》与柳有关③，《竹枝词》当也与竹有关。传唱使曲调与和声保留下来，唱词却依时地变化而改写，这可能是后代《竹枝词》内容与竹无关而名为"竹枝"、和声为"竹枝"的原因。

（二）情歌唱《竹枝》

《竹枝》保留了《防露》的艳情特点，多为男女月下歌唱，唐诗中多有反映，如"独有凄清难改处，月明闻唱《竹枝歌》"（王周《再经秭归》其二）④、"巡堤听唱《竹枝词》，正是月高风静时"（蒋吉《闻歌竹枝》）⑤、"暮烟葵叶屋，秋月《竹枝歌》"（殷尧藩《送沈亚之尉南康》）⑥，其效果正是"隔水何人歌《竹枝》？动人情思极幽微"⑦！月

---

① 《全唐诗》卷八九〇，第 25 册第 10055 页。

② ［宋］项安世《项氏家说》卷四"诗中借辞引起"条，《影印文渊阁四库全书》第 706 册，第 508 页上栏。

③ 参考石志鸟《中国杨柳审美文化研究》，巴蜀书社 2009 年版，第 124—129 页。

④ 《全唐诗》卷七六五，第 22 册第 8678 页。

⑤ 《全唐诗》卷七七一，第 22 册第 8755 页。

⑥ 《全唐诗》卷四九二，第 15 册第 5565 页。

⑦ ［宋］释智愚《颂古一百首》其七六，《全宋诗》第 57 册，第 35920 页。

下踏歌活动为男女幽会创造良机，仙女吴彩鸾故事约略存有线索："南方风俗，中秋夜妇人相持踏歌，婆娑月影中，最为盛集"[①]，"相引至绝顶坦然之地。后忽风雨，裂帷覆机"[②]。

民间《竹枝歌》的艳情内涵可能"助燃"野合。如刘禹锡《纥那曲》："杨柳郁青青，竹枝无限情。同郎一回顾，听唱纥那声。"[③]刘禹锡《堤上行》其二："江南江北望烟波，入夜行人相应歌。桃叶传情竹枝怨，水流无限月明多。"[④]都表明《竹枝》的传情作用。黄庭坚《木兰花令》："黔中士女游晴昼，花信轻寒罗袖透……竹枝歌好移船就，依倚风光垂翠袖。"[⑤]"'移船就'谓男女相悦而就。"[⑥]朱熹说："江汉之俗，其女好游，汉魏以后犹然，如大堤之曲可见也。"[⑦]《太平寰宇记·南仪州》："每月中旬，年少女儿盛服吹笙，相召明月下，以相调弄，号曰夜泊，以为娱。二更后，匹耦两两相携，随处相合，至晓则散。"[⑧]以这样的民风为背景，夜唱《竹枝》无疑是野合的前奏，所谓"《竹枝》游女曲"（张登《上巳泛舟得迟字》）[⑨]，可见《竹枝》的情歌功能。除艳情外，离别相思也是《竹枝》的重要内容，如"无奈孤舟夕，山歌闻《竹枝》"（李益《送人南归》）、

① ［宋］不著撰人《宣和书谱》卷五，《影印文渊阁四库全书》第813册第232页上栏右。
② ［明］陈耀文撰《天中记》卷五"中秋"条引《传奇》，《影印文渊阁四库全书》第965册第219页下栏右。
③ 《全唐诗》卷八九〇，第25册第10055页。
④ 《全唐诗》卷三六五，第11册第4111页。
⑤ 转引自任半塘《唐声诗》上编，第439页。
⑥ 任半塘《唐声诗》上编，第439页。
⑦ ［宋］朱熹撰《诗经集传》卷一解释《汉广》语，《影印文渊阁四库全书》第72册，第752—753页。
⑧ 《太平寰宇记》卷一六三，第七册第3116页。
⑨ 《全唐诗》卷三一三，第10册第3525页。

"无穷别离思，遥寄《竹枝歌》"（武元衡《送李正字之蜀》）。

《竹枝》有男女对唱，也有祀神群唱。各地竹王、竹郎祠庙不少，如四川大邑县、邛州、荣州以及湖北施州、湖南乾州等地都有[①]。刘禹锡《别夔州官吏》："惟有九歌词数首，里中留与赛蛮神。"[②]陆游《踏碛》："鬼门关外逢人日，踏碛千家万家出。《竹枝》惨戚云不动，剑器联翩日初夕。"[③]可见《竹枝》用于赛神。

但赛神并未丧失艳情特点，娱人与娱神在艳情这一点上相通。正如朱熹《楚辞辩证》所云："楚俗祠祭之歌，今不可得而闻矣。然计其间，或以阴巫下阳神，或以阳主接阴鬼，则其辞之亵慢淫荒，当有不可道者。"[④]据宋周去非《岭外代答》载，瑶族每年十月祭"都贝大王"，"男女各群，连袂而舞，谓之踏摇。男女意相得，则男咿嘤奋跃，入女群中负所爱而归，于是夫妻定矣"[⑤]。清代《皇清职贡图》载："岁时祀盘瓠，杂鱼肉酒饭，男女连袂而舞，相悦者负之而去，遂婚媾焉。"[⑥]可见野合被当作娱神及自娱的手段，而歌舞是先导。

祭赛竹王多在竹林，且祀竹节。《华阳国志》载："捐所破竹于野，成竹林，今竹王祠竹林是也。"[⑦]可知竹王祠在竹林。白居易《江州赴忠州至江陵已来舟中示舍弟五十韵》云："亥市鱼盐聚，神林鼓笛鸣。

---

① 何积全《竹王传说流传范围考索——〈竹王传说初探〉之一》，《贵州社会科学》
　　1985 年第 9 期，第 28 页。
② 《全唐诗》卷三六一，第 11 册第 4082 页。
③ 《全宋诗》，第 39 册第 24292 页。
④ ［宋］朱熹撰《楚辞集注》，第 185 页。
⑤ ［宋］周去非著、屠友祥校注《岭外代答》卷一〇《蛮俗门》"踏摇"条，
　　上海远东出版社 1996 年版，第 264 页。
⑥ ［清］傅恒等撰《皇清职贡图》卷八，《影印文渊阁四库全书》第 594 册第
　　709 页上栏右。
⑦ ［晋］常璩撰、任乃强校注《华阳国志校补图注》卷四《南中志》，第 230 页。

壶浆椒叶气，歌曲《竹枝》声。"①清王士禛《汉嘉竹枝五首》其四："竹公溪口水茫茫，溪上人家赛竹王。铜鼓蛮歌争上日，竹林深处拜三郎。"②知祭祀竹王、竹郎也在竹林深处。"俚人祠竹节"（刘禹锡《晚岁登武陵城顾望水陆怅然有作》）③、"竹节竞祠神"（司空曙《送柳震归蜀》）④，都可见竹节为所祀神物⑤。这种祭祀竹王的活动不仅出于生育祈求，也有祈愿子孙繁盛、健康成长的意思。至今民间还借竹子祈求儿童健康成长："嫩竹妈，嫩竹娘，二天（方言，即今后意）我长来比你长。"⑥

（三）竹林野合风俗与《竹枝》

《竹枝》艳情内涵还源于竹林野合之风。"长条本自堪为带，密叶由来好作帷"（贺循《赋得庭中有奇树诗》）⑦、"双鸾栖处，绿筠时下风箨"（仲殊《念奴娇·夏日避暑》）⑧，树林是禽鸟栖息之处。竹林隐蔽，也是男女幽会的良好场所。秋风落叶而"竹枝不改茂"（范泰《九月九日诗》）⑨，露水沾衣而竹林天然能遮蔽。

---

① 《全唐诗》卷四四〇，第 13 册第 4913 页。
② ［清］王士禛撰《精华录》卷七，《影印文渊阁四库全书》第 1315 册，第 127 页下栏右。
③ 《全唐诗》卷三六二，第 11 册第 4089 页。
④ 《全唐诗》卷二九二，第 9 册第 3313 页。
⑤ ［唐］释道世撰《法苑珠林》卷七九云："汉夜郎遯水竺王祠有竹节神。"见《影印文渊阁四库全书》第 1050 册第 289 页上栏。刘航认为："竹枝也被视为驱邪求吉的灵物，刘禹锡《晚岁登武陵城顾望水陆怅然有作》云'俚人祠竹节'，司空曙《送柳震归蜀》曰'竹节竞祠神'，《送柳震入蜀》亦云'夷人祠竹节'。"见氏著《中唐诗歌嬗变的民俗观照》第 240 页。在祭祀竹神的场合说竹枝是"驱邪求吉的灵物"，未免牵强，不如理解为生殖崇拜的象征来得扣题，一方面竹王生于竹筒，另一方面，祭祀的目的除了祭祀祖先外，也是为了求子。
⑥ 季智慧《巴蜀祭竹场所及活动景况》，《文史杂志》1989 年第 4 期，第 39 页右。
⑦ 《先秦汉魏晋南北朝诗》陈诗卷六，下册第 2555 页。
⑧ 《全宋词》，第 1 册，第 551 页。
⑨ 《先秦汉魏晋南北朝诗》宋诗卷一，中册第 1144 页。

野合之所以在竹林，除"防露""来风"的地理环境，更重要的原因在于竹生殖崇拜。竹生殖崇拜在竹产地很普遍，主要有生殖、婚媾、求子等内涵。竹子旺盛的生命力，宗生族茂的特点，易于受到人们的崇拜与附会，于是竹林媾合、竹林求子等活动自然产生。巴楚之地自古多竹，为竹生殖崇拜提供了良好的地理环境。

　　后代作品中对竹林野合也有反映，如沈约《丽人赋》："池翻荷而纳影，风动竹而吹衣。薄暮延伫，宵分乃至。出闺入光，含羞隐媚。垂罗曳锦，鸣瑶动翠。来脱薄妆，去留余腻。"①何逊《苑中诗》："苑门辟千扇，苑户开万扉。楼殿闻珠履，竹树隔罗衣。"②王训《独不见》："日晚宜春暮，风软上林朝。对酒近初节，开楼荡夜娇。石桥通小涧，竹路上青霄。持底谁见许，长愁成细腰。"③李益《山鹧鸪词》："湘江斑竹枝，锦翅鹧鸪飞。处处湘云合，郎从何处归。"④都可见自南朝以来的民间竹林野合之风。而文人所作《竹枝》也还多是民间《竹枝》竹生殖崇拜主题的延续。正如任半塘所言："《竹枝》因歌词全出文人，意境全在'女儿'，趋于柔靡谐婉。"⑤

　　以上所论，为《竹枝》赖以产生的文化背景。由最初的竹生殖崇拜到情歌《防露》《竹枝》，再扩大到赛神、乡思等生活各层面，而艳情无疑是其本色，就这一点而言，"诚可为后来山歌、挂枝、打枣先鞭"⑥。

———————————
① 《全上古三代秦汉三国六朝文》全梁文卷二五，第 3 册第 3097 页下栏右。
② 《先秦汉魏晋南北朝诗》梁诗卷九，中册第 1709 页。
③ 《先秦汉魏晋南北朝诗》梁诗卷九，中册第 1717 页。
④ 《全唐诗》卷二八三，第 9 册第 3223 页。
⑤ 任半塘《唐声诗》下编，第 381 页。
⑥ ［清］黄生《唐诗摘钞》卷四说刘禹锡《竹枝词》语，转引自卞孝萱著《刘禹锡评传》，南京大学出版社 1996 年版，第 355 页。

正是在崇拜竹子的文化氛围中，产生图腾崇拜观念，出现人是竹所生、死后化为竹等信仰，竹生人、湘妃竹等神话传说也应运而生，并进而在祠神群唱和情歌对唱等活动中逐渐形成《竹枝》歌，"初为民间男女相悦之辞，后乃渐被于士林"①。

第四节　《诗经·淇奥》性隐语探析

《诗经·淇奥》，毛《传》以为美卫武公，现代学者倾向认为是爱情诗，如闻一多、孙作云等。刘毓庆、杨文娟著《诗经讲读》对男女相悦主题进行了阐释，引录如下："诗篇开首言'淇奥''绿竹'，未言'宽绰''戏谑'，与纯粹歌德的诗不大相类，当出于异性之口。闻一多、孙作云等以为是爱情诗，近是。诗篇开首言'瞻彼淇奥'，淇奥是淇水曲处，乃卫国男女春季聚会之地。诗中言及淇水者，多与爱情婚姻有关。其次，诗云'善戏谑兮'，在《诗经》中'戏谑'多指男女相戏。如《溱洧》：'维士与女，伊其相谑，赠之以芍药。'《终风》：'终风且暴，顾我则笑，谑浪笑敖，中心是悼。'此诗也当与男女之事有关。"②

由"美武公之德"到爱情诗，再到"与男女之事有关"，《淇奥》篇的主题得到逐渐深入的发掘。但毛《传》的固有影响并未消除，至少在诗中各句的解读上丝毫未见摆脱的迹象。这主要因为诗中大量性隐语蒙蔽了人们的眼睛，对比兴的误读也是重要原因。如果对诗中性隐语试作发掘，对诗中比兴进行文化考古，则可揭示这首充满性的隐

---

① 刘永济著《十四朝文学要略：上古至隋》，黑龙江人民出版社 1984 年版，第 169 页。

② 刘毓庆、杨文娟著《诗经讲读》，华东师范大学出版社 2008 年版，第 45 页。

喻与暗示、反映先秦竹生殖崇拜的"淫诗"的本来面目。

一、《淇奥》各句隐语试解

《淇奥》主题，向有"美卫武公"说、爱情诗说之不同，但对诗中各句的理解，古今却异乎寻常的一致，都基本沿袭古注。这种现状表明，对此诗主题的把握走在前面，对诗句的理解却落在后面。下面试逐句剖析：

（一）如切如磋，如琢如磨

毛《传》："治骨曰切，象曰磋，玉曰琢，石曰磨。道其学而成也。听其规谏以自修，如玉石之见琢磨也。"[1]所云学问道德的磨砺修炼，显然是引申之义。切、磋、琢、磨表示来回往复的动作，较为接近诗中本义[2]。故闻一多认为："切、磋、琢，皆磨也。"[3]

《论语·学而》："子贡曰：'贫而无谄，富而无骄，何如？'子曰：'可也；未若贫而乐，富而好礼者也。'子贡曰：'诗云："如切如磋，如琢如磨"，其斯之谓与？'子曰：'赐也，始可与言诗已矣，告诸往而知来者。'"[4]子贡所悟并非《淇奥》诗中之义，而是以兴喻之法读解后的感悟，是

---

① 《毛诗正义》卷三之二，第 216 页。

② 夏渌《"差"字的形义来源》则以为"差"的初字"是从麦（或省）从左（同佐），通过'磨治麦粒''加工麦粒'的典型事例，来概括代表一般以手搓物的'搓'的概念"，并进而论述："《广雅·释诂三》：'差，磨也。'疏证云：'差之为言磋也。《诗·卫风·淇澳》：'如切如磋，如琢如磨。'反映了'切''磋''琢''磨'是意义相近的，'差'和'磋'是同一语，'磋'是派生字。"见曾宪通主编《古文字与汉语史论集》，中山大学出版社 2002 年版，第 53 页。

③ 闻一多《诗经通义》，见氏著《闻一多全集·诗经编下》，湖北人民出版社1993 年版，第 141 页。

④ 《十三经注疏》整理委员会整理、李学勤主编《论语注疏》，北京大学出版社 1999 年版，第 12 页。

带有个人色彩的用《诗》①，这在《论语》中记载得明明白白，也符合先秦"赋诗断章，余取所求"的通则。毛《传》为助成其"美武公之德"说而曲解，殊不知日就月将的品德磨练与学问进益，非一朝一夕所能完成，诗中的"她"如何能一眼看穿历经多年的品德磨练过程呢？

"如切如磋，如琢如磨"用"如"字，取喻的本体是切磋琢磨的动作，而喻体未见，可见明言琢磨，其实另有隐情。"磨"同"摩"，先秦文献中多次出现，如《礼记·乐记》："阴阳相摩，天地相荡。"②《周易·系辞上》："刚柔相摩，八卦相荡。"③《庄子·外物》："木与木相摩则然，金与火相守则流。阴阳错行，则天地大绞，于是乎有雷有霆，水中有火，乃焚大槐。"④这些都是在阴阳隐喻生殖的意义上使用的。《吕氏春秋·先识》云："中山之俗，以昼为夜，以夜继日，男女切倚，固无休息。"已将"切倚"用于形容男女。

"如切如磋，如琢如磨"所描绘的动作，如同《素女经》："十动之效……二曰伸（云）其两肫者，切磨其上方也……七曰侧摇者，欲深切左右也。"⑤白行简《天地阴阳交欢大乐赋》："方以津液涂抹，上下揩擦。含情仰受，缝微绽而不知；用力前冲，茎突入而如割。"⑥唐

---

① 《文心雕龙·明诗》："子夏监'绚''素'之章，子贡悟'琢磨'之句，故商、赐二子，可与言《诗》。"孔安国曰："子贡知引《诗》以成孔子义，善取类，故然之。往告之以贫而乐道，来答以切磋琢磨。"（《论语注疏》卷一）表明刘勰、孔安国已经意识到，子贡所悟"切磋琢磨"之义非诗中本义。

② 杨天宇译注《礼记译注·乐记第十九》，上海古籍出版社 2004 年版，第 478 页。

③ 黄寿祺、张善文译注《周易译注》，上海古籍出版社 2001 年版，第 527 页。

④ ［清］王先谦撰《庄子集解》，上海书店 1987 年版，第 61 页。

⑤ 李零著《中国方术正考》，中华书局 2006 年版，第 398 页。

⑥ ［唐］白行简《天地阴阳交欢大乐赋》，张锡厚辑校《敦煌赋汇》，江苏古籍出版社 1996 年版，第 242 页。

五代房中书《洞玄子》："捉入子宫，左右研磨。"①杨廉夫诗："镜殿青春秘戏多，玉肌相照影相摩。"②这四处文献以"切磨""揩擦""如割""研磨""相摩"等词表示性交动作。可见"切""磋""琢"三字后代都可用于性交。

后代以玉喻性，如徐陵《答周处士书》说："仰披华翰甚慰，翘结承归来天目，得肆闲居，差有弄玉之俱仙，非无孟光之同隐。优游俯仰，极素女之经文；升降盈虚，尽轩皇之图艺，虽复考盘在阿，不为独宿。"③"弄玉之俱仙"语含双关④。再如唐卢仝《与马异结交诗》："买

① 转引自〔荷兰〕高罗佩著、李零等译《中国古代房内考》，商务印书馆2007年版，第131页。《洞玄子》中尚有"女当淫津湛于丹穴，即以阳峰投入子宫内，快泄其精，津液同流，上灌于神田，下溉于幽谷，使往来击，进退揩磨"（《临御第五》）、"或以阳锋来往，磨耕神田幽谷之间"（《六势第十五》）等等。

② 〔明〕杨慎撰《升庵集》卷六〇"镜殿"条，《影印文渊阁四库全书》第1270册，第576页下栏右。

③ 《全上古三代秦汉三国六朝文》全陈文卷九，第4册第3450页下栏右。

④ "弄玉之俱仙"字面上指弄玉、箫史夫妻都成仙而去，实则隐含性爱中男女双方欲仙欲死之快感。"弄玉"除了由弄玉、箫史夫妻关系发展而来的艳情含义，字面也有情色内涵，可能由琢磨玉器的动作引申附会而来，相似词汇如"弄珠"。蒋方先生认为汉上游女传说中游女所佩两珠是生育的象征，"陈、隋及初唐的宫体诗中常借郑交甫事吟男女之事，如江总《新入姬人应令诗》：'不用庭中赋绿草，但愿思著弄明珠。'张子容《春江花月夜》：'初逢花上月，言是弄珠时。'都直接以'弄珠'暗示男女的会合，可见他们对汉上游女传说的心领神会。"见蒋方《游女佩珠的传说及其意蕴》，《古典文学知识》2003年第3期，第29页，亦见蒋方《试论汉上游女传说之文化意蕴——兼论与屈宋作品中"求女"的联系》，《湖北大学学报（哲学社会科学版）》1998年第4期，第43页右。再如李商隐《恼公》："弄珠惊汉燕，烧蜜引胡蜂。""弄"字在后代也用于性交，如明末小说《浪史奇观》第十六回："监生便与春娇讨这角帽儿，带了放进去，那妇人又把监生来当作浪子意度，闭着眼道：'亲心肝，亲心肝，许久不见，如今又把大卵弄我的。'手舞足动。"笔者家乡方言至今仍有"磋×""弄你娭驰"之类粗鄙脏话，"娭驰"是本地方言，意为母亲，惟"磋"读入声。这种语言现象表明，"弄"字有表性交动作的意义。这由"珠""玉"常代指女人也可佐证。称美女为"玉人"，自不待举例。以"珠"称女性者，如古越俗呼女孩为珠娘，亦有呼妇人者。南朝梁任昉《述异记》卷上："越俗以珠为上宝，生女谓之珠娘。生男谓之珠儿。"

得西施南威一双婢，此婢娇饶恼杀人。凝脂为肤翡翠裙，唯解画眉朱点唇。自从获得君，敲金拟玉凌浮云。"[1]"敲金拟玉"隐喻性交。

学者一般认同"如切如磋,如琢如磨"主语是"君子"。"君子"在《诗经》中指情人或丈夫的例子很多[2]。《诗经》时代有佩玉风尚，以玉比人也非常普遍[3]，由琢玉动作（以及类似的琢磨动作）联系到性爱动作，也就不为悖理。诗一开始就写男女情媾动作，可谓直接进入主题，但又如此含蓄典雅，不见鄙俗淫艳。

图14　[明]夏昶《淇澳清风图卷》（局部）。（纸本，墨笔。纵22.3，横462厘米。天津博物馆藏）

（二）瑟兮僴兮，赫兮咺兮

闻一多认为："'僴'，假作'爛'，'僴''爛'，因古复辅音关系相通。'瑟'（璱），形容玉石结实貌。坚石始能细磨使光。'咺'，煊也。'瑟

① 《全唐诗》卷三八八，第12册第4384页。
② 池水涌、赵宗来《孔子之前的"君子"内涵》（《延边大学学报［社会科学版］》1999年第1期）举出14例，未含《淇奥》。
③ 如"有女如玉"（《召南·野有死麕》）、"彼其之子，美如玉"（《魏风·汾沮洳》）、"言念君子，温其如玉"（《秦风·小戎》）等。

兮僩兮,赫兮咺兮'及'如切如磋,如琢如磨',皆以玉石比人。"①恐非。
"如切如磋,如琢如磨"是以琢磨玉石的动作写人,"瑟兮僩兮,赫兮咺兮"
倒不必也是"以玉石比人"。"瑟兮僩兮,赫兮咺兮"应是直接写人。
毛《传》:"瑟,矜庄貌。"②王先谦《诗三家义集疏》:"《白虎通·礼乐篇》:
'瑟者,啬也,闲也,所以惩忿窒欲,正人之德也。'是'瑟'有'严正'
义。"③对于"僩",《诗三家义集疏》云:"《说文》:'僩,武貌。从人,
间声。'《诗》曰:'瑟兮僩兮。'《尔雅·释文》:'僩,或作撊。'《方言》:
'撊,猛也。'《广雅·释训》同。武、猛义合,皆严栗意也。"④故"瑟""僩"
为写人之词,由"瑟"而"僩",似乎写出由拘谨到猛烈,暗示男女情
事由挑动至热烈。

段玉裁注《说文》:"赫,大赤貌。大,各本作火,今正。此谓赤,
非谓火也。赤之盛,故从二赤。"⑤"赫"由两"赤"字组成,而"赤"
原与性有关⑥。马宗霍释"愃":

> "愃(心部),宽娴心腹皃。"(《说文》)……今诗作咺。《尔
> 雅·释训》作"烜"。《礼记·大学》引作"喧"。《诗》《释文》
> 引《韩诗》作"宣"。宣,显也。案烜、喧、宣皆三家异文。
> 《说文》无"喧"字,火部烜为爟之重文。宀部宣训天子宣室,

① 刘晶雯整理《闻一多诗经讲义》,天津古籍出版社 2005 年版,第 57 页。
② 《毛诗正义》卷三之二,第 216 页。
③ [清]王先谦撰、吴格点校《诗三家义集疏》卷三下,中华书局 1987 年版,
　　上册第 268—269 页。
④ 《诗三家义集疏》卷三下,上册第 269 页。
⑤ [汉]许慎撰、[清]段玉裁注《说文解字注》,上海古籍出版社 1981 年版,
　　第 492 页上栏右。
⑥ [荷兰]高罗佩著、李零等译《中国古代房内考》第 14 页:"红色在中国一
　　直象征着创造力、性潜能、生命、光明和快乐。"

皆非此诗正字。许引作愃，亦本三家。盖以愃为正字也。毛
作呕者，《说文》口部云：“朝鲜谓儿泣不止曰呕。”则呕亦
假借字。《礼记·释文》云：“喧，本作呕。”《尔雅·释文》云：
“烜，今作呕字。”疑《礼记》之一作本、《尔雅》之今作本，
皆后人依毛诗改。宣从亘声，愃从宣声，呕从宣省声，故互
相通假耳。[1]

据此，“呕”“喧”通假。“赫兮呕兮”似指男子面貌红润、宽娴心腹。

又段玉裁引《方言》：“呕，痛也。凡哀泣而不止曰呕。朝鲜洌水
之间少儿泣而不止曰呕。”[2]如此则“呕”似指媾合时女方之呻吟，“赫”
指其灿若桃花之红颜。揆之房中书所言，“赫”指“面赤”[3]，“呕”指“累
滚（哀）”[4]。但综合上下文意观之，“赫”“呕”指男子而言更顺畅，前
后文俱言“有匪君子”，中间“如切如磋，如琢如磨。瑟兮僩兮，赫兮
呕兮”似应都指君子而言。汉焦赣《易林·坤之巽》：“白驹生刍，猗
猗盛姝。赫喧君子，乐以忘忧。”[5]也还是用的男女情事，且以“赫喧”

---

① 马宗霍著《〈说文解字〉引经考》之《引诗考》卷三“愃”字条，学生书局
　　1971 年版，第 530—531 页。
② 《说文解字注》，第 54 页下栏左。
③ 《素女经》：“夫五征之候，一曰面赤，则徐徐合之。”参见李零著《中国方
　　术正考》第 397 页。
④ 马王堆帛书《天下至道谈》描述性兴奋的“五音”之三为“累滚（哀）”，
　　李零解释为“不断号叫，俗称‘叫床’”，见氏著《中国方术考》，中华书局
　　2006 年版，第 395 页、331 页。可见古人很早就对性交中的叫床现象有所认
　　识记载。这类描写，在后代文学中多次出现，如唐白行简《天地阴阳交欢大
　　乐赋》：“女乃色变声颤，钗垂髻乱。”王实甫《西厢记》第四本第二折红娘说：“一
　　个恣情的不休，一个哑声儿厮耨。呸！那其间可怎生不害半星儿羞？”前“一
　　个”指莺莺自己，后“一个”指张生。而《淇奥》是较早的相关描写。
⑤ ［西汉］焦延寿著、［民国］尚秉和注《焦氏易林注》，光明日报出版社
　　2005 年版，第 22 页。

形容君子。因此，"如切如磋，如琢如磨""瑟兮僩兮，赫兮咺兮"都写"君子"，前者偏指动作，后者偏指神态。

图 15　[明]夏昶《嶰谷清风图》。（水墨，纸本。纵 136 厘米，横 64 厘米）

（三）充耳琇莹，会弁如星

"充耳琇莹，会弁如星"，是形容诗中"君子"服饰之美。先说"会弁如星"。郑玄笺："会，谓弁之缝中。饰之以玉，皪皪而处，状似星也。"[1]弁，古代贵族穿礼服时戴的帽子。孔颖达曰：

《弁师》云："王之皮弁，会五采玉璂。"注云："会，缝中也。皮弁之缝中，每贯结五采玉十二以为饰，谓之綦。《诗》云'会弁如星'，又曰'其弁伊綦'，是也。"此云武公所服非爵弁，是皮弁也。皮弁而言会，与《弁师》皮弁之会同，故云"谓弁之缝中"也。[2]

《诗经》中戴皮弁的例子，如《甫田》："婉兮娈兮，总角丱兮。未几见兮，突而弁兮。"可见戴皮弁者并不限于贵族。以玉会合皮弁之缝，是拟喻男女之事。《周易》"豫"卦爻辞说："由豫，大有得，勿

---

① 《十三经注疏》整理委员会整理、李学勤主编《诗经正义》卷三之二，北京大学出版社 1999 年版，第 218 页。
② 《毛诗正义》卷三之二，第 218 页。

疑，朋盍簪。"钱世明云："坤为朋，为发，为合……一阳入于坤阴，如一簪插入发中以束发。簪入于发，发聚合而纳簪——此阴阳媾合之暗喻！"①"阳入坤阴"是乾坤发生关系的表象，正如《周易》中乾坤的许多其他象征物一样，皮弁之缝象征女阴，玉是男根之象，玉使缝合正是"阳入坤阴"、牝牡偶合之象。

至于充耳，象喻意义更明显。"充耳琇莹"指以玉穿耳，《说文》："瑱，以玉充耳也。"②《释名·释首饰》："瑱，镇也。悬当耳傍，不欲使人妄听，自镇重也。或曰充耳，充塞也。塞耳亦所以止听也，故里语曰：'不瘖不聋，不成姑公。'"③扬之水有充分的论述，证明充耳是装饰，而非用来止听。扬先生并举例："充耳的佩戴方式应该是穿耳。斯德哥尔摩远东古物博物馆所藏一件战国铜人，耳垂上边各贯了一支小'棒'，便是'充耳'，亦即穿耳之瑱。"④这是充耳隐喻性交的很好例证，"小棒"象男根，耳朵喻女阴。

耳朵确曾与性有过联系，"在有些文化中，他们以伤害耳朵来取代女性的割礼；在若干东方国家青春少女的启蒙仪式中，则包括穿耳洞一项；古埃及妇人与人通奸，其惩罚方式就是割耳朵。凡此种种，都是以耳朵来象征、替代生殖器"⑤。耳朵暗示或象征女性生殖器，穿耳戴环则隐喻交媾。《诗经》恋歌多写充耳之饰。如《小雅·都人士》："彼都人士，充耳琇实。彼君子女，谓之尹、吉。我不见兮，我心菀结。"《齐

① 钱世明著《易象通说》，华夏出版社1989年版，第58页。
② 《说文解字注》，第13页下栏左。
③ ［清］王先谦撰《释名疏证补·释首饰》，上海古籍出版社1984年版，第241页。
④ 扬之水《〈诗·小雅·都人士〉名物新诠》，《文学遗产》1997年第2期，第54页。又见氏著《〈诗经〉名物新证》，北京古籍出版社2000年版，第388页。
⑤ 沈尔安《趣说耳朵与性爱》，《生活与健康》2002年第9期，第50页。

风·著》:"俟我于庭乎而,充耳以青乎而,尚之以琼莹乎而!"《邶风·旄丘》:"琐兮尾兮!流离之子。叔兮伯兮,褎如充耳。"余冠英认为:"女子也可以叫她的爱人为'伯''叔'。"[①]则《旄丘》诗作者为一妇女,"叔"和"伯"指她的男性伴侣。《都人士》和《著》也是恋歌。这几首诗描绘作为耳饰的充耳以增美男子,又都有性隐喻的意味。

(四)如金如锡,如圭如璧

金锡是铸造精美器物的两种金属。《周礼·考工记》:"吴粤之金、锡,此材之美者也。"[②]像这样以金锡比喻材美的情况在先秦时代很多。金锡要成美器,还需锻炼。《周礼·考工记》:"六分其金而锡居一,谓之钟鼎之齐。"[③]可见金锡配比冶炼才能制造出精美器具。毛《传》:"金、锡练而精,圭、璧性有质。"[④]已指出锻炼之义,但未明性的隐喻。《医心方》卷二八引古房中书《素女经》佚文:"御敌家,当视敌如瓦石,自视如金玉。"[⑤]据李零考证,《素女经》"至少是东汉就有的古书"[⑥]。可见古

---

① 余冠英著《诗经选》,人民文学出版社 1979 年版,第 67 页注释①。此说由闻一多首先提出。

② 《周礼注疏》卷三九,第 1061 页。

③ 《周礼注疏》卷四〇,第 1097 页。

④ 《毛诗正义》卷三之二,第 219 页。黎锦熙说:"毛传云云,说得欠明瞭。朱《集传》把句子改了一改,就很有意思:'金锡言其锻炼之精纯,圭璧言其性质之温润。'《文心雕龙》云:'金锡以喻明德。'(后来锡贱了,又易镕化,现在不可再拿来比君子之德。)究竟诗人本意是否比'德',却还可疑;也许是比他身分的尊贵和隆重,看本诗下四句(宽兮绰兮,猗重较兮,善戏谑兮,不为虐兮)便可证明。"(詹锳议证《文心雕龙议证》卷八,上海古籍出版社 1989 年版,第 1351 页注释[三]虽怀疑"金锡比德说",却引向"比他身分的尊贵和隆重",缘于对"宽兮绰兮,猗重较兮,善戏谑兮,不为虐兮"四句的理解受了传统影响。

⑤ 李零著《中国方术正考》,第 396 页。

⑥ 李零著《中国方术正考》,第 306 页。

人早有金玉瓦石比喻男女性别的传统。

后代也有以金属象征男女性别的说法，如"黄金为父，白银为母。铅为长男，锡为适妇"（綦毋氏《钱神论》）[1]。"如金如锡"此处比喻合为一体、身心交融的状态，如同后代民歌以泥为喻，"我泥中有你，你泥中有我"[2]"哥哥身上也有妹妹，妹妹身上也有哥哥"[3]。

上面分析了"如切如磋，如琢如磨"的性喻意，是取象于治器的琢磨动作，而取象于玉器，本诗有两方面，一是以玉器装饰身体或衣物而构成隐喻，如"充耳琇莹，会弁如星"；二是以玉器本身构成隐喻，如下面要分析的"如圭如璧"。祭祀是圭、璧等玉器在先秦文化中的主要用途之一。《诗经》多有记述，如《大雅·江汉》："釐尔圭瓒，秬鬯一卣。"《大雅·旱麓》："瑟彼玉瓒，黄流在中。"陈士瑜、陈启武二先生论述：

图 16　玉鹰纹兽面纹圭。（玉鹰纹兽面纹圭，天津市博物馆藏。长 25 厘米。龙山文化）

"观"是先秦时期含有交媾意味的隐语，其本字作"灌"，原本是古代祭祀时奠酒献神的一种仪式，《礼记·明堂位》："季夏六月，以禘礼祀周公于大庙……灌用玉瓒大圭。"郑玄注：

---

① ［唐］徐坚等撰《初学记》二七，中华书局 1962 年版，第 3 册第 654 页。

② ［元］管道升《我侬词》，唐圭璋编《词话丛编·古今词话》，中华书局1986 年版，第 1 册第 797 页。

③ ［明］李开先《词谑》所引明代民歌《锁南枝·风情》，见中国戏曲研究院编《中国古典戏曲论著集成》，中国戏剧出版社 1959 年版，第 3 册第 145—146 页。

"灌，酌郁尊以献也。"古人以天为阳，以地为阴。周人先求于阴，因此在祭祀开始时先行灌礼，先秦时亦借以用浇注酒浆来暗寓交媾。[1]

既然"用浇注酒浆来暗寓交媾"，则圭瓒象喻男根也就不难理解。汉代及以前，有圭出土的墓主多为男性，圭也用作女性生殖器塞[2]。

圭形似男根，也隐含生命新生的喻意。《说文解字》："剡上为圭。"[3]《周礼·春官·大宗伯》郑玄注："圭锐，象春物初生。"[4]段玉裁《说文》引应劭云："圭，自然之形、阴阳之始也。"[5]古代阴阳、天地、男女是同一层面的象喻，故"阴阳之始"与"春物初生"一样都表明圭的生殖象征意义[6]。

事实上，不仅圭，其他形似圭的玉器也有同样的象征喻意。车广锦认为："玉山形器、权杖柄端、玉觽、玉璋、玉圭、玉柄、玉匕、玉笄、玉钺等玉石器，均为男根的象征物。"[7]性象征这样广泛，也许使人觉

---

① 陈士瑜、陈启武《蘲菌考》，《中国农史》2005 年第 1 期，第 33 页。
② 参见周南泉《论中国古代的圭——古玉研究之三》，《故宫博物院院刊》1992 年第 3 期，第 22 页。
③ 《说文解字注》，第 12 页下栏右。
④ 《周礼注疏》卷一八，第 478 页。
⑤ 《说文解字注》，第 693 页下栏左"圭"下。
⑥ 靳之林认为："在男性祖先崇拜、生殖崇拜的父系氏族社会，作为阳性生象征的圭☖，与作为生命象征的男阳男且☖有着同一内涵。"见氏著《生命之树与中国民间民俗艺术》，第 75 页。"☖"释为"圭"是没有疑问的，李学勤《由两条〈花东〉卜辞看殷礼》云："'☖'是象形字，上端有三角形尖，下部为长方条形，当释为'圭'。"（《吉林师范大学学报》2004 年第 3 期）另参见蔡哲茂《说殷卜辞中的"圭"字》，中国文字学会、河北大学汉字研究中心编《汉字研究》第一辑，学苑出版社 2005 年版，第 308—315 页。
⑦ 车广锦《中国传统文化论——关于生殖崇拜和祖先崇拜的考古学研究》，《东南文化》1992 年第 5 期，第 39 页左。

得过于宽泛和附会。但是当"圭"与"璧"同时出现，其天地阴阳拟喻及生殖象征的含义便表露无遗。

璧象女阴。《说文》："璧，瑞玉圜也。"[1]《尔雅·释器》："肉倍好谓之璧，好倍肉谓之瑗，肉好若一谓之环。"[2]一般认为"'肉'指璧的边宽，'好'指璧的孔径"[3]。可知璧的孔较小，而环边较宽。"玉璧的穿孔也应是女阴的象征，而玉璧的'肉'（内圆到外圆的距离）可能象征大阴唇。"[4]赵国华认为："在原始社会中，所有人工制造的圆环状物，如以初民佩戴的部位区分，

图 17　玉璧。（南京博物院藏。直径12.8厘米，内径4厘米，厚1厘米。1982年江苏省武进县寺墩遗址 M4 出土。属于新石器时代良渚文化。透闪石软玉，呈黄白色。器作扁平圆形，中有对钻圆孔，两面光素无纹。通体琢磨精致，抛光明亮。图片引自南京博物院网站。网址：http://www.njmuseum.com/Antique/AntiqueContent.aspx?id=278）

---

[1] 《说文解字注》，第 12 页上栏右。

[2] 《十三经注疏》整理委员会整理、李学勤主编《尔雅注疏》，北京大学出版社 1999 年版，第 151 页。

[3] 卢兆荫著《玉振金声——玉器·金银器考古学研究》，科学出版社 2007 年版，第 39 页。

[4] 车广锦《中国传统文化论——关于生殖崇拜和祖先崇拜的考古学研究》，《东南文化》1992 年第 5 期，第 37 页右。

有环、镯、钏；环状者如以质料区分，有陶环、石环、玉环；玉制者如以肉径和孔径大小区分，有环、瑗、璧。凡此种种，包括随葬的纺轮，全部具有象征女阴的意义，并由此发展出象征女性的意义。"①

如果我们稍微考察一下女阴象征物，就会发现圆形及其变形（如椭圆、缝等）最为普遍。正如［英］卡纳《人类的性崇拜》所说："人类最古老的一种生殖象征，便是一个简单的圆圈。它可能代表太阳，也可能是原始的玄牝符号。它可以表示万物之始，也可以代表万物之终。中国有句成语'如环无端'，正可表示万有的无始无终、包罗万象。因此，圆便成了母亲、女人及地母的象征。"②

总之，圭、璧在诗中是雌雄关合、牝牡相属之象。在男女生殖器的象征物中，以玉或玉器比拟的频率很高。马王堆汉墓房中书称男性生殖器为"玉策""玉茎"，称女性生殖器为"玉窦"，甚至精液也称"玉泉"③。读者现在回头再看"如切如磋，如琢如磨"，当不会以为我仅凭臆测而唐突古人。故此处"如金如锡"指如金之在锡、融于锡，"如圭如璧"指如圭之穿璧，都是合男女而言，暗喻合欢或结配。

（五）宽兮绰兮，猗重较兮

"宽"在《诗经》其他情诗中也出现过，如《卫风·考槃》："考槃在涧，硕人之宽。"《诗集传》引陈傅良曰："考，扣也。槃，器名，盖扣之以节歌，如鼓盆拊缶之为乐也。"④其实《考槃》写男女欢会，"考

---

① 赵国华著《生殖崇拜文化论》，第 300 页。
② 转引自郑思礼著《中国性文化——一个千年不解之结》，中国对外翻译出版公司 1994 年版，第 415 页。
③ 李零著《中国方术正考》，第 321—323 页。
④ ［宋］朱熹撰《诗经集传》卷二，《影印文渊阁四库全书》第 72 册第 771 页上栏左。

100

槃"喻性交,"涧"喻女阴,"宽"指女阴状态。上引徐陵"虽复考盘在阿,不为独宿"也可佐证。《考槃》又云:"考盘在阿,硕人之薖……考盘在陆,硕人之轴"。赵帆声认为:"《传》:'薖,宽大貌。'按:依《说文》段《注》,薖字于此处乃'款'之假借,款同'歀',《广雅·释诂三》'歀,空也',空亦宽大貌,与《传》言'薖,宽大貌'义同。"①"薖"既为"歀"之假借,具"空"义,则"薖"亦形容女阴。故郑玄笺:"薖,饥意。"②按照闻一多对"饥"的解释③,郑玄道出了字面以外的性饥渴含义。《说文》:"轴,所以持轮者也。"④古人多以车喻性(详下文),轴之持轮隐喻性交。据"薖""轴"也可明"宽"的喻义。《淇奥》中"宽"义同此。《诗集传》云:"绰,开大也。"也是形容女阴状态,如同房中书所谓"玉户开翕"⑤。《素女经》"五征之候"其四云:"四曰阴滑,则徐徐深之。"⑥略似"宽兮绰兮"。毛《传》:"绰,缓也。"则是形容动作。

古人对"较"考证繁琐,简言之,重较即车两旁做扶手的曲木。《论语·乡党》皇侃疏:"古人乘露车……皆于车中倚立,倚立难久,故于车箱上安一横木,以手隐凭之,谓之为较,诗云'倚重较兮'是也。"⑦今人结合考古实物的研究结果表明,"较"的重要作用是供车主人扶持⑧。毛《传》云:

① 赵帆声著《诗经异读》,河南大学出版社 2002 年版,第 83 页。
② 《尔雅注疏》,第 221 页。
③ 参见闻一多《高唐神女传说之分析》,见氏著《闻一多全集·神话编上》,湖北人民出版社 1993 年版,第 4—5 页。
④ 《说文解字注》,第 724 页上栏左。
⑤ 李零著《中国方术正考》,第 401 页。
⑥ 李零著《中国方术正考》,第 397 页。
⑦ 《论语义疏》卷五,转引自扬之水著《〈诗经〉名物新证》,第 446 页。
⑧ 王厚宇、王卫清《考古资料中的先秦金较》,《中国典籍与文化》1999 年第 3 期;扬之水《驷马车中的诗思》,见氏著《〈诗经〉名物新证》,第 446—448 页。

"重较，卿士之车。"①恐怕是为了支持其"美武公之德"说而作的曲解。

《诗经》时代，车在社会生活中普遍应用。男女情投意合而同车不为罕见，如《卫风·北风》："惠而好我，携手同车。"《郑风·有女同车》："有女同车，颜如舜华。"而且车在会男女的游乐野合习俗中更是不可缺少。钟文烝《春秋谷梁经传补注》引家铉翁云："尸女云者，盛其车服，炫惑妇人，要其从己也。"②

图18　四川新都出土的汉代野合画像砖。（从画面上可以看到，男女交欢的地点在野外桑树下，女性平躺于地上，双脚上举）

《诗经》中取象于车、借车言情的也很多，如《小雅·车辖》："间关车之辖兮，思娈季女逝兮。"《王风·大车》："大车槛槛，毳衣如菼。岂不尔思？畏子不敢。"后代文献中也不少，如敦煌文献《孔子项託相问书》："人之有妇，如车有轮。"③王政解释："这种以车或轮轴喻夫妇

---

① 《毛诗正义》卷三之二，第219页。

② ［清］钟文烝撰《春秋谷梁经传补注》，中华书局1996年版，第199页。

③ 《敦煌变文校注》，第358页。

的文化象征长期积淀在东方人的潜意识中。《北堂书钞》141 卷说，轮与轴是夫妇的象喻，一个人在梦中见到轮轴，那应发生夫妇情感上的'事'，'轮轴为夫妇，梦得轮轴，夫妇之事也。'"[1]早在《周易参同契》已云："穷神以知化，阳往则阴来，辐辏而轮转，出入更卷舒。"[2]即是取象于车以表达阴阳交合、出入卷舒之状。

"轴""轮"结合是男女之象。一方面，车为女象。《易·说卦传》："坤为地，为母，……为大舆。"重较也是女象[3]。另一方面，"御车"与"御女"相通。如黄维华所论："在

图 19　上海古猗园"君子堂"景点。

祭土、祀社的原始宗教文化背景下，产生了'御'字标示为祈拜行为的原初意义……又引申为'进'。进轮谓之御车，《昏义》'出御妇车''御

① 王政《敦煌遗书中生殖婚配喻象探讨》，《敦煌研究》1998 年第 3 期，第 92 页。
② 潘启明著《〈周易参同契〉通析》，上海翻译出版公司 1990 年版，第 23 页。
③ 《周礼·考工记·车人》："大车崇三柯，绠寸，牝服二柯有参分柯之二。"郑玄注："牝服长八尺，谓较也。"孙诒让正义："今以郑义推之，较者，舆两面上横木之称。马车、牛车皆有左右两较，但马车较左右出式而高，牛车较卑，无较式之别，是之谓平较。平较谓之牝服。较高者为牡，则平者为牝矣。"《周礼·考工记》"牝服"下正义云："车较，即今人谓之平鬲，皆有孔，内辁子于其中，而又向下服，故谓之牝服。"

轮三周'之'御'即其义……进侍者亦谓之御人、御臣，而蔡邕《独断》中更有所谓'天子所进曰御，凡衣服加于身、饮食入于口、妃妾接于寝皆曰御'的阐解。"①《仪礼·昏义》载："今婿御车……行车轮三周，御者乃代婿。"这种仪式也有某种象征意味②。道教房中书也以车轼比喻房事，如《抱朴子·微旨》云："或曰：'一房有生地，不亦偪乎？'抱朴子曰：'经云，大急之极，隐于车轼。如此，一车之中，亦有生地，况一房乎？'"③

男女媾合时女人平躺于地，双腿向上弯曲，正如"重较"。古人性交多取此势。如《医心方》卷二八引古房中书《素女经》佚文："临御女时，先令妇人放手安身，屈两脚。男入其间，衔其口，吮其舌，拊搏其玉茎，击其门户东西两傍。"④《玉房秘诀》云："令女正卧高枕，伸张两

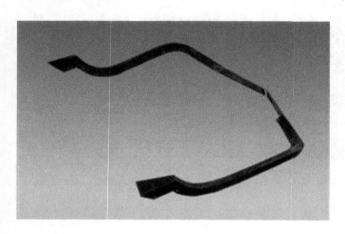

图20　金簿缪龙形金较。1978 年，江苏淮阴（今江苏淮安市）高庄战国墓出土。

---

① 黄维华《"御"的符号意义及其文化内涵》，《常熟高专学报》1994 年第 2 期，第 74 页。又见黄维华《御：社土崇拜及其农耕—生殖文化主题》，《民族艺术》2004 年第 3 期，第 30 页左。两处文字全同。
② 似乎表明新妇和新郎的夫妻关系，以与御者和新妇的雇佣关系相区别。似乎并无祈求吉祥或从属于夫权的象征意义。参考段塔丽《唐代婚俗"绕车三匝"漫议》，《中国典籍与文化》2001 年第 3 期。
③ 王明著《抱朴子内篇校释·微旨》，中华书局 1980 年版，第 116 页。
④ 李零著《中国方术正考》，第 397 页。

肶（bì，古同"髀"），男跪其股间刺之。"①明末春册《风流绝畅图》第十图《帐中惧》题辞："金针欲下，玉股自悬。"②妇人"屈两脚""伸张两肶""玉股自悬"，很像车两旁的"较"。"猗"与"倚"通。"猗重较"的含义也就不难明白。近年各地发现不少岩画、画像砖等，多表现生命狂欢、男女媾合，其中即有女人平躺双腿弯起的画面，典型的如四川汉画像砖野合图③。

表现在文学中，如萧纲《娈童》诗云："怀猜非后钓，密爱似前车。"④诗写男同性恋，"前车"指男女面对面的性行为，以车为喻。作为一种集体无意识，后世生活中也不难觅到它的身影。如明代民歌："姐儿生得好像一朵花，吃郎君扳倒像推车""等我里情哥郎来上做介一个推车势，强如凉床口上硬彭彭"⑤。又《象棋》："结识私情像象棋，棋逢敌手费心机，渠用当头石炮，我有士象支持，渠用卒儿进，我个马会邪移。姐道郎呀，你摊出子将军头要捉我做个塞杀将，小阿奴奴也有个踏车形势两逼车。"⑥此歌全用双关。由于象棋根据古代兵战演变而成，故"两逼车"是取其形似。

在明清性文学中，以车喻性的例子也不少，如明末春册《风流绝

---

① 李零著《中国方术正考》，第398页。

② ［荷兰］高罗佩（R. H. van Gulik）著《秘戏图考：附论汉代至清代的中国性生活》，第332页。

③ 如四川德阳出土的汉代性爱画像砖、四川新都出土的汉代野合画像砖，参考彭卫、杨振红著《中国风俗通史·秦汉卷》，上海文艺出版社2002年版，第339页、341页。

④ 《先秦汉魏晋南北朝诗》梁诗卷二一，下册第1941页。

⑤ ［明］冯梦龙编《山歌》卷二《私情四句》，《明清民歌时调集》上册第295、309页。

⑥ ［明］冯梦龙编《山歌》卷七《私情杂体》，《明清民歌时调集》上册第382—383页。

畅图》第十五图《自在车》题辞："君不见，轻车来去坐生春，上山下山无行尘。懒汉痴迷不自推，轮旋毂转由他人。森森戈戟未分明，雄雌难决输与赢。个中机械一条心，纵横炮打襄阳城。"[①]《花营锦阵》第七图《金人捧露盘》题辞："半是推车上岭，半是枯树盘根。"[②]清代小说《杏花天》："未一时，巧娘花雨流沥，浑身凉液，满口香津，停车住辔而卧。"[③]这些都是以车为喻，以推车姿势比拟各种交合动作。有意思的是古印度《欲经》中也有以车为喻的"车轮滚滚"式[④]。这些都说明人类的意识在寻找性的象征物时易于由眼前之车引起对女性双腿的联想和附会。本诗第二章云"充耳琇莹，会弁如星"，描绘的是女人眼中所见男子的充耳及会弁之玉的光彩，可能是男上女下姿势。

（六）善戏谑兮，不为虐兮

以上各句均是性媾行为的隐语，而"善戏谑兮，不为虐兮"则是女子对所欢男子即"君子"的欣赏，其中包含性的戏谑。闻一多《〈诗经〉的性欲观》释"谑"字：

谑字，我没有找到直接的证据，解作性交……虐字本有淫秽的意思（所谓"言虐"定是鲁迅先生所谓"国骂"者）。《说

---

① 《秘戏图考》，第 333 页。

② 《秘戏图考》，第 333 页。

③ ［清］古棠天放道人编次《杏花天》，台湾地区大英百科股份有限公司 2000 年版，转引自张廷兴著《中国艳情小说史》，中央编译出版社 2008 年版，第 404 页。

④ 石海军《爱欲正见：印度文化中的艳欲主义》："'车轮滚滚'式要求男女双方在性爱中背背相依、'首尾'相接，形成一个圆，这就像中国道家的阴阳图一样，显然，这里的'车轮'表现的主要是宗教上的象征意义，而非性爱中的具体形式。"见氏著《爱欲正见：印度文化中的艳欲主义》，重庆出版社 2008 年版，第 30—31 页。

文》:"虐，残也，从虎爪人，虎足爪人也。"《注》:"覆手曰爪，反爪向外攫人是曰虐。"覆手爪人，也可以联想到，原始人最自然的性交的状态。谑字可见也有性欲的含义。[1]

闻先生释"虐"较为牵强，且未提供例证[2]。但对"谑"字的联想颇具启发意义。

马宗霍释"戏谑":

> 《说文》戈部云:"戏，三军之偏也。一曰兵也。"则以戏训谑，亦假借字。王夫之曰:"戏又兵也。兵谓交兵相击。如《春秋传》'请与三军之士戏'。借为戏谑者，谑者以言相击，有交争之义，与谑从虐意同。"案此说可备一解。段玉裁曰:"戏一说谓兵械之名，以兵杖可玩弄也，可相斗也。故相狎亦曰戏谑。"与王说略同。《太平御览》四百六十六引《说文》曰:"嘲戏，相弄也。"又曰:"戏，弄也。"今《说文》口部无"嘲"字，"戏"下亦无"弄也"之训。使《御览》所引为旧本，则"谑"之训"戏"更有征矣。[3]

可见"戏""谑"都有玩弄、玩耍之意，"戏"偏指动作，"谑"偏指语言，如果用于男女，则都有调情戏耍之意。

《诗经》中"谑"字多与男女之情有关，已见本节开头摘引刘毓庆、杨文娟著《诗经讲读》所论。而"戏"也很早就用于男女之事，如《礼

---

[1] 闻一多《〈诗经〉的性欲观》,《闻一多全集·诗经编上》,湖北人民出版社1993年版，第173—174页。

[2] "虐"字恐与性无关，先秦文献中未见与性有关的例证。裘锡圭曰:"象虎抓人欲啮形，应是'虐'之初文。"并说"虐"字在卜辞里多与灾祸字并用。见《释"虐"》,《古文字论集》,中华书局1992年版，第46页。

[3] 马宗霍著《〈说文解字〉引经考》之《引诗考》卷三"愃"字条，第353页。

记·少仪》："不窥密，不旁狎，不道旧故，不戏色。"孔颖达疏："'不戏色'者，不戏弄其颜色。"①《管子·轻重丁》："男女当壮，扶辇推舆，相睹树下，戏笑超距，终日不归。"男女之事，马王堆帛书《养生方》《合阴阳》即称为"女子与男子戏""戏道"②，至迟汉代已称"秘戏"③。《素女经》云："求子法自有常体，清心远虑，安定其衿袍，垂虚斋戒，以妇人月经后三日，夜半之后，鸡鸣之前嬉戏，令女盛动，乃往从之，适其道理，同其快乐，却身施写。"④都以"嬉戏"形容男女之事。

如果说因为障眼法的缘故，读者在诗中只见"琢玉"与玉器，只见金、锡、车，不见性交，那么"善戏谑兮，不为虐兮"则是透过词语的帷幕暗示我们：诗中所写是男女之戏谑。这种"曲终奏雅"的写法，表明前面所写都是男女戏谑之事。对于《易经·咸卦》，潘光旦认为："与其说是描写性交的本身，无宁说描写性交的准备。所谓'咸其拇''咸其腓''咸其股''执其随''咸其脢''咸其辅、颊、舌'，都是一些准备性的性戏耍，并且自外而内，步骤分明。"⑤而《淇奥》则是一开始就直接描写性交合的动作，末章提到性交后的戏谑，类似性后嬉。

---

① 《十三经注疏》整理委员会整理、李学勤主编《礼记正义》，北京大学出版社 1999 年版，第 1025 页。
② 李零著《中国方术正考》，第 373 页、391 页。
③ 《史记》卷一〇三《周文列传》："景帝入卧内，于后宫秘戏，仁常在旁。"又见于《史记·万石张叔列传》，文字略同。宋任广撰《书叙指南》卷一八"奸秽赃墨"条："帷幄事曰秘戏（原注：周仁）。"明张丑《清河书画舫》卷四下："夫秘戏之称，不知起于何代，自太史公撰列传，周仁以得幸，景帝入卧内，于后宫秘戏，而仁尝在旁。杜子美制宫词，亦有'宫中行乐秘，料得少人知'之句，则秘戏名目，其来已久，而非始于近世耳。"
④ 李零著《中国方术正考》，第 400 页。
⑤ ［英］霭理士著、潘光旦译注《性心理学》，《潘光旦文集》第十二卷，北京大学出版社 2000 年版，第 662 页注释 35。

闻一多说："凡是诗人想到那种令人害羞的事体，想讲出来，而又不敢明讲，他就制造一种谜语填进去，让读者自己去猜——换言之，那就是所谓隐喻的表现方法。"①以上所论即为揭示隐喻。这些隐喻与暗示、比兴等共同构成诗中性隐语。此诗虽充溢着性隐语，却极为含蓄，尽得风流而不着一字，故几千年来蒙蔽了无数双眼睛。但也有极少数人不为所蔽，如刘禹锡以为建平《竹枝词》"含思宛转，有《淇奥》之艳音"（《竹枝词九首·序》）②，即是读出本诗中性隐语。

二、《淇奥》与竹生殖崇拜

上面论述了《淇奥》各句的性爱内涵，但此诗不是一般意义地描写性爱，实在是远古竹生殖崇拜的反映。

（一）"猗猗""青青""如箦"与起兴

首二句除暗示地点，还有比兴作用。奥，又作澳、隩。"隩、澳皆谓崖岸深曲之处"③。古代生殖崇拜文化常以山、丘陵、竹笋等突起之物喻男根，以溪谷、洞穴、沼泽等低凹之物喻女阴。

山泽相配象征男女结合，是古代生殖崇拜的一个基本象喻模式，由此衍生出众多的组合象征，如"山有×，隰有×""隰×有×"等。泽陂之处有低矮植物，往往象征女子。如《陈风·泽陂》："彼泽之陂，有蒲与荷。有美一人，伤如之何？寤寐无为，涕泗滂沱。"是男子思念蒲、荷一样的女子。

---

① 闻一多《〈诗经〉的性欲观》，《闻一多全集》之《神话编·诗经编上》，湖北人民出版社 1993 年版，第 180 页。
② 《全唐诗》卷三六五，第 11 册第 4112 页。
③ ［清］王先谦《诗三家义集疏》，上册第 265 页。

溪谷之处有高大植物，则多兴起男女之情①。如《小雅·隰桑》："隰桑有阿，其叶有难。既见君子，其乐如何。"以隰桑兴起既见君子之乐。

《淇奥》以绿竹兴起与君子共度美好时光，低洼溪谷有绿竹，也是男女之象，虽未取"山有×，隰有×"句式，本质上还是取象于植物山泽。"猗猗""青青""如箦"递言竹子由初生至茂密，既表明时间流逝，以兴起长久思念君子之情，也显示竹子的旺盛生命力，以兴起生殖的愿望，这是以"竹"起兴的双重内涵。

"猗猗""青青""如箦"，似乎另有含义。"猗"通"倚"，则"倚倚"有错磨之义。绿竹猗猗，如人之耳鬓厮磨。白居易诗云："花深态奴宅，竹错得怜堂。"②诗为回忆早年青楼狎妓生活，"竹错"颇具情色内涵。

古代风水术又名"青乌术""青鸟术"，高友谦论述"青鸟""青乌"源于生殖崇拜时对"青"有考述：

> 在汉代学者许慎的《说文解字》一书里，"青"的释义是："东方色也，木生火，从生丹。凡青之属皆从青。也古文青。"可见，青字由"生""丹"二字组合而成，"生"字好理解，生产、生殖、生理、生长、生机，皆可谓"生"。"丹"字的意思为红色，"生

---

① 此说最早由闻一多提出，得到众多学者的赞同。闻一多《风诗类钞》分析《邶风·简兮》时说："'山有榛，隰有苓'是隐语，榛是乔木，在山上，喻男，苓是小草，在隰中，喻女。以后凡是称'山有□，隰有□'而以大木小草对举的，仿此。"见孔党伯、袁謇正主编《闻一多全集·诗经编（下）》，湖南人民出版社1994年版，第470页。参考傅道彬《晚唐钟声——中国文学的原型批评》（北京大学出版社2007年版）第26页，傅道彬著《中国生殖崇拜文化论》第305、328页。[日]加纳喜光《泽陂》篇解说："泽与水边的植物，或采摘植物的行为，是求爱诗中俗套化的动机。"见蒋寅编译《日本学者中国诗学论集》，凤凰出版社2008年版，第231页注释①。

② [唐]白居易《江南喜逢萧九彻因话长安旧游戏赠五十韵》，《全唐诗》卷四六二，第14册第5253页。

丹"即为"生红"。而"生红"即可以明指"木生火"与"东方色也"（日出之光），也可以暗喻妇女的生育过程。例如今天民间仍将产妇分娩前的先兆之一称作"见红"。所以将"青"字看做是"生育"的一种隐喻符号也未尝不可。这一点，从金文"青"字的结构上也可以看出来：它的上部那个"太"字，像个女人，而下边的那个倒"人"，则像个头位冲下、欲出未出的胎儿。[1]

白一平的研究也可佐证，他"认为汉语的'青'与藏语有同源关系。在藏语方面，他引用了 Paul Benedict 为藏缅语构拟的一个与汉语'生'同源的词根 * s-ring，英文义为 live，alive，green，raw 等；在汉语方面，他引用了李方桂给'生'字的构拟 * sring，而'青'也正是以'生'为声符的。他认为汉语'青'与'生'两字的意义也紧密相关，不仅在藏缅语得到佐证，也可以与英语的 grow 与 green 相比附"[2]。所以"青青"形容植物是表明其旺盛的生命力，"在形容植物碧绿色颜色的同时，也兼含植物茂盛的状貌"[3]。民歌道："阳山头上竹叶青，新做媳妇像观音。"顾颉刚说："新做媳妇的好，并不在于阳山顶上竹叶的发青。"[4]顾先生此说遭到学者异议，原因就在于他未能考察比兴中隐含的竹生

---

① 高友谦著《中国风水文化》，团结出版社 2004 年版，第 30—31 页。关于此点，詹石窗《青鸟、道教与生殖崇拜论》有详细论述，见《民间文学论坛》1994 年第 2 期，第 60—61 页。

② 董为光《"青"色考源》，见氏著《汉语研究论集》，华中科技大学出版社 2007 年版，第 195—196 页。参考白一平《上古汉语 * * sr 的发展》《语言研究》1983 年第 1 期，第 22—26 页。

③ 董为光《"青"色考源》，见氏著《汉语研究论集》，第 198 页。

④ 顾颉刚《写歌杂记·起兴》，载顾颉刚等辑《吴歌·吴歌小史》，江苏古籍出版社 1999 年版，第 135 页。

殖崇拜内涵。观音是民间生育神，即所谓"送子观音"，而"竹叶青"是竹生殖崇拜内涵的体现，两者间有内在联系。《淇奥》以"青青"形容绿竹的旺盛生命力，也借以表达人的生育祈愿。

"如箦"则有防露之意。男女在野外草露间的幽会又叫"野合"或"露合"，所谓"露水之欢"。淇奥之处，"丛篁密荫，不见天光，如室屋之有棚栈然，故曰'绿竹如箦'也"①。竹林能防露，既遮挡露水，还能遮人耳目。诗中竹林是男女欢会之地，因此"赋其所在以起兴"②。

（二）高禖祭祀与竹生殖崇拜

主管生育的高禖神也与竹子有关，高禖石即以竹叶为饰。《隋书·礼仪志二》："梁太庙北门内道西有石，文如竹叶，小屋覆之，宋元嘉中修庙所得。陆澄以为孝武时郊禖之石。然则江左亦有此礼矣。"③所说高禖石上竹叶文虽是南朝宋元嘉中所见，毕竟是前朝传下来的古制。《淇奥》中"竹"的所指虽有异说，经王先谦、闻一多、钱钟书等辩说，指竹子似成定论④。

高禖崇拜实际是出于繁衍后代的生育需求而产生的。《周礼·地官·媒氏》："中春之月，令会男女。于是时也，奔者不禁。"⑤所载应是远古先民习俗在周代的遗存。《墨子·明鬼》："燕之有祖，当齐之社稷，

---

① 闻一多著、闻𬱖校补《诗经通义》，时代文艺出版社 1996 年版，第 46 页。按，"室屋"，《闻一多全集》本（湖北人民出版社 1993 年）第 143 页作"宝屋"，误。
② ［宋］朱熹撰《诗经集传》卷三《郑风·野有蔓草》，《影印文渊阁四库全书》第 72 册第 784 页下栏右。
③ 《隋书》卷七《礼仪志二》，第 1 册第 146 页。
④ 参见王先谦《诗三家义集疏》，上册第 266—267 页；闻一多《诗经通义》（时代文艺出版社 1996 年版），第 43—44 页；钱钟书《管锥编》，第一册第 88—91 页。
⑤ 《周礼注疏》卷一四，第 362—364 页。

宋之有桑林，楚之有云梦也。此男女之所属而观也。"①所谓"祖""社稷""桑林""云梦"，都是仲春时节男女会合的地方。典型的高禖祭祀"在一个短时期内重新恢复旧时的自由的性交关系"②，而且容许男女私奔自由交配。故叶舒宪指出："说明了当时各国的祭祀或高禖礼俗中包含着鲜明的性活动内容，无怪乎《诗经》中许多表现男女欢会主题的作品总是把背景放在具有圣地性质的桑林、桑间、桑中，或类似洛浦的水边之地，如溱与洧、淇上与淇奥、汝坟等等。"③

淇水之上曾有无数男女欢会，《诗经》多有记载，如"送子涉淇"(《卫风·氓》)、"籊籊竹竿，以钓于淇。岂不尔思，远莫致之"(《卫风·竹竿》)、"有狐绥绥，在彼淇梁。心之忧矣，之子无裳"(《卫

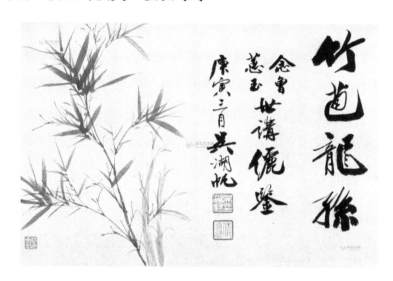

图21　吴湖帆《竹苞龙孙》。(1950年作。镜心，纸本。纵30厘米，横42厘米。北京长风2013秋季拍卖会，成交价46万元人民币。款识："竹苞龙孙。念曾、蕙玉世讲俪鉴。庚寅三月，吴湖帆。"印鉴：吴湖帆印，倩盦，倩盦画记。吴湖帆(1894—1968)，初名翼燕，字遹骏，更名万，字东庄，又名倩，别署丑簃，号倩庵，书画署名湖帆)

① 辛志凤、蒋玉斌等译注《墨子译注》，黑龙江人民出版社2003年版，第180页。
② 恩格斯《家庭、私有制和国家的起源》，人民出版社1972年版，第47页。
③ 叶舒宪著《高唐神女与维纳斯——中西文化中的爱与美主题》，中国社会科学出版社1997年版，第417页。

风·有狐》）、"爰采唐矣，沬之乡矣。云谁之思，美孟姜矣。期我乎桑中，要我乎上宫，送我乎淇之上矣"（《鄘风·桑中》）等①。"卫风古愉艳"（鲍照《采桑》）②，浪漫迷人的淇上，桑林之外，竹林应该也是一道风景。

高禖石有竹叶文，当与先民的竹生殖崇拜有关。《周易·说卦》："（震）为长子……为苍筤竹。"③可见竹子是男性的象征。《诗经·斯干》："如竹苞矣，如松茂矣。"郑玄说："言时民殷众，如竹之本生矣。"④可见竹子由于旺盛的生命力而受到推崇。北方孤竹国以竹为图腾，南方夜郎国有竹生人传说。

后代的竹生殖崇拜有多种表现形式，如嬉游于竹下、祈祷于竹林等。陶弘景《真诰》甄命授第四云："竹者为北机上精，受气于玄轩之宿也，所以圆虚内鲜，重阴含素，亦皆植根敷实，结繁众多矣。公（引者按，指晋简文帝）试可种竹于内北宇之外，使美者游其下焉。尔乃天感机神，大致继嗣，孕既保全，诞亦寿考。"⑤认为游于竹下能受孕。

竹生殖崇拜是生殖、交媾、求子三位一体的。本诗写竹林野合，生殖和求子的寓意也包含其中。从生殖崇拜意识来说，男子如同竹的生根繁衍，生育力强；从修辞意识来说，竹喻君子，在于共同具有的美质。故王质《诗总闻》云："言淇水奥绿竹之下有人如此。一物不足以尽，又再三假物称之，前后称'如'凡十而独竹不言'如'者，以

---

① 孙作云《诗经恋歌发微》认为卫国恋歌多集中在淇水，达到八首之多。"邶""鄘、"卫"，三风皆卫诗，其所举为《鄘风·桑中》《卫风·淇奥》《卫风·有狐》《卫风·竹竿》《卫风·氓》《邶风·谷风》《邶风·匏有苦叶》《卫风·芄兰》。见氏著《诗经与周代社会研究》，中华书局 1966 年版，第 304—311 页。
② 《先秦汉魏晋南北朝诗》宋诗卷七，中册第 1257 页。
③ 黄寿祺、张善文译注《周易译注》，第 631 页。
④ 《毛诗正义》卷一一之二，第 681 页。
⑤ ［南朝梁］陶弘景著《真诰》卷八，中华书局 1985 年版，第 99 页。

竹为主，竹即人也。"①

三、《淇奥》性隐语被误读的原因及本书的意义

意大利性学家保罗·曼泰加扎说："人们在淫乐方面耗尽了想象和词汇。在任何语言中，生殖器和性交都有相当丰富的同义词，仅仅在十六世纪的法语中就包含了300多个描绘性交的单词和400多种指示男人和女人器官的名称。"②这些词汇的产生并不是随意乱造，而常常有着传统及当前文化的深厚背景。人们总是在创造着新的隐喻和象征意象，原有的词汇也可能被赋予新的理解，因此指示性爱的词汇有很多并未进入流行和普遍接受的状态，就淹没于意象的海洋。《淇奥》也是如此。

此诗之被误读，主要源于毛《传》，而毛《传》之能成功置换诗意内涵，有其历史传统、时代背景与可能性。"贵族议政时引《诗》，宴享时赋《诗》，极尽附庸《风》《雅》之能事。而为'代言'的实用性目的所剪裁，《诗经》常被断章取义，引譬连类，以致《诗》无定指；也就是董仲舒说的'《诗》无达诂，《易》无达占'。"③"'口以相传'的方式是《诗》遭秦火而得全的根本原因，同时也是导致诗文、诗义讲授歧异的原因。汉代齐、鲁、韩、毛四家之诗正是因此而起的。"④大庭广众授诗，受者既无典籍以对证，传者也有宣淫之忧，这就为诗意的曲解提供可能。具体到本诗而言，曲解表现在以下三方面：

---

① ［宋］王质撰《诗总闻》卷三，《影印文渊阁四库全书》第72册第481页下栏左。

② ［意］保罗·曼泰加扎《性爱：巨大的力量》，河北人民出版社1993年版，第31页。

③ 扬之水著《〈诗经〉名物新证》卷首孙机《序》，第Ⅱ页。

④ 马银琴著《两周诗史》，社会科学文献出版社2006年版，第30页。

比德思想是古人解释此诗的一大误区。就本诗而言，比德涉及玉、竹等。"君子比德于玉"（《礼记·聘义》），也比德于竹，"其在人也，如竹箭之有筠也"（《礼记·礼器》）。但并非处处比德，玉与竹都有多方面象征意蕴，要根据具体语境来解读。即以竹子而言，先秦时竹生殖崇拜与君子拟喻并行不悖，后经文人鼓吹，竹子人格象征意义凸显，生殖崇拜内涵渐淡。因此后人解读本诗越发深信毛《传》而不疑，导致眼光狭隘、多生曲解。朱熹云："今人不以《诗》说《诗》，却以《序》解《诗》，是以委曲牵合，必欲如序者之意，宁失诗人之本意不恤也。此是序者之大害处！"[1]但朱熹也未能免俗，释此诗也取毛《传》之说。故闻一多深感："在今天要看到《诗经》的真面目，是颇不容易的，尤其那圣人或'圣人们'赐给它的点化，最是我们的障碍。"[2]

"兴"被误读也是重要原因。苏辙说："夫'兴'之为言，犹曰：'其意云尔，意有所触乎？'当时时已去而不可知，故其类可以意推，而不可以言解也。"[3]说明仅仅从语言角度还原"兴"隐含寓意的难度很大。

但也还是有所可为的，正如日本学者白川静所言："我想对历来在《诗经》修辞学上称为'兴'的想法加以民俗学的解释。我认为，具有预祝、预占等意义的事实和行为，由于作为发想加以表现，因而把被认为具有这种机能的修辞法称为兴是合适的。这不仅是修辞上的问题，而是更深地植根于古代人的自然观、原始崇拜观之上；可以说一切民

---

[1] ［宋］黎靖德编、王星贤点校《朱子语类》卷八〇，中华书局 1986 年版，第 6 册第 2077 页。

[2] 闻一多《匡斋尺牍》，《闻一多全集》之《神话编·诗经编上》，湖北人民出版社 1993 年版，第 199 页。

[3] ［宋］苏辙《栾城应诏集》卷四，《影印文渊阁四库全书》第 1112 册第 868 页上栏右。

116

俗之源流均在这种发想形式之中。"①就本诗而言，竹生殖崇拜是解读诗意的关键之一。只有在竹生殖崇拜的文化背景下，才能更好地理解诗中大量性描写的意义。

曲解隐喻也造成诗意的误读。正如黑格尔所说："象征在本质上是双关的或模棱两可的。"②闻一多说："隐语古人只称作隐，它的手段和喻一样，而目的完全相反，喻训晓，是借另一事物来把本来说不明白的说得明白点；隐训藏，是借另一事物来把本来可以说得明白的说得不明白点。"又说："喻与隐，目的虽不同，效果常常是相同的。"③古人喜用隐语，以象征物代替生殖器或性事。所谓"近取诸身，远取诸物"，其类比思维往往不仅把植物、动物与人类的繁殖行为比附为一事，更将生殖文化投射到饮食、劳动、天象、地理等。本诗以玉、金、锡、车等为象喻组成隐语，既有从动作、体态进行的比拟，如"如切如磋""倚重较兮"；也有从神态、感受所作的比拟，如"赫兮咺兮""如金如锡"。隐语具有含蓄性，象喻也有多重意蕴，故而解读时易入歧途。《诗经》接受过程中的二次解读和比德应用也使这些本就难解的隐喻又多了一层帷幕。

《淇奥》成就大，许多诗句相沿为成语，竹喻君子也为后人所乐于引用。本书无意于否定千年形成的固定接受，也不想为我们民族早有"流氓叙述""身体叙事"寻找证据。我们的工作也还是有意义的，不仅给出一种解读（是否正确另当别论），还另有意义：一是重新认识《诗经》

① ［日］白川静《兴的研究》、《中国古代民俗》，转引自叶舒宪《诗经的文化阐释——中国诗歌的发生研究》，第 401 页。
② ［德］黑格尔著、朱光潜译《美学》第二卷，商务印书馆 1979 年版，第 12 页。
③ 闻一多《说鱼》，见氏著《闻一多全集·神话编上》，湖北人民出版社 1993 年版，第 231 页。

中的性爱描写，还原国风恋歌的上古性文化传统；二是有助于深化理解早期文学中的竹生殖崇拜，如《竹枝词》起源、竹林神崇拜、临窗竹意象、道教房中术以竹喻人等，都与竹生殖崇拜有或明或暗的关系，而本诗无疑是源头。

一笑话云：有对夫妻偶生别扭，妻子让孩子传语丈夫来"洗衣"，丈夫回复已经"手洗"过了。笑话中"洗衣"是性爱隐语①。夫妻二人各自表达了自己的想法，孩子只是传话而已，懂得的也仅是表层意思。面对古代的文化遗存，我们也许正处于笑话中孩子的角色，对古人熟稔的廋语漠然无知。但我们又不同于笑话中的孩子，我们是文化的传承者，有责任廓清传统文化的内涵以为我用，而不仅仅是让文化顺着时光的河水漂流下去。

---

① "洗衣"成为性爱隐语，在笑话中可能是为了关合"手洗"。其实也未尝没有性文化背景，那就是可能由"搓衣"动作进而联想附会性爱动作。

第二章　竹意象的道教文化内涵研究

对于道教在中国文化中的地位，鲁迅致许寿裳信中说："前曾言中国根柢全在道教，此说近颇广行。以此读史，有多种问题可以迎刃而解。"①关于道教对中国古代文学研究的意义，孙昌武指出："如仅就文学史的研究而言，道教的影响确实提供了解决许多复杂问题的钥匙。"②竹子是道家垂青的重要植物。从竹子题材文学来看，解读文学作品、研究相关文学意象也不可忽视道教的影响。明何道全曾作《三教一源》诗云："道冠儒履释袈裟，三教从来总一家。红莲白藕青荷叶，绿竹黄鞭紫笋芽。虽然形服难相似，其实根源本不差。大道真空元不二，一树岂放两般花。"③他借红莲、绿竹的不同名号比喻三教一源，其实也是鉴于莲花和竹子为三教同赏之物的事实。

本章首先考察了竹子道教文化内涵的主要内容，如药用与丧葬、洁净与驱邪、神变与法术等，考察了道教中竹子仙物、竹林仙境观念的形成原因。竹枝具有尸解与坐骑功能，竹叶的成仙功能体现于竹叶酒、竹叶符与竹叶舟等，扫坛竹具有成仙与房中象征意蕴，这些都是竹子道教内涵的体现，本章也分别予以研究。

---

① 鲁迅《致许寿裳》，见《鲁迅全集》第十一卷，第 353 页。
② 孙昌武著《道教与唐代文学》，人民文学出版社 2001 年版，第 3 页。
③ ［元］何道全述、［元］贾道玄编集《随机应化录》卷下，文物出版社、上海书店、天津古籍出版社 1988 年版，《道藏》第 24 册，第 139 页。

第一节　竹意象道教文化内涵的形成

　　普遍植竹好竹的风气，其源头可追溯自晋代。《晋书·王徽之传》载："时吴中一士大夫家有好竹，欲观之，便出坐舆造竹下，讽啸良久。主人洒扫请坐，徽之不顾。将出，主人乃闭门，徽之便以此赏之，尽欢而去。尝寄居空宅中，便令种竹。或问其故，徽之但啸咏，指竹曰：'何可一日无此君邪！'"①《世说新语·简傲》亦载②。这是魏晋士人好竹的著名例子。苏轼后来就说："王子猷谓竹君，天下从而君之。"（《墨君堂记》）③这种崇竹风气的出现不是偶然的。陈寅恪指出："天师道对于竹之为物，极称赏其功用。琅邪王氏世奉天师道。故世传王子猷之好竹如是之甚。疑不仅高人逸致，或亦与宗教信仰有关。"④陈先生感觉敏锐，给我们很大启发。

　　竹子很多文化内涵其实都渊源于道教推崇，所谓"风泉输耳目，松竹助玄虚"（［唐］蒋防《题杜宾客新丰里幽居》）。李丰楙在《六朝道教洞天说与游历仙境小说》一文指出：

　　　　仙境传说为六朝笔记小说中有关仙道的重要题材之一，

①　［唐］房玄龄等撰《晋书》卷八〇，中华书局1974年版，第7册第2103页。
②　《世说新语·简傲》："王子猷尝行过吴中，见一士大夫家极有好竹。主已知子猷当往，乃洒扫施设，在听事坐相待。王肩舆径造竹下，讽啸良久，主已失望，犹冀还当通，遂直欲出门。主人大不堪，便令左右闭门，不听出。王更以此赏主人，乃留坐，尽欢而去。"
③　《全宋文》，第90册第393页。
④　陈寅恪《天师道与滨海地域之关系》，见《金明馆丛稿初编》，第9页。

它承上启下，成为中国文学中游历仙境的典型，可与冥界游行、梦境幻游等类型，同属于叙述文学中具有游历结构的一类。小川环树……从五十一个故事中，归纳出八项的共同点：就是山中或者海上、洞穴、仙药和食物、美女与婚姻、道术与赠物、怀乡和归乡、时间，以及再归与不能回归等……这些流传于六朝社会的民间故事，大多由这一系列有关仙境的母题排列组合而成；这些母题的变换和母题的新的排列组合，大概从东汉延续到六朝、隋唐，构成许多新的作品。[1]

竹子几乎与这八类故事母题都有关联。神仙思想的主要内容是追求长生，而服食（丹药、灵芝、甘露等）、房中（男女性修炼）以及借助神骑（龙、神马、神鹿等）是主要方式。这几方面几乎都涉及竹子。

竹子受道教推崇还有很多原因，如"道家贵至柔"（张九龄《林亭寓言》），而竹子的特性是"梢风有劲质，柔用道非一"（沈约《咏竹槟榔盘诗》），体现了柔与劲的统一。因此，竹子可谓"珍跨仙草，宝逾灵木"（江淹《灵丘竹赋》）[2]。竹子具有自身的特点及道教内涵，主要体现于生殖、延年、神变、驱邪、音乐、成仙等功能。以下试做论述。

一、药用与丧葬

道教中竹子具有延寿与成仙功能，这可能源于竹子药用与丧葬等用途。古人不但食竹，还以竹为药，祛病健身。历代中医药典籍都有以竹入药的记载，常用的如竹叶、竹茹、竹衣、竹沥、竹黄、竹笋等。

---

① 台湾"国立清华大学"人文社会学院中国语文学系主编《小说戏曲研究》第1集，联经出版社1988年版。转引自张鸿勋著《敦煌俗文学研究》，甘肃教育出版社2002年版，第432—433页。
② 《全上古三代秦汉三国六朝文》全梁文卷三四，第3册第3149页下栏左。

对于天竹黄，沈括说："岭南深山中有大竹，有水甚清澈。溪涧中水皆有毒，唯此水无毒，士人陆行多饮之。至深冬，则凝结如玉。乃天竹黄也。王彦祖知雷州日，盛夏之官，山溪间水皆不可饮，唯剖竹取水，烹饪饮啜，皆用竹水。次年，被召赴阙，冬行，求竹水不可复得，问土人，乃知至冬则凝结，不复成水。遇夜野火烧林木为煨烬，而竹黄不灰，如火烧兽骨而轻。土人多于火后采拾，以供药品，不若生得者为善。"①知竹黄以稀少见珍，可作药用。竹黄类似道教丹砂，"凡草木烧之即烬，而丹砂烧之成水银，积变又还成丹砂，其去凡草木亦远矣！故能令人长生"②。《说郛》"竹节中神水"条："重午日午时有雨，则急斫一竿竹，竹节中必有神水，沥取和獭肝为圆，治心腹块聚等病。"③称为"神水"，可见已被神化。

竹药治病的疗效被夸大，就可能逐渐被附会上神仙色彩。如《南史》载：

> （刘怀珍）子灵哲字文明，位齐郡太守、前军将军。灵哲所生母尝病，灵哲躬自祈祷，梦见黄衣老公与药曰："可取此食之，疾立（原作"文"，据《影印文渊阁四库全书》本改）可愈。"灵哲惊觉，于枕间得之，如言而疾愈。药似竹根，于斋前种，叶似兔茈。④

这明显是神仙传说，既有此附会，当源于相关药用背景。《云笈七签》

---

① ［宋］沈括撰、胡道静校注《新校正梦溪笔谈》补笔谈卷三，中华书局1957年版，第329—330页。
② 《抱朴子内篇校释》卷四《金丹》，第63页。
③ 《说郛》卷一一九下引《金门岁节》，《影印文渊阁四库全书》第882册第785页上栏左。
④ 《南史》卷四九，第1218页。

卷八《释三十九章经》第九章："上清紫精三素君曰：上清紫精天中有树，其叶似竹而赤，其华似鉴而明，其子似李而无核，名曰育华之林，食其叶而辟饥，食其华以不死，食其实即飞仙，所谓绛树丹实色照五藏者也。"[1]可知这种仙树是综合道教所崇拜的各种灵异植物而成，其中也以竹叶为原型。《南史》云"药似竹根"，此云"其叶似竹"，都以竹子为参照对象，暗示或表明竹子在道教中的成仙作用。

图 22 扬州个园。张晓蕾摄。

竹药服之成仙的记载，魏晋以来不少，如《抱朴子·仙药》："桂可以葱涕合蒸作水，可以竹沥合饵之，亦可以先知君脑，或云龟，和服之，七年，能步行水上，长生不死也。"[2]《抱朴子·金丹》云："又李文丹法，以白素裹丹，以竹汁煮之，名红泉，乃浮汤上蒸之，合以玄水，服之一合，

_____

[1] 《云笈七签》卷八《释三十九章经》第九章，《影印文渊阁四库全书》第1060 册第 71 页上栏右

[2] 《抱朴子内篇校释》卷一一，第 186 页。

一年仙矣。"① 《神仙传》曰："离娄公服竹汁、饵桂得仙。"② 知竹沥、竹汁等皆可食之成仙。

如真是这样，人皆可取食成仙。所以道教徒又有说辞。《神仙传》卷一称：

> 沈文泰者，九疑人也。得江众神丹土符还年之道，服之有效。欲于昆仑安息二千余年，以传李文渊曰："土符不法服药，行道无益也。"文渊遂授其秘要。后亦升天。今以竹根汁煮丹黄土，去三尸，出此二人也。③

指出"不法服药"之无益，是为突出所传"秘要"，这样就具有神秘性，且不是人人可得，无形中也增加了神仙的可信度。

竹笋、竹实也是道教推崇的成仙食物，可能缘于竹笋、竹实的药用价值。竹笋具有神奇的治病功能。《云笈七签》卷二三"食竹笋"条："服日月之精华者，欲得常食竹。笋者，日华之胎也，一名大明。"④ 道教将食笋看作是"超凌三界之外，游浪六合之中"⑤ 的手段之一，可见"山中玉笋是仙药"（皎然《赠李汤》），食之能变化无穷、飞升成仙。李时珍《本草纲目·木四·仙人杖》"集解"引陈藏器曰："此是笋欲成竹时立死者，色黑如漆，五六月收之。苦竹、桂竹多生此。"以枯笋为中药，其取名"仙人杖"反映的也是竹笋的药用功能与神仙色彩。

---

① 《抱朴子内篇校释》卷四，第71页。
② ［唐］欧阳询撰、汪绍楹校《艺文类聚》卷八九引《神仙传》，上海古籍出版社1965年版，下册第1537页。
③ ［晋］葛洪撰、钱卫语释《神仙传》卷一，学苑出版社1998年版，第6页。
④ 《云笈七签》卷二三"食竹笋"条，《影印文渊阁四库全书》第1060册第285页上栏左。《太平御览》卷六七一引作《宝剑上经》。
⑤ 王明编《太平经合校》，中华书局1960年版，第627页。

竹实也有同样的功效。如吴均《登钟山燕集望西静坛诗》："客思何以缓，春郊满初律。高车陆离至，骏骑差池出。宝碗汛莲花，珍杯食竹实。才胜商山四，文高竹林七。复望子乔坛，金绳蕴绿帙。风云生屋宇，芝映被仙室。方随凤凰去，悠然驾白日。"①甚至竹林中所生之物也能治病。《酉阳杂俎》云："慈竹，夏月经雨，滴汁下地，生蓐似鹿角，色白，食之已痢也。"②慈竹滴汁生蓐，能够治痢，也与竹子药用价值相关。

竹子还以凌冬不凋之性与长生成仙相关涉。传说中的仙境都是奇花异草永不凋谢，如"更说桃源更深处，异花长占四时天"（沈传师《赠毛仙翁》），或者很长时间才开花结果。竹子六十年或更长时间才开花结实，具备仙境植物的特点。竹子四季常青，没有荣枯，可以象征生命没有凋零衰谢。如郭元祖《列仙传赞》：

桑蟜问涓子曰："有死亡而复云有神仙者，事两成邪？"涓子曰："言固可两有耳。《孝经》援神契言不过天地造灵洞虚，犹立五岳，设三台，阳精主外，阴精主内，精气上下，经纬人物，道治非一。若夫草木，皆春生秋落必矣。而木有松柏檀檀之伦百八十余种，草有芝英萍实灵沼黄精白符竹翼戒火长生不死者万数，盛冬之时，经霜历雪，蔚而不凋，见斯其类也。何怪于有仙邪？"③

以植物经冬不凋为长生不死之象，进而推论神仙之有，其逻辑推理之

---

① 《先秦汉魏晋南北朝诗》梁诗卷一〇，中册第 1730 页。
② ［唐］段成式撰《酉阳杂俎》卷一八"广动植之三·木篇"，《唐五代笔记小说大观》上册第 691 页。
③ 《全上古三代秦汉三国六朝文》全晋文卷一三九，第 3 册第 2262 页上栏。

图23　[明]项元汴《仿苏轼寿星竹图》。（立轴，绢本，设色。纵56.8厘米，横29.2厘米。台北故宫博物院藏。项元汴（1525—1590），字子京，号墨林，别号墨林山人等，浙江嘉兴人）

疏陋自不待言，但竹子因凌寒之性而成为仙界植物并受到道教推崇却是魏晋时代的事实。

古代丧葬用竹较多。《晋书·琅邪悼王焕传》载悼王焕，元帝"悼念无已，将葬，以焕既封列国，加以成人之礼，诏立凶门柏历，备吉凶仪服，营起陵园，功役甚众"①。孙霄上疏谏曰："今天台所居，王公百僚聚在都辇，凡有丧事，皆当供给材木百数、竹薄千计，凶门两表，衣以细竹及材，价直既贵，又非表凶哀之宜，如此过饰，宜从粗简。"②可见丧葬用竹之多。其中较有代表性的是竹杖。竹杖用于丧礼，先秦已有。《仪礼·丧服》："苴杖竹也。削杖桐也。"班固《白虎通义》卷一〇："所以必杖者，孝子失亲，悲哀哭泣，三日不食，身体羸病，故杖以扶身，明不以死伤生也。"③"杖以扶身"的古礼，在后代与神仙观念相结合，演变成具有延年成仙等意蕴。

---

① 《晋书》卷六四，第6册第1729页。
② 《晋书》卷六四，第6册第1730页。
③ ［清］陈立撰、吴则虞点校《白虎通疏证》卷一一《丧服》，中华书局1994年版，下册第511页。

竹杖与仙人结缘，早在汉代即有记载。如蔡邕《王子乔碑》："王孙子乔者，盖上世之真人也。闻其仙旧矣，不知兴于何代。博问道家，或言颖川，或言彦蒙，初建斯城，则有斯丘，传承先民，曰王氏墓。绍胤不继，荒而不嗣，历载弥年，莫之能纪。暨于永和之元年冬十有二月，当腊之夜，墓上有哭声，其音甚哀，附居者王伯闻而怪之，明则祭其墓而察焉。时天洪雪，下无人径，见一大鸟迹在祭祀之处，左右咸以为神，春后有人着大冠绛单衣，杖竹策立冢前，呼樵孺子尹永昌曰：'我王子乔也，尔勿复取吾墓前树也。'须臾，忽然不见。时令太山万熹，稽故老之言，感精瑞之应，咨访其验，信而有徵，乃造灵庙，以休厥神。"①此处王子乔手中竹杖已是仙人身份的象征物。

古代还有墓地植竹的风俗，恐也与道教对竹子的崇拜有关。如张衡《冢赋》："列石限其坛，罗竹藩其域。"②北魏郦道元《水经注·沔水二》："池中起钓台，池北亭，（习）郁墓所在也。列植松篁于池侧沔水上，郁所居也。"③由"罗竹藩其域""列植松篁"等句可见墓地植竹已成风俗，有明确意识，并非偶然为之。

而且墓地植竹的传统历代延续不断，南朝如"坟茔垒落,松竹萧森"（孙绰《聘士徐君墓颂》）④、"疏松含白水，密筱满平原"（虞骞《游潮山悲古冢诗》）⑤，唐代如"冢上两竿竹，风吹常袅袅。下有百年人，

① 《全上古三代秦汉三国六朝文》全后汉文卷七五，第 1 册第 880 页上栏右。
② 费振刚、仇仲谦、刘南平校注《全汉赋校注》下册，广东教育出版社 2005 年版，第 749 页。
③ ［北魏］郦道元著、陈桥驿校证《水经注校证》卷二八 "沔水"，中华书局 2007 年版，第 665 页。
④ 《全上古三代秦汉三国六朝文》全晋文卷六一，第 2 册第 1808 页下栏左。
⑤ 《先秦汉魏晋南北朝诗》梁诗卷五，中册第 1610 页。

图24　竹实。图片由网友提供。

长眠不知晓"①，宋代林逋有"坟前修竹亦萧疏"②之句。明代李昌祺《过吴门次萨天锡韵》："真娘墓上风吹竹。"③可见明清时代墓地植竹之风。墓地本非赏景之地，因此墓地之竹青青之色反添悲情，如"松台夜漫漫，竹坞风索索"（葛绍体《送高文父上柏省坟》）④。

墓地植物有识别作用，如"古之葬者，松柏梧桐，以识其坟也"（仲长统《昌言》下）⑤。但墓地植竹可能不仅是为了识别，也是为了模拟生前居住环境。如《礼记·丧大记》曰："饰棺：君龙帷、三池、振容。"孔颖达《正义》云："'三池'者，诸侯礼也。池谓织竹为笼，衣以青布，挂著于柳上荒边爪端，象平生宫室有承霤也。"⑥还可能使灵魂得到永生，因为竹子在道教看来是长生不死的植物。谈迁《枣

①《太平广记》卷三五四载郑郊与冢中人联句，第 8 册第 2807 页。
② ［宋］林逋撰《林和靖集》卷四《自作寿堂因书一绝以志之》，《影印文渊阁四库全书》第 1086 册第 651 页上栏右。《全宋诗》第 2 册第 1242 页此句作"坟头秋色亦萧疏"，不知何据。
③ ［清］张豫章等编《御选明诗》卷四〇，《影印文渊阁四库全书》第 1443 册第 100 页下栏左。
④《全宋诗》，第 60 册第 37954 页。
⑤《全上古三代秦汉三国六朝文》全后汉文卷八九，第 1 册第 956 页下栏左。
⑥ 李学勤主编《礼记正义》，第 1285 页。

林杂俎·业赘》"徐达"条:"中山王墓在钟山,不封土,云细竹下即是。"①置于细竹下，可能出于这种考虑。

二、洁净与驱邪

竹子的洁净功效体现于竹刀、竹节等用具。在道教徒看来，洁净的竹刀有助于仙药的功效。段成式《酉阳杂俎》卷一八："仙树，祁连山上有仙树实，行旅得之止饥渴，一名四味木。其实如枣，以竹刀剖则甘，铁刀剖则苦，木刀剖则酸，芦刀剖则辛。"②《神异经》云："刀味核生南荒中，树形高五十丈，实如枣，长五尺，金刀剖之则甜，苦竹刀剖之则饴，木刀剖之则酸，芦刀剖之则辛，食之地仙，不畏水火白刃。"③可见竹刀有特效是古人的普遍意识。其与神仙思想有关也由来已久。如《抱朴子·附录》："云母芝生于名山之阴，青盖赤茎。味甘，以季秋竹刀采之，阴干治食，使人身光，寿千万岁。"④竹节盛物也有类似功效，如"盛丹须竹节，量药用刀圭"(庾信《至老子庙应诏诗》)⑤。竹之洁净还体现于炼丹时作柴薪,如《云笈七签》卷六四载《五子守仙丸歌》："返老成少是还丹，不得守仙亦大难。愁见鬓斑令却黑，一日但服三十丸。松竹本自无焰故,金液因从火制干。五子可定千秋旨，百岁如同一万年。"⑥

竹子的洁净功效也表现在除尘去秽等功能。《云笈七签》卷一一：

---

① ［清］谈迁著，罗仲辉、胡明点校《枣林杂俎》，中华书局 2006 年版，第 537 页。
② 《酉阳杂俎》卷一八"广动植之三·木篇"，《唐五代笔记小说大观》上册第 693—694 页。
③ ［汉］东方朔撰《神异经》，《影印文渊阁四库全书》第 1042 册第 271 页上栏。
④ 《抱朴子内篇校释》附录一，第 330 页。
⑤ 《先秦汉魏晋南北朝诗》北周诗卷二，下册第 2362 页。
⑥ 《云笈七签》卷六四"守仙五子丸方"条，《影印文渊阁四库全书》第 1060 册第 687 页下栏左。

"若脱遇淹秽，则可以桃竹而解之。"①《真诰》云："《太上九变十化易新经》曰：'若履淹秽及诸不静处，当洗澡浴盥（引者按，原作与，据《云笈七签》卷四一改），解形以除之。其法用竹叶十两，桃皮削取白四两，以清水一斛二斗，于釜中煮之，令一沸。出适寒温以浴形，即万淹消除也。既以除淹，又辟湿痹疮痒之疾。且竹虚素而内白，桃即却邪而折秽，故用此二物，以消形中之滓浊也。"②《真诰》曰："既除殗秽，又辟湿痹疮，且竹清素而内虚，桃即折邪而辟秽，故用此二物以消形中之滓浊。"③所谓竹子"虚素而内白""清素而内虚"等，都是强调其洁净与内虚的特点。可见在道教中竹与桃具有同样的辟邪功能。

因洁净而能驱邪去秽，竹子因此在道教法术与驱邪活动中得到大量应用。如《云笈七签》卷四一："夫每经一殗，皆须沐浴，修真致灵，特宜清净，不则多病，侍经真官，计人罪过，沐浴香汤用竹叶、桃枝、柏叶、兰香等分内水中，煮十数沸，布囊滤之，去滓，加五香用之最精。"④《云笈七签》卷八三："勿入一切秽恶处所。夫吊死问病，至人为杀戮决罚，惊魂大怒大怖，精神飞散，就中死尸，道人大忌。或误冲见，当以桃皮、竹叶汤浴讫，入室平卧，存想心家，火遍身焚烧，身都炯然，使之如昼（引者按，原作尽，据《云笈七签》卷六〇改），然后闭气，咽新气，驱逐腹内秽气，使攻下泄，务令出尽，当自如故。"⑤竹子的驱邪功能当来

① 《云笈七签》卷一一"上清黄庭内景经"条，《影印文渊阁四库全书》第1060册第101页下栏右。
② 《真诰校注》卷九《协昌期第一》，第290页。
③ 《云笈七签》卷四五《秘要诀法》"解秽汤方第六"条，《影印文渊阁四库全书》第1060册，第487页上栏左。
④ 《云笈七签》卷四一，《影印文渊阁四库全书》第1060册第429页上栏左。
⑤ 《云笈七签》卷八三"中山玉柜经服气消三虫诀"条，《影印文渊阁四库全书》第1061册第20页下栏。

自其洁净功效，又融合其他特点如治病功能等虚构而成。

竹杖、竹枝、竹竿等名目在形象上也许稍有不同，其实同是一物。竹杖在道教传说中有治病功能。《续仙传·马自然》载："或人有告疾者，湘无药，但以竹拄杖打痛处，取腹内及身上百病，以竹杖指之，口吹杖头，如雷鸣，便愈。"①马湘后以竹杖尸解。

由治病功能又发展为驱邪功能。如《树萱录》云："昔有人饮于锦城谢氏，其女窥而悦之。其人闻子规啼，心动，即谢去。女恨甚，后闻子规啼，则怔忡若豹鸣也。使侍女以竹枝驱之曰：'豹汝尚敢至此啼乎？'"②既云"尚敢"，应有后效，可见竹枝驱邪功能。《牡丹亭》中，因感梦而身染沉疴的杜丽娘对替她禳解的紫阳宫石道姑说："姑姑，你也不索打符桩挂竹枝。"③也是以竹枝驱邪。邪气与秽物常是鬼怪作祟，竹枝能使其现形受命。如《搜神记》曰："赵固所乘马忽死，甚悲惜之。以问郭璞，璞曰：'可遣数十人持竹竿，东行三十里，有山陵林树，便搅打之，当有一物出，急宜持归。'于是如言，果得一物，似猴。持归，入门见死马，跳梁走往死马头，嘘吸其鼻。顷之，马即能起，奋迅嘶鸣，饮食如常。"④

竹枝为什么有如此魔力？显然来自道教徒的推崇与附会。我们从以下这则材料可以看得更清楚。冯梦龙所编《三教偶拈》之《许真君族阳宫斩蛟记》有一段关于"许真君竹"的传说，云："真君召乡人谓曰：'吾乃豫章许逊，今追一蛟精至此，伏于此潭。吾今将竹一根，插

---

① 《续仙传》卷上"马自然"条，《影印文渊阁四库全书》第1059册第589页下栏。
② 《说郛》卷三二上，《影印文渊阁四库全书》第877册第712页上栏左。
③ ［明］汤显祖撰《牡丹亭》第18出"诊祟"，人民文学出版社1963年版，第85页。
④ ［晋］干宝撰、汪绍楹校注《搜神记》卷三，第37页。

图25　[明]王绂《露梢晓滴图卷》(局部)。(纸本，墨笔。纵33.1厘米，横79.3厘米。北京故宫博物院藏)

于潭畔石壁之上，以镇压之，不许残害生民。汝等居民，勿得砍去。'言毕，即将竹插之。嘱曰：'此竹若罢，许汝再生。此竹若茂，不许再出。'至今潭畔，其竹母若凋零，则复生一笋，成竹替换复茂，今号为许真君竹，至今其竹一根在。"①此例中竹子以生生不息的生命力阻止镇压蛟精。

三、神变与法术

胡应麟《少室山房笔丛》说："魏、晋好长生，故多灵变之说；齐、梁弘释典，故多因果之谈。"②神仙以长寿和神通变化为特征，神通变化又表现为隐身易形和飞升之道，化为飞禽走兽及金木玉石等，如神仙道家早在汉代即有"使鬼物为金之术"(《汉书·楚元王传》)③，而竹子是其中颇多神变法术的一种植物。

竹子的神通和法术表现在，既能变出各种物事，也能使变幻的精怪现出原形。竹枝变形幻化，如《类说》载："上觉背痒，罗公远折竹

① [明]冯梦龙编著、魏同贤校点《三教偶拈》，江苏古籍出版社1993年版，第181页。
② [明]胡应麟著《少室山房笔丛·九流绪论下》，上海书店出版社2001年版，第283页。
③ 《汉书》卷三六，第7册第1928页。

枝为玉如意以进。金刚三藏于袖中取七宝如意。公远所进，即化为竹。"①
竹枝能变为玉如意，又能化为竹，体现了自如变化的神通。再如，"轩辕先生居罗浮山，宣宗召入禁中，能以桐竹叶满手按成钱"②，"有王修，能变竹叶为金"③，又是变竹叶为金钱。

这些都是竹子变为他物，也有通过竹子使他物变形的，如《吴越春秋》载，越女使袁公变形为猿的正是竹枝："于是袁公即杖箖箊竹，竹枝上颉桥，末堕地，女即捷末。袁公则飞上树，变为白猿，遂别去。"这应是猿猴抢婚故事母题背景下的竹子法术故事。

雄猿好色性淫，常攫女抢婚，算得上世界性的故事母题。④郭璞《山海经图赞》曰："禺禺（即狒狒）怪兽，被发操竹，获人则笑，唇盖其目，终亦呼号，反为我戮。"⑤情节大略与《吴越春秋》相近。

其后"汉焦延寿《易林》（坤之剥）'南山大玃，盗我媚妾'以及晋张华《博物志》、干宝《搜神记》、题作梁任昉《述异记》等书关于猿猴盗取妇女，生子'与人不异'的情节"⑥一脉相承。在越女故事中，突出的是其剑术。后代也多在此意义上歌咏，如"圯桥取履，早见兵书；竹林逢猿，偏知剑术"（庾信《周大将军怀德公吴明彻墓志铭》）⑦，咏

① ［宋］曾慥编纂、王汝涛等校注《类说校注》卷五一引《津阳门诗》"玉如意"条，福建人民出版社 1996 年版，下册第 1529 页。
② 《类说校注》卷二一引《大中遗事》"桐竹叶按钱"条，上册第 670 页。
③ 《类说校注》卷四五引《尚书故实》"黄白术"条，下册第 1360 页。
④ 萧兵《猿猴抢婚型故事的世界性传承——兼论其与"巨怪吃人"型故事的递嬗关系》，《淮阴师范学院学报（哲学社会科学版）》1998 年第 4 期。
⑤ 《全上古三代三国六朝文·全晋文卷一二三》，第 3 册第 2169 页下栏右。
⑥ 卞孝萱《〈补江总白猿传〉新探》，载《唐代文学研究（第三辑）——中国唐代文学学会第五届年会暨唐代文学国际学术讨论会论文集》，广西师范大学出版社 1992 年版，第 577 页。
⑦ 《全上古三代秦汉三国六朝文》全后周文卷一六，第 4 册第 3962 页下栏左。

越女事即是突出其剑术。剑术通过竹枝表现，竹枝又能使袁公变形为猿猴，体现的是竹枝的神变功能。

再如段成式《酉阳杂俎》卷五：

> 于頔在襄州，尝有山人王固谒见于，于性快，见其拜伏迟缓，不甚礼之。别日游宴，不复得进，王殊怏怏。因至使院造判官曾叔政，颇礼接之。王谓曾曰："予以相公好奇，故不远而来，今实乖望矣！予有一艺，自古无者，今将归，且荷公见待之厚，今为一设。"遂诣曾所居，怀中出竹一节及小鼓，规才运寸。良久，去竹之塞，折枝连击鼓。筒中有蝇虎子数十枚，列行而出，分为二队，如对阵势。每击鼓，或三或五，随鼓音变阵，天衡地轴，鱼丽鹤列，无不备也。进退离附，人所不及。凡变阵数十，乃行入筒中。曾观之大骇，方言于于公，王已潜去。于悔恨，令物色求之，不获。[①]

例中王固以竹驱蝇虎子列队对阵，自称为"艺"，其实是道教法术。这如同现今魔术，其神奇不在于所变的物事，而在于所用的方法与道具。

竹子相关法术传说中，钓鱼得符是流传较广的。《列仙传》载：

> 涓子者，齐人也。好饵术，接食其精，至三百年，乃见于齐。著《天人经》四十八篇。后钓于荷泽，得鲤鱼，腹中有符。隐于宕山，能致风雨，受伯阳九仙法。淮南山安少得其文（引者按，原注："当作'淮南王安'。"），不能解其旨也。其《琴心》三篇有条理焉。[②]

王青指出："在《列仙传》中，以钓鱼显示其神性的仙人有涓子、

---

① 《酉阳杂俎》卷五"诡习"，《唐五代笔记小说大观》上册第596页。
② 转引自王青著《先唐神话、宗教与文学论考》，中华书局2007年版，第33页。

吕尚、琴高、寇先、陵阳子明及子英。如果我们把这六个神话视作一个系统，对其作一番考察的话，就会发现这其中至少有五个神话是同一原型的不同衍变。在长达五百年的时间内，由于口头传承中的变异及文本传抄中的讹误，一个传说表现为多种形态，这也并不奇怪。我认为，其中最原始的是渭子钓鱼传说。"[1]据王先生研究，钓鱼传说从战国到西汉一直是道家称引的寓言，发源地在宋国，其产生可能与宋国的河神崇拜有关。[2]我赞同王先生的见解，只是觉得这些钓鱼传说可能更大程度上源于竹子的道教

图 26　［五代］阮郜《阆苑女仙图卷》（局部）。（绢本、设色，纵 42.7 厘米，横 177.2 厘米。北京故宫博物院藏。阮郜，生卒年不详，五代画家。作为背景的植物中有松、竹等）

神化内涵，或者受到道教神仙法术观念的影响，这从钓鱼传说在后代的传承也许可以看得更清楚。

汉代以后道教人物颇有类似的钓鱼法术。《搜神记》载：

左慈字元放，庐江人也。少有神通，尝在曹公座，公笑顾众宾曰："今日高会，珍羞略备。所少者，吴松江鲈鱼为脍。"

---

① 王青《钓鱼得符神话的衍变及流播》，见氏著《先唐神话、宗教与文学论考》，第 33 页。
② 王青著《先唐神话、宗教与文学论考》，第 41 页。

放云："此易得耳。"因求铜盘，贮水，以竹竿饵钓于盘中。须臾，引一鲈鱼出。公大拊掌，会者皆惊。公曰："一鱼不周坐客，得两为佳。"放乃复饵钓之。须臾，引出，皆三尺余，生鲜可爱。公便自前脍之，周赐座席。公曰："今既得鲈，恨无蜀中生姜耳。"放曰："亦可得也。"公恐其近道买，因曰："吾昔使人至蜀买锦，可敕人告吾使，使增市二端。"人去，须臾还，得生姜。[①]

《后汉书·左慈传》也收入此事。此传说与《神仙传》所载介象故事非常近似，当是同一源流的不同版本。《神仙传》载：

介象者，字元则，会稽人也，学通五经，博览百家之言，能属文。阴修道法……能隐形变化为草木鸟兽……吴王诏征象到武昌，甚敬重之，称为介君，为象起第宅，以御帐给之，赐遗前后累千金。从象学隐形之术，试还后宫及出入殿门，莫有见者。又令象变化，种瓜菜百菜，皆立生。与先主共论鲙鱼何者最上，象曰："鲻鱼为上。"先主曰："此鱼乃在海中，安可得乎？"象曰："可得耳，但令人于殿中庭方坎者水满之。"象即索钓饵起钓之，垂纶于坎中，不食顷，得鲻鱼。先主惊喜，问象曰："可食否？"象曰："故为陛下取作鲙，安不可食？"乃使厨人切之。先主问曰："蜀使不来，得姜作鲙至美，此间姜不及地，何由得乎？"象曰："易得耳。愿差一人，并以钱五千文付之。"象书一符，以著竹杖中，令其人闭目骑杖，杖止便买姜，买姜毕，复闭目。此人如言，骑杖须臾已到成都，不知何处，问人，言是蜀中也，乃买姜。于时，吴使张温在蜀，

---

① 《后汉书》卷八二下《左慈传》，第 10 册第 2747 页。

从人恰与买姜人相见，于是甚惊，作书寄家人。此人买姜还厨中，鲙始就矣。①

以上两则都是钓得鲙鱼（《神仙传》中是以鲻鱼为鲙鱼中最上者），又入蜀买姜，且蜀中有人可证其确曾入蜀。前例以竹竿钓于盘中，后例骑竹杖入蜀，都与竹有关。此两例虽情节各有侧重，应是同一原型的不同流变。裴松之论曰："臣松之以为葛洪所记，近为惑众，其书文颇行世，故撮取数事，载之篇末也。神仙之术，讵可测量，臣之臆断，以为惑众，所谓夏虫不知冷冰耳。"②知《神仙传》曾风行于世。传说将其附会于左慈，《后汉书》予以采录，也是可能的。唐皇甫枚《三水小牍》写道士赵知微结庐于凤凰岭，幽夜练志，有"分杯结雾之术，化竹钓鲻之方"③，可能也是类似法术，明确其术为"化竹钓鲻"，突出竹子神化功能。

竹子的神变功能还表现为占卜，或者说以竹占卜结合了法术，体现了灾异与灵瑞的观念。竹子用于占卜，如《后汉书·张宗传》：

张宗字诸君，南阳鲁阳人也。王莽时，为县阳泉乡佐。会莽败，义兵起，宗乃率阳泉民三四百人起兵略地，西至长安，更始以宗为偏将军。宗见更始政乱，因将家属客安邑。及大司徒邓禹西征，定河东，宗诣禹自归。禹闻宗素多权谋，乃表为偏将军。禹军到栒邑，赤眉大众且至，禹以栒邑不足守，欲引师进就坚城，而众人多畏贼追，惮为后拒。禹乃书诸将

①［晋］葛洪撰、钱卫语释《神仙传》卷九"介象"条，第 244—246 页。
②［晋］陈寿撰、［南朝宋］裴松之注、吴金华标点《三国志》卷六三，岳麓书社 1990 年版，下册第 1122 页。
③［唐］皇甫枚撰《三水小牍》，中华书局 1958 年版，第 1 页。

名于竹简，署其前后，乱著笥中，令各探之。宗独不肯探，曰：

"死生有命，张宗岂辞难就逸乎！"①

这是以竹简署名占卜，探得者殿后阻挡赤眉军。《类说》载："岭表占卜甚多，鼠卜、箸卜、牛卜、骨卜、田螺卜、鸡卵卜、篾竹卜，俗鬼故也。"②可见竹子以各种制品形式（箸、篾竹等）广泛用于占卜。《类说》又载：

> 至和元年，成都人费孝先游青城，诣老人村，坏其竹床。孝先欲偿其直，老人笑曰："子视其下书云：'此床某年某月日为费孝先所坏。'诚有数，子何偿焉？"孝先知其异，乃留师事之。老人授以《易》、轨革卦影。后数年，孝先名闻天下。四方治其学者，所在而有，皆自托于孝先，真伪不可知也。③

这其实是道家传说的预知吉凶法术。较早的如霍太山三神竹中朱书，《史记·赵世家》载，知伯攻赵，赵襄子奔保晋阳，"原过从，后，至于王泽，见三人，自带以上可见，自带以下不可见。与原过竹二节，莫通。曰：'为我以是遗赵毋卹。'原过既至，以告襄子。襄子斋三日，亲自剖竹，有朱书曰：'赵毋卹，余霍泰山山阳侯天使也。三月丙戌，余将使女反灭知氏。女亦立我百邑，余将赐女林胡之地。至于后世，且有伉王，赤黑，龙面而鸟噣，鬓麋髭冣，大膺大胸，修下而冯，左衽界乘，奄有河宗，至于休溷诸貉，南伐晋别，北灭黑姑。'襄子再拜，受三神之令"④。

---

① 《搜神记》卷三，第9页。
② 《类说校注》卷四引《番禺杂记》"占卜"条，上册第103页。
③ 《类说校注》卷九引《仇池笔记》"费孝先卦影"条，上册第293页。
④ 《史记》卷四三《赵世家》，第6册第1794—1795页。

此是神人以朱书置于竹筒内，竹筒成了传递天书的通道。

如果说这些传说中的竹子（及竹制品）仅是相关道具，还未明显表现出法术功能，那么竹子异常之象预示吉凶的传说，就已经明显附会了特异功能。如《辍耕录》卷五："白廷玉先生斑，号湛渊，钱塘人。家多竹，忽一竿上歧为二，人皆异之，赋双竹杖诗。未几，先生殁。先生有二子，或以为先兆云。"①竹子"上歧为二"被附会成白斑将殁之兆，似能先知先觉预示吉凶。

四、竹子仙物、竹林仙境观念的形成及影响

竹子与神仙结缘，可远溯至战国时期。《穆天子传》："天子西征，至于玄池，天子休于玄池之上，乃奏广乐，三日而终，是曰乐池。天子乃树之竹，是曰竹林。"②乐器是竹子材质功用的重要方面，可能对竹子仙物观念产生影响。《魏书·释老志》云，"秦皇、汉武，甘心不息。灵帝置华盖于灌龙，设坛场而为礼。及张陵受道于鹄鸣，因传天官章本千有二百，弟子相授，其事大行"，"其书多有禁秘，非其徒也，不得辄观。至于化金销玉，行符敕水，奇方妙术，万等千条。上云羽化飞天，次称消灾灭祸"③。"人生非金石，岂能长寿考"（《古诗十九首·回车驾言迈》），对生命短促的畏惧、对延年益寿的渴望在汉代非常深入人心。在这崇仙大潮中，竹子成为仙道崇拜的重要植物之一，形成不少相关神仙传说。

传说中与竹子有关的仙人不少是生在汉代的，魏晋以来文献尤多

---

① 《辍耕录》卷五"双竹杖"条，第 67 页。
② 郑杰文著《穆天子传通解》卷二，山东文艺出版社 1992 年版，第 49 页。
③ ［北齐］魏收撰《魏书》卷一一四，《影印文渊阁四库全书》第 262 册第 887 页下栏。

此说。葛洪《神仙传》多记竹子与汉代仙人有瓜葛，如费长房、左慈、介象等，这些传说都是秦汉以来求仙崇仙风气的产物。再如《真诰》载：

> 竹叶山中仙人陈仲林、许道居、尹林子、赵叔道，此四人并以汉末来入此山。叔道已得为下真人，仲林大试适过，行复去。此是竹叶山中旧仙人也。其王世龙、赵道玄、傅太初、许映或名远游，适来四年耳。[1]

图27　独竹漂。（所谓独竹漂，即脚踩一根竹竿漂行。手中所拿竹竿是为了平衡和控制方向。图片引自李林娜《"水上芭蕾"——独竹漂》，《中国绿色时报》2012年6月6日）

所记仙人也是生于汉代之人。

表明竹子与升仙有关的今存较早文献是汉末曹魏时期的《三辅黄图》[2]。《三辅黄图》云："竹宫，甘泉祠宫也，以竹为宫，天子居中。"[3] 既云"以竹为宫"，可知竹宫是以竹子为材料的建筑。陈直指出：

---

① 《真诰校注》卷四《运象篇第四》，第147页。

② 陈直《三辅黄图校证序言》云："今本《黄图》，晁公武定为梁、陈间人所作，程大昌定为唐肃宗以后人所作。嗣后多依晁说，题为六朝无名氏作品。余则定今本为中唐以后人所作，注文更略在其后。《黄图》一书在古籍中所引，始见于如淳《汉书》注。如淳为曹魏时人，则原书应成于东汉末曹魏初期。"见陈直校证《三辅黄图校证》卷首，陕西人民出版社1980年版。

③ 《三辅黄图校证》，第74页。

《汉书·礼乐志》曰：武帝"用事甘泉圜丘，使童男女七十人俱歌，昏祠至明，夜常有神光，如流星止集于祠坛。天子自竹宫而望拜"。颜师古注引《汉旧仪》云："竹宫去坛三里。"与本文同。《长安志》通天台引《汉旧仪》云："乃举烽火而就竹宫望拜神光。"又《汉旧仪》云："武帝祭天上通天台，舞八岁童女三百人，置祠具，招仙人。祭天已，令人升通天台以候天仙天神。既下祭所，若火流星，乃举烽火而就竹宫望拜。"又《金石萃编》卷二十二，有"狼干万延"瓦，"狼干"当为"琅玕"之假借字，疑为竹宫之物。①

"琅玕"可指玉，也可指竹，故陈直疑"狼干万延"瓦为竹宫遗物。《史记·封禅书》载，汉武帝元光三年（前132），"是时上求神君，舍之上林中蹄氏观"②。元封二年（前109），方士公孙卿说只要做好迎接神仙的准备，仙人就会来到，于是武帝命"郡国各除道，缮治宫观名山神祠所，以望幸矣"③。

图28　汉代"狼干万延"瓦当。

（傅嘉仪编著《中国瓦当艺术》，上海书店出版社2002年版，第262页）

从武帝种种求仙活动来看，其建造竹宫很可能与求仙有关，所谓"建章甘泉，馆御列仙"（班固《东

---

① 《三辅黄图校证》，第74—75页。
② 《史记》卷二八，第4册第1384页。
③ 《史记》卷二八，第4册第1396页。

都赋》)。后人也是如此接受的，如"竹宫时望拜，桂馆或求仙"(杜甫《覆舟二首》其二)。再如《酉阳杂俎》卷一四："汉竹宫用紫泥为坛，天神下若流火，玉饰器七千枚，舞女三百人。一曰汉祭天神用万二千杯，养牛五岁，重三千斤。"[①]可知竹宫在后代也被认为与神仙观念有关。

天师道教义主张只要炼形即可长生成仙。张陵《老子想尔注》提出"保形""炼形"与"食气"等具体的成仙途径。东汉魏伯阳《周易参同契》与晋葛洪《抱朴子》都强调服用丹药可以成仙。

在不同的成仙思想背景下，自东汉以来形成尸解、竹丹等多样化的成仙内涵。竹子的道教内涵大略体现于竹子仙物与竹林仙境两方面。作为仙物，竹子及相关制品既是仙人所用之物，也具有成仙功能。仙人所用竹制品常是仙物。如庾信《镜诗》："玉匣聊开镜，轻灰暂拭尘。光如一片水，影照两边人。月生无有桂，花闻不逐春。试挂淮南竹，堪能见四邻。"[②]镜挂于竹就能见四邻，可见竹子的神奇功能。《元丰九域志》载："(洞宫山)洞中有莲花石，有人游之，获石龟鹤、藤竹仙人绳。"[③]此处未言藤竹仙人绳的功用，既是仙人所用，当也不凡。

仙人所用竹制品较多的还有竹制乐器。如《神仙传》载地仙王遥：

　　有竹篪，长数寸。有一弟子姓钱，随遥数十年，未尝见遥开之。常一夜，大雨晦暝，遥使钱以九节杖担此篪，将钱出，冒雨出行。遥及弟子衣皆不湿。又常有雨炬火导前，约行三十里许，登小山，入石室，室中先有二人。遥即至，取

---

① 《酉阳杂俎》卷一四，《唐五代笔记小说大观》上册第 654 页。
② 《先秦汉魏晋南北朝诗》北周诗卷四，下册第 2398 页。
③ 〔宋〕王存撰《元丰九域志》卷九，《影印文渊阁四库全书》第 471 册第 195 页上栏右。

弟子所担箧，发之，中有五舌竹簧三枚，遥自鼓一枚，以二枚与室中二人，并坐鼓之，良久，遥辞去，三簧皆内箧中，使钱提之，室中二人出送，语遥曰："卿当早来，何为久在俗间？"遥答曰："我如是当来也。"[1]

王遥是地仙，石室中二人当也是仙人。王遥竹箧及其中竹簧皆非世间寻常之物。再如"山阴逢道士，映竹羽衣新"（李益《寻纪道士偶会诸叟》），竹子因具有飞升功能而与"羽衣"并列。

竹林又为仙境象征物。竹子具有成仙通灵的象征内涵，首先表现为仙人多居竹林。如《云笈七签》卷一一二："于满川者，是成都乐官也。其所居邻里阙水，有一老叟常担水以供数家久矣。忽三月三日，满川于学射山通真观看蚕市，见卖水老人，与之语，云居在侧近，相引蚕市看讫，即邀满川过其家，入栒竹径，历渠堑，可十里许，即见门宇殿阁，人物喧阗，有像设图绘，若宫观焉。引至大厨中，人亦甚众，失老叟所在，问人，乃葛璝化厨中尔，云来日蚕市方营设大斋，顷刻之间已三日矣，卖水老叟自此亦不复来。"[2]这是典型的道教形式"竹径通幽处"，所以古人将竹径、桃源并提，说"竹径桃源本出尘"（崔湜《奉和幸韦嗣立山庄应制》）。竹林似乎是通往仙境的必经之地。如吴融《阌乡寓居十首·清溪》："清溪见底露苍苔，密竹垂藤锁不开。应是仙家在深处，爱流花片引人来。"

竹林更是仙人游玩之地。如王嘉《拾遗记》："蓬莱有浮筠之竿，叶青茎紫，子如大珠，有青鸾集其上。下有砂砾细如粉，暴风至，竹

---

① ［晋］葛洪撰、钱卫语释《神仙传》卷八"王遥"条，第207页。
② 《云笈七签》卷一一二"于满川"条，《影印文渊阁四库全书》第1061册第285页。

条翻起，拂细砂如雪雾，仙者来观戏焉。风吹竹折，声如钟磬之音。"①
仙人观戏于竹间，可知竹子已成仙境植物。助其飞升成仙的植物如竹子等留在人间成为示信之物，如"仙冠轻举竟何之，薜荔缘阶竹映祠"（李嘉祐《题游仙阁息公庙》）、"垂岭竹袅袅，翳泉花蒙蒙"（常建《仙谷遇毛女意知是秦宫人》）。

竹林还能生仙丹仙药。如《夷坚志》云：

> 金华赤松观为九天玄女炼丹所，丹始成凡三粒，一祭天、一祭地，皆瘗于隐所，一以自饵，盖不知几何世矣。宣和间，某道士独坐竹轩，见所养鸡啄龙眼于竹根下，甚大而有光，急起夺得之，香气袭人，意所谓神丹也。未敢服，密贮以器，置三清殿前，愿见者则焚香启钥以示。后为游士攫取，以像前供水吞之，夺不可得，巫集众擒之，士飘然行池水上如飞，明日或见其坐水底，水皆涌沸，竟莫知为何人。道士怅然自悔，汲水涤盛丹器饮之，自是面如童颜，唇赤，左右手软如绵，年九十尚强健，鸡亦活三十年。②

竹根下龙眼来历蹊跷，食之成仙更是神奇，这其实是源于道教竹根丹而附会的小说家言。再如《酉阳杂俎》卷一九："又梁简文延香园，大同十年，竹林吐一芝，长八寸，头盖似鸡头实，黑色。其柄似藕柄，内通干空。皮质皆纯白，根下微红。鸡头实处似竹节，脱之又得脱也。自节处别生一重，如结网罗，四面，周可五六寸，圆绕周匝，以罩柄上，相远不相著也。其似结网众目，轻巧可爱，其柄又得脱也。验仙书与

---

① 《初学记》卷二八，第 3 册第 693 页。
② ［明］胡应麟著《少室山房笔丛·玉壶遐览四》引，第 466—467 页。

威喜芝相类。"[①]末句"验仙书与威喜芝相类"表明，在人们意识中竹林是成仙之地，也是生仙物之地。

作为仙境植物，竹子与其他道教植物一样，也同时具有相关法术功能。植物崇拜是巫术内容之一。道教本源于巫术，因此把巫术的某些内容保留下来是不足为怪的。如认为桃能辟邪、杏可食之成仙，因此道观栽桃种杏很普遍，形成"观里栽桃，仙家种杏"（朱敦儒《念奴娇》）[②]的传统。

竹林仙境也有救人于厄难的法术功能。《云笈七签》卷一一二："杭州曹桥福业观有潘尊师者，其家赡足，虚襟大度，延接宾客，行功济人。一旦有少年，容状疏俊，异于常人，诣观告潘曰：'某远聆尊师德义，拯人急难，甚欲求托师院后竹径中茆斋内寄止两月，以避厄难，可乎？或垂见许，勿以负累为忧，勿以食馔为虑，只请酒二升，可支六十日矣。'"[③]少年求止于竹径中茆斋，似与竹子辟秽功能有关。《幽怪录》："鄜延长吏有大竹凌云，可三四围，伐剖之，见内有二仙翁对，云：'平生深根劲节，惜为主人所伐。'言毕乘云而去。"[④]

竹子或竹林成为仙境象征物之后，道士居处及道院多植竹以模

---

① 《酉阳杂俎》卷一九，《唐五代笔记小说大观》上册第 703 页。

② 《全宋词》，第 2 册第 835 页。

③ 《云笈七签》卷一一二"曹桥潘尊师"条，《影印文渊阁四库全书》第 1061 册第 292 页上栏。

④ ［明］陈耀文撰《天中记》卷五三引《幽怪录》，《影印文渊阁四库全书》第 967 册，第 543 页下栏右。又见［明］陈诗教《花里活·补遗》，［日］君岛久子著、龚益善译《关于金沙江竹娘的传说——藏族传说与〈竹取物语〉》译作《幽怪录》："大夫竹凌云、围三尺。鄜延人伐此竹，现二仙翁，叹曰：平生劲节，惜为主人所伐。遂腾空而去。"载《民间文学论坛》1983 年第 3 期，第 27 页左，原注引文系根据日文转译。

拟仙境、驱邪辟秽。如"外则浚川源之澄澈，内则添竹树之青苍"（钱镠《新建风山灵德王庙记》）①，可见明确的植竹意识。道观种竹能营造仙境气氛，如徐铉《洪州奉新县重建阎业观碑铭》："烟霞韬映，竹树青葱，居然人境之间，自是仙游之地。"②类似仙境植物如松等也是常见的道观植物，常种植成林，如"揽其胜境，左有药水灵泉，右有丹崖翠壁，前有幽竹森罗，后有苍松挺秀"（陈宗裕《敕建乌石观碑记》）③，形成"疏松抗高节，密竹阴长廊"（韦应物《清都观答幼遐》）、"飞轩俯松竹，抗殿接云烟"④的道观景象。

道观种竹较早的记载，如刘峻《东阳金华山栖志》："（招提）寺东南有道观，亭亭崖侧，下望云雨。蕙楼茵榭，隐映林篁。飞观列轩，玲珑烟雾。日止却粒之氓，岁集神仙之客。"⑤虽未突出竹子与仙人的关系，似乎也暗示竹林"集神仙之客"的功能。到唐代，道院植竹更为普遍。如《旧唐书·高骈传》："明年，淮南饥，蝗自西来，行而不飞，浮水缘城而入府第。道院竹木，一夕如翦。"⑥可见竹子已成道院代表性植物。

作为仙境植物，竹子也会影响到相关意识与观念。竹子仙物、竹林仙境等观念不仅影响到道院植竹，文学中的道士形象也常以竹子衬托，如"闲坊暂喜居相近，还得陪师坐竹边"（张籍《赠道士宜师》）。

① 《全唐文》卷一三〇，第 2 册第 1307 页上栏左。
② 《全宋文》，第 2 册第 347 页。
③ 《全唐文》卷一六二，第 2 册第 1660 页下栏右。
④ 《文苑英华》卷二二七引刘孝孙《游青都观寻沈道士》，《影印文渊阁四库全书》第 1335 册第 126 页下栏右。
⑤ 《全上古三代秦汉三国六朝文》全梁文卷五七，第 4 册第 3290 页下栏右。
⑥ ［后晋］刘昫等撰《旧唐书》卷一八二，中华书局 1975 年版，第 14 册第 4711 页。

仙山、仙洞或相关神仙传说也常附会竹子，出现竹盖山等道教灵山，如"久居竹盖知勤苦,旧业莲峰想变更"（罗隐《送杨炼师却归贞浩岩》），一般的仙境也常出现竹子，如"锦洞桃花远，青山竹叶深"（陈陶《送秦炼师》）、"鼓子花明白石岸，桃枝竹覆翠岚溪。分明似对天台洞，应厌顽仙不肯迷"（皮日休《虎丘寺西小溪闲泛三绝》其一）。普通人家也因为居处有竹林而具仙家气象，如"公馆似仙家，池清竹径斜"（刘禹锡《题寿安甘棠馆二首》其一）、"望水寻山二里余，竹林斜到地仙居"（李涉《秋日过员太祝林园》）。

竹林仙境观念也影响到风俗，如竹苑下棋的风俗。《西京杂记》中记载了这样的习俗：

> 戚夫人侍儿贾佩兰，后出为扶风人段儒妻，说在宫内时……八月四日，出雕房北户，竹下围棋，胜者终年有福，负者终年疾病，取丝缕就北辰星求长命乃免。[1]

这可能是一次偶然的宫中娱乐活动，经竹林仙境观念的渗透，逐渐形成仙人竹林下棋的传统观念。如曹唐《小游仙十三首》其六："白石山中自有天，竹花藤叶满溪烟。朝来洞里围棋了，赌得青龙直几钱。"这是诗中歌咏。竹苑下棋也成为绘画题材，如《旧唐书·经籍志》载"《竹苑仙棋图》一卷"[2]。竹林仙境观念还影响到人们的神仙观念，如"烟霞高占寺，枫竹暗停神"（司空曙《送夏侯审赴宁国》），因为苍暗的竹林情境而附会神仙，似乎带有迷信色彩。

---

① ［汉］刘歆撰，向新阳、刘克任校注《西京杂记校注》卷三，上海古籍出版社 1991 年版，第 138 页。
② 《旧唐书》卷四七，第 6 册第 2045 页。

第二节　尸解与坐骑：竹枝的道教成仙内涵

竹枝在道教中具有多重内涵。竹枝（杖）的儒、释、道内涵以及众多功用都有学者作了可贵探讨[①]，但是其道教文化内涵至今鲜有专门论述，仅周俐《试论仙话小说中的尸解与竹》有所论及[②]。竹枝与道教的关系主要体现在两方面，即座骑和尸解功能，又都与神仙思想有关。坐骑功能可能源于竹杖的扶老功用、竹与龙凤崇拜的渊源等，经过不断神化，遂演变成竹杖成龙以为坐骑的传说。尸解功能当源于以竹拟人或竹生人传说等竹图腾崇拜观念与神仙思想的附会。

一、尸解：竹枝的不死成仙功能

唐施肩吾《谢自然升仙》诗云："分明得道谢自然,古来漫说尸解仙。"可见尸解仙历史悠久与流传的普遍。较早记述竹为尸解替代物的,如《汉武故事》，叙李少翁被杀死，又在世上出现，发其棺，棺内"唯竹筒一枚"。周俐说："小说产生在两汉，可以推断至晚在两汉时，尸解小说中就是开棺无尸，唯存竹物了。此处的竹是竹筒，具体含义很难断定，只有一点可以肯定，这竹筒是个灵物。因为它是棺中的留存物，肯定与尸解升仙者有密切的关系。"[③]

[①] 参见季智慧《节杖与唐宋巴蜀文人》,《文史杂志》1988 年第 4 期;白化文《汉化佛教僧人的拄杖、禅杖和锡杖》,《中国典籍与文化》1994 年第 4 期;尚永琪《中国古代的杖与尊老制度》,《中国典籍与文化》1997 年第 2 期；张宝明《杖·古代尊老制度及相关文化内涵》,《东南学术》2002 年第 4 期。

[②] 载《明清小说研究》1995 年第 2 期。

[③] 周俐《试论仙话小说中的尸解与竹》,《明清小说研究》1995 年第 2 期，第 210 页。

关于尸解，王充《论衡·道虚》云："所谓'尸解'者，何等也？谓身死精神去乎？谓身不死得免去皮肤也？如谓身死精神去乎？是与死无异人亦仙人也；如谓不死免去皮肤乎？诸学道死者骨肉俱在，与恒死之尸无以异也。"①王充指出道教尸解的本质是"身死精神去"，可谓准确。

尸解本是成仙，而非死亡。葛洪将神仙分为天仙、地仙和尸解仙。《抱朴子·论仙》云："按《仙经》云，上士举形升虚，谓之天仙。中士游于名山，谓之地仙。下士先死后蜕，谓之尸解仙。"②可见尸解仙是死后借物蜕形。六朝道经《元始无量度人上品妙经》云："世人受诵，则延寿长年，后皆得作尸解之道，魂神暂灭，不经地狱，即得反形，游行太空。"唐李少微注云："按上经，尸解有四种：一者兵解，若嵇康寄戮于市，淮南托形于狱；二者文解，若次卿易质于履，长房解形于竹；三者水火炼，若冯夷溺于大川，封子焚于火树；四者太阴炼质，视其已死，足不青，皮不皱，目光不毁，屈申从人，亦尸解也。肉皆百年不朽，更起成人。"③将尸解分为四种，又并不一定借物蜕形。但有一点可以肯定，尸解必定先死后成仙。

尸解之尸与常人之尸是有区别的。如《晋书·葛洪传》："洪坐至日中，兀然若睡而卒……视其颜色如生，体亦柔软，举尸入棺，甚轻，如空衣，世以为尸解得仙云。"④葛洪尸解时其尸甚轻，与常人不同，体现了成仙的特征。但既可成仙，为何不能举体飞升？葛洪《神仙传·王远》云："汝

---

① 黄晖撰《论衡校释》卷七，中华书局 1990 年版，第 324 页。
② 《抱朴子内篇校释》卷二《论仙》，第 18 页。
③ 《元始无量度人上品妙经四注》卷一，《道藏》第 2 册第 196 页。
④ 《晋书》卷七二，第 6 册第 1913 页。

生命应得度世,欲取汝以补仙官。然汝少不知道。今气少肉多,不得上升,当为尸解耳。"①可见"尸解"是成仙时难脱形体情况下的权宜之法。

以竹为尸解替代物,真正对后代产生较大影响的是《神仙传·壶公》,其后《后汉书·费长房传》沿袭而入史。《神仙传·壶公》载:

> 公告长房曰:"我某日当去,卿能去否?"长房曰:"思去之心,不可复言,惟欲令亲属不觉不知,当作何计?"公曰:"易耳。"乃取一青竹杖与长房,戒之曰:"卿以竹归家,使称病,后日即以此竹杖置卧处,嘿然便来。"长房如公所言,而家人见此竹是长房死了,哭泣殡之……长房忧不能到家,公以竹杖与之,曰:"但骑此到家耳。"长房辞去,骑杖忽然如睡,已到家。家人谓之鬼,具述前事,乃发视棺中惟一竹杖,乃信之。长房以所骑竹杖投葛陂中,视之,乃青龙耳。②

竹与龙合二为一,是取龙的变化莫测。有了善变特点,竹枝作为尸解替代物就可任意附会,不同的竹枝及竹制品(如竹筒、竹杖)都可用于尸解。

有的传说仅说竹枝,作为尸解替代物在本质上同竹杖一样。如曾慥《类说》载:"(姚)苌怒,诛嘉及二弟子。苌先使人陇右,逢嘉将弟子,计已千余里,正是诛嘉日也。苌令发棺,并无尸,各有竹枝一枚。"③再如南唐沈汾《续仙传·马自然》载,马自然暴死后,其兄嫂"乃棺敛。其夕棺撦然有声,一家惊异",明年,"发冢视棺,果一竹枝

---

① [晋]葛洪撰、钱卫语释《神仙传》卷三,第60页。
② [晋]葛洪撰、钱卫语释《神仙传》卷九,第234—235页。
③《类说校注》卷三引《王氏神仙传》"未央"条,上册第81页。

而已"①。因此见竹枝（杖）即表明其人已尸解成仙，仅留竹杖示现而已，如"仙翁遗竹杖，王母留桃核"（刘禹锡《游桃源一百韵》）、"别杖留青竹，行歌蹑紫烟"（李白《奉饯高尊师如贵道士传道箓毕归北海》），这示现的竹枝给了求仙者无限的幻想和希望，"别我好留仙竹杖"（徐积《赠至几》）②成为他们的最大期望。

尸解并非一律"开棺无尸，唯一青竹杖"，可以是其他竹制品，也可在其他地方，开棺不过是典型情境。有时是在卧室，如《后汉书》："（费）长房遂欲求道，而顾家人为忧。翁乃断一青竹，度与长房身齐，使悬之舍后。家人见之，即长房形也，以为缢死，大小惊号，遂殡葬之。长房立其傍，而莫之见也。"③费长房乘竹杖回家、以竹杖尸解，即在卧室。

也有发冢而知尸解的，如《枣林杂俎》据《杭州府志》载，马湘死后，"发其冢，止存竹杖"④。王韶之《神境记》的何家岩穴："始入，幽峡而甚暗，行百余步，通一涧水，而多嵝峗不平。复进百数十步，得一处，可方广十余步，潜遥杳映，素构成宇，其室幽而不晦，靖而怀照。昔有采钟乳者至此，见有书三卷，竹杖一枝。委岩遗物，莫知所游。"⑤又是于洞穴尸解。可见竹杖作为尸解替代物的关键，在于替人蜕形而成仙，至于是否开棺，则无关紧要。

---

① ［南唐］沈汾撰《续仙传》卷上，《影印文渊阁四库全书》第 1059 册第 590 页上栏。
② 《全宋诗》第 11 册第 7654 页。
③ 《后汉书》卷八二下《费长房传》，第 10 册第 2743 页。
④ 《枣林杂俎·空玄》"马自然求载通志"条，第 312 页。
⑤ ［南朝宋］王韶之撰《神境记》，载［清］王谟辑《汉唐地理书钞》，中华书局 1961 年版，第 442 页上栏右。

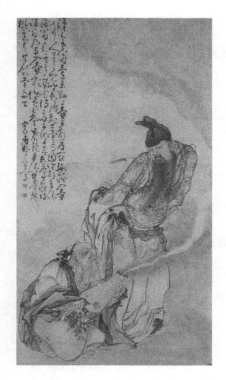

图 29 ［清］黄慎《费长房遇仙图》。（黄慎（1687—？），字恭懋，又字恭寿，号瘿瓢子，福建宁化人。此图见［清］黄慎绘《黄慎书画集》，中国民族摄影艺术出版社 2003年版，上册第 322 页）

要想尸解成仙，取什么竹子是有讲究的。《云笈七签》卷四八："神杖用九节向阳竹。"①神杖以向阳竹为贵，取其阳性。《云笈七签》卷八四引《赤书玉诀》云：

当取灵山阳向之竹，令长七尺有节，作神杖，使上下通直，甘竹乃佳。书黑帝符著下第二节中，白帝符第三节中，次黄帝符第四节中，次赤帝符第五节中，次青帝符第六节中。空上一节以通天，空下一节以立地。蜡封上节，穿中印以元始之章，又蜡封下节，穿中而印以五帝之章。绛文作韬，长短大小足容杖。卧息坐起，常以自随，行来可脱杖，衣隐以出入，每当别著净处。以杖指天，天神设礼；以杖指地，地祇伺迎；以杖指东北，万鬼束形。乘杖行来，及所施用，当叩齿三十六通，思五帝直符吏各一人，衣随方色，有五色之光流焕杖上，五帝玉女各一人，合共卫杖左右。微祝曰：

太阳之山，元始上精。开天张地，甘竹通灵。直符守吏，部御神兵。五色流焕，朱火金铃。辅翼上真，出入幽冥。召

①《云笈七签》卷四八"神杖法"条，《影印文渊阁四库全书》第1060册第521页上栏右。

天天恭，摄地地迎。指鬼鬼威，妖魔束形。灵符神杖，威制百方。与我俱灭，与我俱生。万劫之后，以代我形。影为吾解，神升上清。承符告命，靡不敬听。

　　毕。引五方炁各五咽，合二十五咽，止。行此道九年，精谨不慢，神真见形，杖则载人空行。若欲尸解，杖则代形，倏歘之间，已成真人。朝拜以本命，八节日当烧香。左右朝拜此杖，则神灵感降，道则成矣。①

此即所谓"尸解神杖法"。可见除向阳竹子的灵性之外，符咒等法术也是非常重要的。

有时还需方药。《云笈七签》卷八五"太极真人遗带散"条："真人曰：凡尸解者，皆寄一物而后去，或刀或剑，或竹或杖，及水火兵刃之解，既得脱去，即不得回恋故乡及父母妻子之爱也。惟此散化，即当解之，涂于衣带之上，紧结而系之，闭息作法而去，颇易于他尔。方药如后：水金一大分、丹砂二大分、木汞三大分、庚铅四大分、黄土五大分。右共细研之，取九阴神水调匀，涂衣带上，紧结之，当自脱去，但见其尸卧于床簀尔。"②

有时需要书写符咒。如《抱朴子》云："近世壶公将费长房去。及道士李意期将两弟子去，皆托卒，死，家殡埋之。积数年，而长房来归。又相识人见李意期将两弟子皆在郫县。其家各发棺视之，三棺遂有竹杖一枚，以丹书于枚，此皆尸解者也。"③尸解既然基于成仙而言，故

①《云笈七签》卷八四"尸解神杖法"条，《影印文渊阁四库全书》第1061册第29—30页。
②《云笈七签》卷八五"太极真人遗带散"条，《影印文渊阁四库全书》第1061册第31—32页。
③《抱朴子内篇校释》卷二《论仙》，第18—19页。

不能成仙则返为竹尸。如《云笈七签》卷八二："下彭去则子风月荡绝，驰骋艰难，坐立无复强也。子孙废灭，魂魄飘沈，如此则子返为竹尸，非人也。"①

有学者认为："竹既然在丧葬中被广泛运用，仙话小说借来用于尸解，也是顺理成章、极其自然。只不过尸解中的竹往往被作者加以神化，显得更加神秘，更神通广大罢了。"②对竹杖尸解功能的来源作了合理推测。但我们不应忽视其他因素可能产生的影响，如佛教生死轮回观念、人死后睹物如生的传统观念等。

有两点尤其值得提出：竹子不死观念与人竹合一观念。竹枝尸解功能与道教视人为竹、视竹为人的人竹合一观不无关系。段成式《酉阳杂俎》卷十五："大和三年，寿州虞候景乙，京西防秋回。其妻久病，才相见，遽言我半身被斫去往东园矣，可速逐之。乙大惊，因趣园中。时昏黑，见一物长六尺余，状如婴儿裸立，挈一竹器。乙情急将击之，物遂走，遗其器。乙就视，见其妻半身。乙惊倒，或亡所见。反视妻，自发际、眉间及胸，有璺如指，映膜赤色。又谓乙曰：'可办乳二升，沃于园中所见物处，我前生为人后妻，节其子乳致死，因为所讼，冥断还其半身，向无君则死矣。'"③此言竹器，也可视为竹，竟然是景乙之妻半身，正是人竹合一观的折射。

甚至有道人能以竹替人来抓取人家之女，如《太平广记·陆生》载：

（老人）令取一青竹，度如人长，授之曰："君持此入城，

---

① 《云笈七签》卷八二"梦三尸说"条，《影印文渊阁四库全书》第 1061 册第 17 页下栏左。
② 周俐《试论仙话小说中的尸解与竹》，《明清小说研究》1995 年第 2 期，第 213 页。
③ 《酉阳杂俎》卷一五，《唐五代笔记小说大观》上册第 670 页。

城中朝官，五品以上，三品以下家人，见之，投竹于彼，而取其女来，但心存吾约，无虑也。然慎勿入权贵家，力或能相制伏。"生遂持杖入城，生不知公卿第宅，已入数家，皆无女，而人亦无见其形者。误入户部王侍郎宅，复入阁，正见一女临镜晨妆。生投杖于床，携女而去。比下阶顾，见竹已化作女形，僵卧在床。①

竹杖既可代替男性，也可代替女性，体现了人竹合一观。②

竹子能成为尸解替代物，还与竹子不死观念有关。竹子一般六十年一易根，虽然晋宋时代戴凯之《竹谱》已云"箹必六十，复亦六年"③，但一方面竹子常年青翠，既不同于一般草木春荣秋衰，也不同于许多草木生命枯萎，另一方面竹子枯死后仍能再生成林，或竹实落土生根，或原竹鞭新生根芽，都给人枯而不死的感觉。因此，竹子不死的观念在南朝较为流行。甚至不死竹还能使人死而复活，如《齐民要术》卷一〇引《外国图》曰："高阳氏有同产而为夫妇者，帝怒放之，于是相抱而死。有神鸟以不死竹覆之。七年，男女皆活。同颈异头，共身四足。是为蒙双民。"④竹子不死观念又衍生竹杖治病等法术。

二、坐骑：竹枝沟通仙凡幽明的功能

学道登仙"初则不死而为地仙，久乃身生毛羽，遐举而为天仙"⑤，

---

① 《太平广记》卷七二"陆生"条，第 2 册第 448—449 页。
② 王晓平指出："《原化记》里的《陆生》吸取了诱驴相召、化竹为人等虚幻情节，但主体仍可看出龙树乱宫型变形的痕迹。"见王晓平著《佛典·志怪·物语》，江西人民出版社 1990 年版，第 261 页。
③ 《竹谱》自注："竹六十年一易根，易根辄结实而枯死。其实落土复生，六年遂成町。竹谓死为箹。"
④ 《齐民要术校释》卷一〇，第 632 页。
⑤ 《山海经校注》，第 196 页。

那么通过尸解而成地仙，还不能神化轻举，飞行云中，所以还需借竹为坐骑。作为坐骑，竹枝多数时候表现为竹杖，其神化功能与早期相关神仙传说有关，自《神仙传》载费长房骑竹飞行和投竹化龙的传说以后，竹杖化龙、"竹龙成杖"（萧纲《招真馆碑》）①是其两种变化形态。根本上还是竹子体现了龙的神性，所以能负载飞腾、来去迅速。如到溉《饷任新安班竹杖因赠诗》："所以夭夭真，为有乘危力。未尝以过投，屡经芸苗植。"②任昉《答到建安饷杖诗》："坐适虽有器，卧游苦无津。何由乘此竹，直见平生亲。"③此两诗一写未尝投水化龙，一写乘竹见亲人，都依据费长房故事。竹枝坐骑功能还表现在活的竹子。《云笈七签》卷一一六"王奉仙"条记载，王奉仙遇道成仙，"一日将夕，母氏见其自庭际竹杪坠身于地"④。并非都是骑于胯下，有时挂冠也能达到同样效果，如"故国何年到，尘冠挂一枝"（杜牧《栽竹》）。

　　竹枝坐骑功能缘于以竹拟龙的观念，所以多突出青色，青竹与青龙不仅形体相似，而且色彩相近。如《南康记》："南野县有汉监匠陈怜，其人通灵，夜尝乘龙还家。其妇怀身，怜母疑与外人通，密看乃知是怜乘龙。至家辄化成青竹杖，怜内致户前。母不知，因将杖去。须臾，光彩满堂，俄尔飞去。怜失杖，乃御双鹄还。"⑤张籍《灵都观李道士》："仙观雨来静，绕房琼草春。素书天上字，花洞古时人。泥灶煮灵液，扫坛

---

① 《全上古三代秦汉三国六朝文》全梁文卷一四，第3册第3030页上栏右。
② 《先秦汉魏晋南北朝诗》梁诗卷一七，下册第1855页。
③ 《先秦汉魏晋南北朝诗》梁诗卷五，中册第1599页。
④ 《云笈七签》卷一一六"王奉仙"条，《影印文渊阁四库全书》第1061册，第358页上栏左。
⑤ 《太平御览》卷七一〇引《南康记》，《影印文渊阁四库全书》第899册第388页下栏右。

朝玉真。几回游阆苑，青节亦随身。"①"青节"即竹杖。《神仙传·苏仙公》也是竹杖化龙的传说："先生曾持一竹杖。时人谓曰：'苏生竹杖，固是龙也。'"②明确竹杖是龙的化身。类似记载在《神仙传》中多有③。所以人们说"驾竹为龙"④、"青竹一龙骑"（綦毋诚《同韦夏卿送顾况归茅山》）、"拟骑青竹上青冥"（张蠙《华阳道者》）。庾信《邛竹杖赋》："文不自殊，质而见赏，蕴诸鸣凤之律，制以成龙之杖。枝条劲直，璘斌色滋，和轮人之不重，待羽客以相贻。"⑤"制以成龙之杖"用费长房竹杖化龙之典，"待羽客以相贻"则体现道士用竹杖的普遍观念。

竹马有时也是竹枝坐骑功能的一种体现。《后汉书·郭伋传》记载："（郭伋）始至行部，到西河美稷，有童儿数百，各骑竹马，道次迎拜。伋问'儿曹何自远来'。对曰：'闻使君到，喜，故来奉迎。'伋辞谢之。及事讫，诸儿复送至郭外，问'使君何日当还'。伋谓别驾从事，计日当之。行部既还，先期一日，伋为违信于诸儿，遂止于野亭，须期乃入。"⑥研究者一般认为骑竹马是儿童游戏。这里有疑问的是，《后汉书》并未明说是游戏，即使游戏也不可能"自远来"，而且远至"郭外"。儿童骑竹马的游戏起源很早，此前已产生，后来也很风行，此处所记显然不是现实生活中的游戏，而是带有神仙意味的传说故事。刘知几早已看出此点，他驳道："夫以晋阳无竹，古今共知……群戏而乘，如何

---

① 《全唐诗》卷三八四，第 12 册第 4311 页。
② 《太平广记》卷一三"苏仙公"条，第 1 册第 91 页。
③ 参考周俐《试论仙话小说中的尸解与竹》，《明清小说研究》1995 年第 2 期。
④ ［唐］释道世撰《法苑珠林》卷九"鬼神部·述意"，《影印文渊阁四库全书》第 1049 册第 127 页下栏右。
⑤ 《全上古三代秦汉三国六朝文》全后周文卷九，第 4 册第 3926 页下栏。
⑥ 《后汉书》卷三一，第 4 册第 1093 页。

克办？"(《史通·暗惑》)

有趣的是，唐人小说《广古今五行记·惠焰师》中惠焰和尚亦常骑竹马为戏：

> 齐末惠焰师者，不知从何许而来，骑一竹枝为马，振策驰驿，盘蹿回转，或时厉声云："某处追兵甚急，何不差遣！"遂放杖驰走，不遑宁息。或晨往南殿，暮至北城，如其所言，果有烽檄之急。每遥见黑云飞乌群系，但是黑之物，必低身恭敬。忽自称云，伏喽啰语。国人见者，莫不怪笑。京内咸识，不知名字者，呼为伏喻调马。齐未动之前，惠焰走杖马来到殿西骑省。[1]

图 30　敦煌晚唐第9窟东壁南侧供养人行列中的骑竹马图（特写）。李其琼临。（胡同庆、王义芝著《本色敦煌：壁画背后那些鲜为人知的事》，中国旅游出版社 2014 年版，第 99 页）

惠焰和尚"骑一竹枝为马"，虽未有"飞举甚速"之类的神异描写，但其行为异常，且常有"如其所言"的应验之事。后人意识中竹枝具有坐骑功能，如"从骑栽寒竹"（李商隐《圣女祠二首》其一）、"龙竹未经骑"（王绩《游仙》）、"羡君乘竹杖"（顾况《送李道士》）。我们似乎可以推测，骑竹马虽是童儿游戏，未必与竹枝龙骑毫无关系，不过一曰竹马，一曰竹龙而已。

---

① 《太平广记》卷一三九"惠焰师"条，第 3 册第 1001 页。

竹枝除快速到达目的地的坐骑功能，又还附着其他功能。《神仙传·左慈》载，吴主孙权"请（左）慈俱行，令慈行于马前，欲自后刺杀之。慈著木屐，持青竹杖，徐徐缓步行，常在马前百步。著鞭策马，操兵器逐之，终不能及。"①左慈虽是"持青竹杖"，也可视为竹杖坐骑功能的体现。常在马前，但又追不上，可见能控制速度。

竹枝坐骑功能更神奇之处在于沟通仙凡人鬼之境，这应是由竹枝尸解、坐骑功能自然延伸而来。乘竹枝成仙较为多见，竹杖甚至成为道家成仙的象征物，如《云笈七签》卷一一三"许宣平"条："许宣平，新安歙人也，睿宗景云年中隐于城阳山南坞，结庵以居，不知其服饵，但见不食，颜若四十许人，轻健行疾奔马，时或负薪以卖，薪担常挂一花瓢及曲竹杖，每醉行，腾腾以归，吟曰：'负薪朝出卖，沽酒日西归。时人莫问我，穿云入翠微。'"②以下专论竹枝沟通人鬼幽明之境的功能。

唐人小说《续定命录·李行修》有一段情节，叙李行修入幽冥之境见其亡妻：

> 行修如王老教，呼于林间，果有人应，仍以老人语传入。有顷，一女子出，行年十五。便云："九娘子遣随十一郎去。"其女子言讫，便折竹一枝跨焉。行修观之，迅疾如马。须史，与行修折一竹枝，亦令行修跨。与女子并驰，依依如抵。西南行约数十里，忽到一处，城阙壮丽。③

这里，九娘子所遣侍女与李行修入幽冥之境，竟"折竹一枝跨焉"

① ［晋］葛洪撰、钱卫语释《神仙传》卷八"左慈"，第197页。
② 《云笈七签》卷一一三"许宣平"条，《影印文渊阁四库全书》第1061册第323页下栏。
③ 《太平广记》卷一六〇"李行修"条，第4册第1150页。

前往。唐人小说《逸史·李林甫》中,道士带李林甫之魂魄到一神秘"府署",即李林甫"身后之所处",亦以竹马为乘骑之具:"以数节竹授李公,曰:'可乘此,至地方止,慎不得开眼。'李公遂跨之,腾空而上,觉身泛大海,但闻风水之声,食顷止,见大郭邑……遂却与李公出大门,复以竹杖授之,一如来时之状。"[1]再如《玄怪录·古元之》中的一段情节:"即令负一大囊,可重一钧。又与一竹杖,长丈二余。令元之乘骑随后,飞举甚速,常在半天。西南行,不知里数,山河逾远,欻然下地,已至和神国。"[2]主人公古元之,因酒醉而死,实为其远祖古说所召,古说欲往和神国,无担囊者,遂召古元之。

竹枝沟通人鬼的功能很早就有。《隋书·地理志下》:

（蛮）始死,即出尸于中庭,不留室内。敛毕,送至山中,以十三年为限。先择吉日,改入小棺,谓之拾骨。拾骨必须女婿,蛮重女婿,故以委之。拾骨者,除肉取骨,弃小取大。当葬之夕,女婿或三数十人,集会于宗长之宅,著芒心接篱,名曰茅绥。各执竹竿,长一丈许,上三四尺许,犹带枝叶。其行伍前却,皆有节奏,歌吟叫呼,亦有章曲。传云盘瓠初死,置之于树,乃以竹木刺而下之,故相承至今,以为风俗。隐讳其事,谓之刺北斗。既葬设祭,则亲疏咸哭,哭毕,家人既至,但欢饮而归,无复祭哭也。[3]

北斗主死的记载,早见于《后汉书·天文志中》:"紫宫天子宫,文昌、

① 《太平广记》卷一九"李林甫"条,第1册第131页。
② 《太平广记》卷三八三"古元之"条,第8册第3057页。
③ 《隋书》卷三一,第3册第897—898页。

少微为贵臣，天津为水，北斗主杀。"①北斗主死观念多次出现于南朝小说中。刘义庆《幽明录》卷四《许攸》、卷五《顾某》、《北斗君》三条提到北斗，主人生死。《搜神记》中记有南斗仙人改写北斗仙人手中的文书来救人活命的故事，并云："南斗注生，北斗注死。凡人受胎，皆从南斗过北斗。所有祈求，皆向北斗。"②

刺北斗可能是为死者救命招魂。"刺北斗"的动作象征刺向北斗，表示请求，所谓"所有祈求，皆向北斗"。用以刺北斗的竹竿可能具有沟通人鬼仙凡的功能，使死者通过竹枝下地，从而实现灵魂转生。《云笈七签》卷四九："于是云房一景，混合神人，上通昆仑，下临清渊，云盖嵯峨，竹林葱蒨，七灵回转，五色缠绵。"③可见竹林为转生之地。

第三节　竹叶：道教成仙的多重内涵

竹叶有两种，一为茎生叶，俗称笋箨；一为营养叶，披针形，大小随品种而异。此处所言为后一种。竹叶的道教内涵体现于多方面。除变竹叶为钱，仙人还以竹叶为衣饰冠冕，如"微径透重峦，茅堂竹叶冠"（司马光《赠学仙者》）④、"麻姑本神人，曾到临川山。竹叶为衣带，桃花插髻鬟"（毛奇龄《题麻姑撷芝图为骆明府夫人初度》其一）⑤。道观多种竹，竹叶与道教崇拜的桃花等成为道观常见风景，如"洞前竹叶

① 《后汉书·志第一一》，第 11 册第 3234 页。
② 《搜神记》卷三，第 34 页。
③ 《云笈七签》卷四九，《影印文渊阁四库全书》第 1060 册第 523 页下栏。
④ 《全宋诗》，第 9 册第 6106 页。
⑤ ［清］毛奇龄撰《西河集》卷一四七，《影印文渊阁四库全书》第 1321 册第 531 页下栏右。

间桃花"（曾棨《药房闲咏》其一）①。以下试论述竹叶酒、竹节、竹叶符、竹叶舟等所具有的道教内涵。

一、竹叶酒

竹叶酒其名虽多，却都以"竹叶"相称。称"竹叶春""竹叶青"者，

图31　山西所产的竹叶酒。（网址：http://www.zs88.cn/zhaoshang/sxtzjygs/122572.html。图片来源于华酒网）

如"红燎炉香竹叶春"（白居易《洛下雪中频与刘李二宾客宴集，因寄汴州李尚书》）、"小瓮新篘竹叶青"②。一般省称"竹叶"，如"兰羞荐俎，竹酒澄芬"（萧纲《九日侍皇太子乐游苑诗》）③。也有以竹叶杯为酒名者，如李俊民《金沙泉(原注：在宜城县东一里，造酒绝美，世谓宜城春，又云竹叶杯)》："何处山泉味最佳，从来独说有金沙。楚人遍地宜城酒，莫著淄渑诳易牙。"④

竹叶酒何以名竹叶？古代文献未见明文介绍。以竹叶为酿酒原料

---

① 《御选明诗》卷一一九，《影印文渊阁四库全书》第1444册第860页下栏左。
② 周必大《近会同年赏芍药尝樱桃杨谨仲教授有诗次韵为谢兼简周孟觉知县》，《全宋诗》第43册，第26730页。
③ 《先秦汉魏晋南北朝诗》梁诗卷二一，下册第1929页。
④ ［金］李俊民撰《庄靖集》卷六，《影印文渊阁四库全书》第1190册第606页下栏左。

的记载，如"竹叶连糟翠，蒲萄带曲红"（王绩《过酒家五首》）、"酒中浮竹叶，杯上写芙蓉"（武则天《游九龙潭》）、"榴花竹叶应拨去，落盏且看鹅儿黄"（许景衡《和左与言谢寄酒》）①，似乎竹叶酒中浮有竹叶。竹叶酒可能缘于道教对竹叶的提倡。竹叶在道教看来有祛秽功能。前文已论竹叶有辟秽功能，道士们多以之沐浴。如《云笈七签》卷四一："《洞神经》第十二云：上元斋者，用云水三斛，青木香四两、真檀七两、玄参二两，四种合煮一沸，清澄适温，先沐后浴，此难辨者。用桃皮、竹叶剉之，水三斛，随多少煮一沸，令有香气，人人作浴，内外同用之，辟恶除不祥。"②

　　道家还可能因追求长生成仙而喜饮竹叶酒。竹叶酒最初如同菊花酒，以长寿成仙而受道家青睐，且常与菊花酒并提，如"竹叶将菊花，及时同一杯"（晁补之《八音歌二首答黄鲁直》其二）③、"竹叶美，菊花新，百杯且听绕梁尘"（史浩《鹧鸪天·次韵陆务观贺东归》）。关于菊花酒，《西京杂记》卷三载："九月九日，佩茱萸、食蓬饵、饮菊花酒，令人长寿。菊华舒时，并采茎叶，杂黍米酿之，至来年九月九日始熟，就饮焉，故谓之菊花酒。"④竹叶酒也应先是道教徒的发明，后来才在文人士大夫间流行，但其道家身份仍时时显露。如"仙家竹叶未必美，舟尾茅柴还可斟"（刘挚《二子访酒家不遇次其韵作》）⑤、"渔舟日暮桃花雨，仙馆春深竹叶杯"（蓝智《游

---

① 《全宋诗》，第 23 册第 15521 页。
② 《云笈七签》卷四一，《影印文渊阁四库全书》第 1060 册第 432 页下栏右。
③ 《全宋诗》，第 19 册第 12763 页。
④ 《西京杂记校注》第 138 页。
⑤ 《全宋诗》，第 12 册第 7963 页。

天壶道院呈周叔亮金宪》）^①。

现代科学研究表明，"竹叶中含有大量的黄酮类化合物和其他生物活性成分，如酚类、蒽醌类、香豆素类内酯、活性多糖、特种氨基酸等，其中黄酮是主要功能因子并具有显著的生理功能，如抗活性氧自由基、抗脂质过氧化、抗衰老、降低血脂、抗菌抑菌、增强免疫力等"^②，可广泛用于药品、保健品。竹叶作为药名，为文人所熟知。如"风吹竹叶袖，网缀流黄机"（萧绎《药名诗》）^③、"马鞭聊写赋，竹叶暂倾杯"（庾肩吾《奉和药名诗》）^④、"鲈鱼莫忆江东鲙，竹叶聊煎仲景汤"（孔平仲《戏张天觉》）^⑤。古代竹叶为药治病，不仅见于医书药典，也频见于诗文。如黄庭坚说："所谕所苦是转项难，乃是微有风热，睡时枕不稳，尔用竹叶汤服清心牛黄圆即愈。"^⑥元李孝光《秋游雁荡记》："其虫无蚊蚋而有马蜞，蜞善啮人，以烧竹叶涂创，血立止。"^⑦明韩邦奇《赠张乾沟序》："烦懑不能寐，张以竹叶、糯米、麦门冬煎汤与之而安。"^⑧

竹叶酒历千年而不衰，至今山西、浙江、江西、湖北等地仍有酿制。"绍兴东浦有余孝贞酒坊，以酿竹叶青酒而闻名于世。这是一种花色酒，

---

① ［明］蓝智撰《蓝涧集》卷四，《影印文渊阁四库全书》第 1229 册第 865 页下栏左。

② 唐浩国等《竹叶黄酮对小鼠脾细胞免疫的分子机制研究》，《食品科学》2007 年第 9 期，第 524 页左。

③ 《先秦汉魏晋南北朝诗》梁诗卷二五，下册第 2043 页。

④ 《先秦汉魏晋南北朝诗》梁诗卷二三，下册第 1995 页。

⑤ 《全宋诗》，第 16 册第 10942 页。

⑥ ［宋］黄庭坚撰《山谷简尺》卷下，《影印文渊阁四库全书》第 1113 册第 800 页下栏左。

⑦ ［元］李孝光撰《五峰集》卷一《秋游雁荡记》，《影印文渊阁四库全书》第 1215 册第 101 页下栏右。

⑧ ［明］韩邦奇撰《苑洛集》卷二，《影印文渊阁四库全书》第 1269 册第 360 页下栏左。

酿制法是在元红酒中加入嫩竹叶的浸出液而成，这种嫩竹液的浸出物是用高度糟烧浸取当年生的嫩竹叶（竹蕊）而成色素,加入元红酒中后,酒液成淡青色，清香微苦，酒精度在 15% vol 左右。"①

竹叶酒以清、绿为贵。形容其清者，如"竹叶三清泛,蒲萄百味开"（张正见《对酒》）②、"竹叶饮为甘露色"（皮日休《奉和鲁望四月十五日道室书事》）;形容其绿者,如"嫩绿醅浮竹叶新"（白居易《日高卧》）、"竹叶连糟翠，蒲萄带曲红"（王绩《过酒家五首》）。竹叶酒的绿色多使人联想到竹叶之色，如"秋香自与兰英合,春色潜依竹叶回"(宋庠《和吴侍郎谢予送酒》)③、"桃花暖逐桃花水，竹叶光临竹叶瓶"（朱翌《游江医园江避贼归四年花木皆再种已开花著子矣》）④；见竹叶也会想到竹叶酒，如"竹叶杯边竹叶丛"（苏泂《钓鱼》）⑤、"庭垂竹叶因思酒"（戴复古《家居复有江湖之兴》）⑥。再如《宋史》卷三九七：

> 安世素善吴猎，二人坐学禁久废。开禧用兵，猎起帅荆渚，安世方丁内艰。起复，知鄂州。俄淮、汉师溃，薛叔似以怯懦为侂胄所恶，安世因贻侂胄书，其末曰："偶送客至江头,饮竹光酒，半醉,书不成字。"侂胄大喜曰："项平父乃尔闲暇。"遂除户部员外郎、湖广总领。⑦

由"竹光酒"也可略见其取名之由。后代美酒也称竹叶，其实未

① 钱茂竹、杨国军著《绍兴黄酒丛谈》，宁波出版社 2012 年版，第 97 页。
② 《先秦汉魏晋南北朝诗》陈诗卷二，下册第 2480 页。
③ 《全宋诗》，第 4 册第 2281 页。
④ 《全宋诗》，第 33 册第 20852 页。
⑤ 《全宋诗》，第 54 册第 33937 页。
⑥ 《全宋诗》，第 54 册第 33586 页。
⑦ ［元］脱脱等撰《宋史》卷三九七《项安世传》，中华书局 1977 年版，第 35 册第 12090 页。

必真是竹叶酒,不过因竹叶酒之名而生联想罢了,如"浇肠竹叶惊深碧"(喻良能《长至忆天衣旧游寄王状元》)[1]、"竹叶浮杯渌似蓝"(韦骧《和陶掾同登晓亭》)[2]等等。

二、竹叶符

符、节是我国古代的信物,始于春秋末年、战国初期,秦汉时期最盛。后都为道教所借用。"节"在道教求仙活动中起到重要作用。顾森指出:

> 从秦始皇、汉武帝始终对方士深信不疑这些材料可看出,方士有一种被帝王认可的特性——通神,才使他们能保全自己并得到帝王的信任。元鼎年间(前116年—前111年)汉武帝封栾大为栾通侯,其封号含意就是"能通天意"。另一方士公孙卿,在求仙过程中,"持节常先行候名山",也是作为皇帝的信使神仙,起连接神人两界之作用。方士公孙卿"持节"这一记载,为今天解读和判断汉画中的方士形象提供了史料依据。"节",不是一般使者的象征,而是国家使者身份的象征。汉代的"节","以竹为之,柄长八尺,以牦牛尾为其眊三重"。从现在能看到的汉代图像中的方士,所持节基本上是三重眊,与汉代制度是吻合的。持节到西王母身边的方士,代表人世间的使者。一方面是向天国的主宰通报尘世间又有新的人来到;一方面则是去往西王母境的人的引领者。[3]

可见"节"在方士求仙通天的活动中至少具有象征的功能。在道

---

① 《全宋诗》,第 43 册第 27004 页。
② 《全宋诗》,第 13 册第 8436 页。
③ 顾森《渴望生命的图式——汉代西王母图像研究之一》,见郑先兴主编《汉画研究:中国汉画学会第十届年会论文集》,湖北人民出版社 2006 年版,第 12 页。

教中，"符"比"节"似乎有着更广泛的应用，与竹子的联系也更为密切。《云笈七签》卷六云："神符者，即龙章凤篆之文、灵迹符书之字是也。'神'则不测为义，'符'以符契为名。谓此灵迹，神用无方，利益众生，信若符契。"①可见神符的使用，其观念受符节、符契启发而来。

道符与竹子的关系体现在神符书写于竹简、竹膜等竹制品。如《清异录》载："吴毅，临邛人。以多疾斋祷于青城山紫极院，置坛设醮科仪毕，假寐斋厅，梦天人称自剪刀馆来授一竹简，题曰太飞丸，炼心法用盐解仙人一物。注曰，世间白蝙蝠是其制合之节，甚详。仍戒以绝嗜欲方可服。"②这是仙方书于竹简。《洞真太上说智慧消魔真经》卷三《守一品》："右十六符，始于八节日朱书竹膜上，平旦向王吞之，再拜，拜毕，咒愿随意，十六日止。"③这是仙方书于竹膜。

竹简、竹膜等是常见书符之物，因为竹子虚中有灵性。《上清洞真元经五籍符》："右太一帝君解三关十二结胎内符，以本命若八节日欲行解结时，先吞此符三枚，向本命方，以真朱书青竹中白膜生于坚节之内，遂虚中而受灵也，故书竹膜为解结节文也。"④

如上例所示，神符须吞服才能奏效。吞服神符后的效果，被道家描绘得神乎其神。如《太平经》卷一百十四：

青童君采飞根，吞日景，服开明灵符，服月华符，服除二符，

---

① 《云笈七签》卷六《三洞经教部·十二部》，《影印文渊阁四库全书》第 1060 册第 58 页下栏。

② ［宋］陶谷撰《清异录》卷上"太飞丸"条，《影印文渊阁四库全书》第 1047 册第 855 页下栏右。

③ 转引自萧登福《道教符箓咒印对佛教密宗之影响》，《台中商专学报》第 24 期，1992 年 6 月，第 55 页。

④ 以上二例转引自萧登福《道教符箓咒印对佛教密宗之影响》，《台中商专学报》第 24 期，1992 年 6 月，第 54 页。

拘三魂，制七魄，佩星象符，服华丹，服黄水，服迴水，食镮刚，食凤脑，食松梨，食李枣、白银紫金，服云腴，食竹笋，佩五神符，备此变化无穷，超凌三界之外，游浪六合之中。①

《洞真太上八素真经服食日月皇华诀》：

右阳精飞景之符，太岁之日，朱书竹膜之上，向太岁服之，三年，胃管通明，真晖充镇，灵降玉户，面生日光，七年飞行，上造日门。右阴精飞景玉符，太岁之日，黄书竹膜之上，向太岁服之，三年，流光下映，彻照六俯五藏通明，面有玉光，九年，飞行，上造月庭。

可见吞服神符后具备灵性、超凌三界的神效。

上文中所言服符之法，有竹笋与符同服者，有书符于竹膜而服食者。另有著符于竹杖中者，《洞真太微黄书天帝君石景金阳素经》云：

天地别符，可以群兵万里，天下贼人有谋之者，反受其殃，有举五兵向之者，皆还自伤，亦可封，亦可烧服，亦可著竹杖中，以尺二筒，书符素长九寸，广四寸，置符筒中，以系臂，男左女右。秘之秘之，自非录名太极玉简之子，不得与遇。得带之者，浮游四方，厌伏万口。②

《元始五老赤书玉篇真文天书经》卷上《元始青帝真符》："又当青书绛文，内神杖上节中，衣以神衣……"③《三国志·张鲁传》注引《典略》说："太平道者，师持九节杖为符祝，教病人叩头思过，因以

---

① 王明编《太平经合校》，第 627 页。
② 转引自萧登福《道教符箓咒印对佛教密宗之影响》，《台中商专学报》第 24 期，1992 年 6 月，第 55 页。按，"厌伏万口"末字缺，原文如此。
③ 转引自萧登福《道教符箓咒印对佛教密宗之影响》，《台中商专学报》第 24 期，1992 年 6 月，第 86 页注释九。

符水饮之。"①纳符于竹杖也是普遍可行的，当也是因为竹子中空特点而以为有灵气，因而能有助于神符发挥作用。如《道藏》所载《历世真仙体道通鉴》云："太史真君，姓许氏名逊，字敬之……岁大疫，死者十七八，真君以所授神方拯治之。符咒所及，登时而愈。至于沉疴之疾，无不痊者。传闻他郡，病民相继而至者日旦千计，于是标竹于郭外十里之江，置符水于其中，俾就竹下饮之皆瘥……江左之民亦来汲水于旌阳，真君乃咒水一器置符其中，令持归置之江滨，亦植竹以标其所，俾病者饮之。江左之民亦良愈。"②竹子之所以能治病，关键还在于真君的符咒，植竹似乎是起象征作用，所谓"植竹以标其所"。这为我们理解竹杖的坐骑和尸解功能也提供了神符方面的证据。据萧登福研究，道教神符可通过多种方式发挥作用："有用以治病驱鬼、差遣鬼神、证道修仙，亦有用以求财、驱兽、入阵破敌、寻求失物、赌博求胜、梦中晋谒贵人等等。"③

竹子是制作符节的重要材料。《周礼·小行人》云："道路用旌节，门关用符节，都鄙用管节，皆以竹为之。"郑玄注："管节，如今之竹使符也。"④汉代竹使符始于文帝。《史记·孝文本纪》："（二年）九月，初与郡国守相为铜虎符、竹使符。"⑤竹使符在后代渐渐淡出，为他物所代替，如"三代玉瑞，汉世金竹，末代从省，易以书翰矣"（《文心雕龙·书记》），但并未淡出人们意识，现代的"符合""相符"等词语，还是对

---

① 《三国志》卷八，第 1 册第 214 页。
② 《历世真仙体道通鉴》卷二六，《道藏》第 5 册，第 248 页。
③ 萧登福《道教符箓咒印对佛教密宗之影响》，《台中商专学报》第 24 期，1992 年 6 月，第 61 页。
④ 《周礼注疏》卷三七，第 1012 页。
⑤ 《史记》卷一〇，第 2 册第 424 页。

"符"字古义的保留。

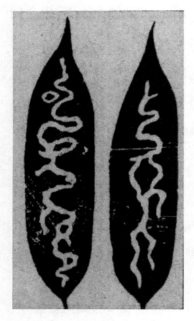

图 32　符竹图。（此图见［元］李衎述《竹谱详录》卷六，商务印书馆 1936 年版，第 72 页）

汉制，太守赴郡剖竹为二，一留中央，一给郡守，合而相符，可见是一种信物或凭证。竹使符也是权力的象征。《战国策·秦策三》："穰侯使者，操王之重，决裂诸侯，剖符于天下，征敌伐国，莫敢不听。"后代以竹使符为郡守的代称，如白居易《初领郡政衙退登东楼作》云："何言符竹贵，未免州县劳。"竹子作符节，因此也成了权力和信用的象征。冯衍《遗田邑书》："今以一节之任，建三军之威，岂特宠其八尺之竹，氂牛之尾也。"[1]信物和权力象征内涵为巫师和方士道人所继承，他们借用"符"的名称，假托将神力以符号形式附着在文字、图形或其他物品上，作为传达和行使神命的凭据。如《抱朴子·祛惑》云：

其神则有无头子、倒景君、翕鹿公、中黄先生、与六门大夫。张阳字子渊，浃备玉阙，自不带《老君竹使符左右契》者，不得入也。五河皆出山隅，弱水绕之，鸿毛不浮，飞鸟不过，唯仙人乃得越之。[2]

可见道教已将竹使符仙术化了，成为通行各地的依仗。《抱朴子·登涉》：

---

① 《全上古三代秦汉三国六朝文》全后汉文卷二〇，第 1 册第 581 页下栏左。
② 《抱朴子内篇校释》卷二〇，第 320—321 页。

或问曰：辟山川庙堂百鬼之法。抱朴子曰："道士常带天水符、及上皇竹使符、老子左契、及守真一思三部将军者，鬼不敢近人也。其次则论百鬼录，知天下鬼之名字，及《白泽图九鼎记》，则众鬼自却。其次服鹑子赤石丸、及曾青夜光散、及葱实乌眼丸、及吞白石英祇母散，皆令人见鬼，即鬼畏之矣。"

抱朴子曰："有老君黄庭中胎四十九真秘符，入山林，以甲寅日丹书白素，夜置案中，向北斗祭之，以酒脯各少少，自说姓名，再拜受取，内衣领中，辟山川百鬼万精虎狼虫毒也。何必道士，乱世避难入山林，亦宜知此法也。"[①]

由"竹使符"可见其来源，由秘符又可见附会的新内容。较早的道教之符魏晋间就已产生。如《神仙传·壶公》载："壶公者，不知其姓名也。今世所有召军符、召鬼神治病玉府符，凡二十余卷，皆出自公，故总名壶公符。"[②]

除了驱使鬼神、治病去秽等功能外，道教的符最大特点是随人意而控制。如《抱朴子》云："葛仙翁为丹书符投江中，顺流而下。次投一符，逆流而上。次又投一符，不上不下，停住，而水中向二符皆还就之。"[③]

基于道教对竹子的推崇、对竹使符的应用，又衍生出竹叶符。如宋煜《竹符》："仙篆元非世俗书，笔端会把鬼神驱。当年笔迹今何在，洞客争传竹叶符。"[④]可见竹叶符在道教中的流行。普通竹叶投水即身

① 《抱朴子内篇校释》卷一七，第282页。
② ［晋］葛洪撰《神仙传》卷五，中华书局1991年版，第38页。
③ 《抱朴子内篇校释》附录一，第326页。
④ 《全宋诗》，第50册第31041页。

不由己，随波逐流，"戏投筠叶赴湍流，颠倒纵横不自由。我亦江湖飘一苇，千波万浪信沉浮"（郭印《戏投竹叶急流中》）[①]。有了带着法术的竹叶符，就可纵横自由地实现愿望。《天中记》引宋陈晔《日华琐碎录》云："峡州玉泉鬼谷子洞前有丛竹，竹叶有文成符，叶叶不同，佩之可以辟患。"[②]可佩之辟患。

其中流传较广的是广东罗浮山竹叶符传说。《广东通志》载："刘高尚真人尝于双髻峰造石坛，高百尺，为跌坐之所，左右生竹叶符，可以镇蛇虎。坛址至今存。"[③]祝允明《游罗浮记》也载："刘真人修道时，弟子苦蛇虎虫，刘即竹上一叶书符，恶类悉绝。后此一丛竹叶皆有天生符，青黄篆青叶上如枯，他竹不尔也。"[④]

甚至远推至葛洪，以神其传，如彭孙遹《罗浮山中产竹，叶有文如符篆，无公见贻数茎，云贮衣笥中可以辟蛀》："窈窈会真峰，亭亭孤竹节。叶上神仙字，文如断碑碣。闻自稚川留，至今耿不灭。感公远致此，云可藏衣缬。已愧素为缁，徒惭麻似雪。虫篆自千年，鹑衣从百结。"[⑤]

对罗浮竹叶符的描述，详见厉鹗《次韵顾丈月田以罗浮竹叶符见赠》：

　　我生探奇心，未暇历幽窈。侧闻罗与浮，合离冠海峤。

① 《全宋诗》，第 29 册第 18740 页。
② 《天中记》卷五三，《影印文渊阁四库全书》第 967 册第 541 页上栏右。
③ 〔清〕郝玉麟等监修、〔清〕鲁曾煜等编纂《广东通志》卷五六，《影印文渊阁四库全书》第 564 册第 614 页上栏左。
④ 〔明〕祝允明撰《怀星堂集》卷二一，《影印文渊阁四库全书》第 1260 册第 661 页下栏左。
⑤ 〔清〕彭孙遹撰《松桂堂全集》卷四二，《影印文渊阁四库全书》第 1317 册第 370 页下栏左。

刘仙有古坛，解种不秋草（原注：金人马天来赋竹句云"人天解种不秋草"）。亭亭挺琅玕，主人后天老。夜吸沆瀣杯，挥毫向翠葆。淋漓太平符，纠缪龙蛇绕。至今留灵踪，叶叶出意表。虫镂并蜗篆，屈曲叠微眇。可遇不可求，诟屑钗头袅。闲居穷山经，类不遗细小。晚逢丈人厚，诗格倍精好。先以丹灶泥，圆如芡堪咬。次第赠数翻，片碧觑天巧。书痴笑识字，学愧蟫鱼饱。何况云雷文，多怪缘见少。更闻玉局翁，洒墨亭山晓。竹间叶点斑，感物岂异道。安得手摘之，与此为二宝（原注：东坡过瑞昌亭子山，题字石壁，点墨竹叶上，至今环山之竹叶上皆有墨点。出僧道璨《柳塘外集》）。愿寻绛囊佩，同试鹿卢蹻。虎豹迹俱潜，鸿蒙首初掉。翱翔双髻峰，名岳恣搜讨。问年将书亥，禁饮休犯卯。斋心访隐诀，一御䂞龙矫。再乞安期蒲，坐令白发扫。①

所记竹叶符"挥毫向翠葆"与苏轼"点墨竹叶"的传说类似，可见其感物附会，所谓"观里松株皆住鹤，山中竹叶尽成符"（孙蕡《游罗浮》三首其二）②、"榴皮画壁成黄鹤，竹叶书符化绿龙"（孙蕡《赠周元初》）③。

罗浮山竹叶符的知名度很高，文人游览罗浮山会在诗文中留下相关记载，游览其他地方也会联想起罗浮山的竹叶符，如"传闻旧有无

---

① ［清］厉鹗撰《樊榭山房续集》卷三，《影印文渊阁四库全书》第1328册第174—175页。
② ［明］孙蕡撰《西庵集》卷五，《影印文渊阁四库全书》第1231册第524页上栏右。
③ ［清］沈季友编《檇李诗系》卷三九，《影印文渊阁四库全书》第1475册第914页上栏左。

骨箬，可等罗浮古积竹叶符"（厉鹗《游洞霄宫》）①。

三、竹叶舟

一般认为竹叶舟传说的出处是唐李玫《异闻录》。《异闻录》载：

> 陈季卿者，江南人。举进士至长安，十年不归。一日于青龙寺访僧不值，憩于大阁。有终南山翁亦俟僧，同坐久之，壁间有寰瀛图，季卿寻江南路叹曰："得自此归，不悔无成。"翁曰：此易耳。起折阶前竹叶，置渭水中曰："注目于此。则如愿。"季卿熟视，见渭水波涛汹涌，一舟甚大，恍然登舟，其去极速。行次棹（四库本作"禅"）窟寺，题曰："霜钟鸣夕北风急，乱鸦又望寒林集。此时辍棹悲且吟，独向莲华一峰立。"明日次潼关，又作诗云："已作羞归计，犹胜羞不归。"旬余至家，妻迎见甚喜。信宿曰："试期已逼，不可久留。"乃复登舟，作诗别妻曰："酒至添愁饮，诗成拭泪吟。"飘然而去。家人惊愕，谓为鬼物。倏忽复至渭水，趋清龙寺，寺僧尚未归，山翁犹拥褐而坐。季卿曰："岂非梦耶？"翁曰："他日自知之。"经月，家人来访，具述所以，题诗皆验。②

李玫（生卒年里不详），文宗大和元年（827）习业于龙门天竺寺。大中、咸通之后，与皇甫松等以文章称。③故事中，陈季卿思乡情浓，

---

① ［清］厉鹗撰《樊榭山房集》卷二，《影印文渊阁四库全书》第 1328 册第 20 页下栏右。

② 《类说校注》卷一九引《异闻录》"寰瀛"条，上册第 590—591 页。校注者云："本书（引者按，指《异闻录》）所收五则，《太平广记》多收入《纂异记》中，《异闻录》乃其异名。《纂异记》，一卷，唐李玫撰。今依《太平广记》校。"见第 589 页。［明］周婴《卮林》卷一〇"二陈季卿"条："江南进士，乘竹叶舟还家，见《纂异记》。"《百孔六帖》卷一一亦引录。

③ 参考《全唐五代词》作者小传，下册第 1024 页。

山翁以竹叶舟助其实现归乡之愿。竹叶舟显系道教坐骑传说一类。

以竹子为坐骑的传说，早在汉魏时期即有，如费长房骑竹成龙。佛教也有达摩一苇渡江的传说。经过南朝的发展，唐代崇道氛围里可作坐骑的植物很多。如李峤《桂》诗云："未植蟾宫里，宁移玉殿幽。枝生无限月，花满自然秋。侠客条为马，仙人叶作舟。愿君期道术，攀折可淹留。"桂条为马、桂叶作舟。李峤年辈较早，卒于开元二三年间（714—715）①。可见陈季卿竹叶舟传说之前已经流行仙人桂叶舟。再如皮日休《奉和鲁望药名离合夏月即事三首》其二："数曲急溪冲细竹，叶舟来往尽能通。草香石冷无辞远，志在天台一遇中。"南溟夫人《题玉壶赠元柳二子》："来从一叶舟中来，去向百花桥上去。若到人间扣玉壶，鸳鸯自解分明语。"②可见唐代普遍流行叶舟通仙境的传说。

竹叶舟的出现，当源于道教对竹子的崇拜，进而使其具备飞行、坐骑、渡水工具等功能。竹叶之能渡水为舟，还需要仙人符咒。如吕岩《水龙吟》云："目前咫尺长生路。多少愚人不悟。爱河浪阔，洪波风紧，舟船难渡。略听仙师语。到彼岸只消一句。炼金丹、换了凡胎浊骨，免轮回，三途苦。"③

竹叶舟的出现，当还涉及传统观念中竹子与舟船的密切联系。首先是以竹为舟。竹性易浮，古人早有认识。《淮南子·齐俗训》云："夫竹之性浮，残以为牒，束而投之水则沉，失其体也。"制为竹筏比造船更为简便易行，如"森沈邱壑，即是桃源；淼漫平流，还浮竹箭"④。

---

① 参考傅璇琮主编《唐才子传校笺》，中华书局1987年版，第1册第120页。
② 《全唐诗》卷八六三，第24册第9758页。
③ 《全唐五代词》，下册第1297页。
④ ［唐］高宗武皇后《夏日游石淙诗序》，《全唐文》卷九七，第1册第1003页下栏右。

孔子说："道不行，乘桴浮于海。"注云："桴，编竹木大者曰筏，小者曰桴。"①神话传说中，大竹可为舟。《山海经·大荒北经》："丘南帝俊竹林在焉，大可为舟。"②袁珂《山海经校注》引郝懿行云："《初学记》引《神异经》云：'南方荒中有沛竹，其长百丈，围二丈五六尺，厚八九寸，可以为船。'《广韵》引《神异经》云：'筛竹一名太极，长百丈，南方以为船。'《玉篇》云：'筹竹长千丈，为大船也；生海畔。'即此类。"③可见早期神话多有大竹一节可为船的传说。值得注意的是急流浮竹的速度，"下龙门，流浮竹，非驷马之追也"④。

其次是舟与竹叶之间的联想，即所谓竹叶扁舟。也有其他植物叶子与舟船的联想比附，如"松花酒熟傍看醉，莲叶舟轻自学操"（[唐]郭受《寄杜员外》），但都不如竹叶普遍。竹叶浮水如船行，形象更类似，如"仆折松枝通夹溜，儿编竹叶学行舟"（赵崇森《漏屋雨》）⑤、"忽抛竹叶平波上，顺水行帆岂异斯"（《泉上六咏·泉风》）⑥，因此更容易引起联想。远望舟船如叶的视觉印象也可能是重要原因，如"烟帆一叶舟"（卢楠《和于中丞登越王楼作》）⑦。所以见到小舟就会想起竹叶，如"扁舟如竹叶"（冯时行《江行书事》）⑧、"舟如竹叶信浮沉"（范成大《十一月大雾中自胥口渡太湖》）⑨，都是形容舟小如竹叶。也常省称"竹叶""叶

① 李学勤主编《论语注疏》卷五《公冶长》，第 57 页。
② 《山海经校注》，第 419 页。
③ 《山海经校注》，第 420 页。
④ 《水经注校证》卷四《河水》引《慎子》，第 102 页。
⑤ 《全宋诗》第 38 册第 23717 页。
⑥ [清]高宗弘历撰，[清]蒋溥、于敏中、王杰等编《御制诗三集》卷九六，《影印文渊阁四库全书》1306 册第 842 页下栏右。
⑦ 《全唐诗》卷五六四，第 17 册第 6547 页。
⑧ 《全宋诗》，第 34 册第 21606 页。
⑨ 《全宋诗》，第 41 册第 25939 页。

舟""竹舟"等，如"耒水波文细，湘江竹叶轻"（元稹《哭吕衡州六首》其六）、"叶舟旦旦浮，惊波夜夜流"（薛道衡《敬酬杨仆射山斋独坐》）、"晚风吹竹舟，花路入溪口"（綦毋潜《春泛若耶留题云门寺》）。

由于陈季卿竹叶舟故事的影响，归乡成为竹叶舟之典的重要内涵。如：

> 陈郎浮竹叶，著我北归人。（黄庭坚《题燕邸洋川公养浩堂画二首》其二）[1]

> 竹叶舟前客念家，慈云瓮里事如麻。（陈造《书南柯太守曲后二首》其二）[2]

> 何因径作江南梦，泛取图中竹叶归。（刘弇《三用前韵酬达夫》其五）[3]

> 一缘竹叶泛归梦，别兴斗与淮云高。（刘弇《送陈师益还建安》）[4]

无论是送人还是自叙，无论是观画浮想还是现实作别，竹叶舟归乡内涵的接受是明确的。陈季卿竹叶舟传说正是基于唐代士子久客他乡的现实境况以及便利的水运交通方式。岑参《还东山洛上作》："春流急不浅，归枻去何迟。愁客叶舟里，夕阳花水时。云晴开螮蛛，棹发起鸬鹚。莫道东山远，衡门在梦思。"我们在唐诗中可以找到很多类似表述："叶舟烟雨夜，之子别离心"（武元衡《夏日别卢太卿》）、"谁忍持相忆，南归一叶舟"（杨凌《梅里旅夕》）、"万里风波一叶舟，忆归初罢更夷犹"（李商隐《无题》）、"望断长川一叶舟，可堪归路更沿流"（罗

---

① 《全宋诗》，第 17 册第 11597 页。
② 《全宋诗》，第 45 册第 28208 页。
③ 《全宋诗》，第 18 册第 12037 页。
④ 《全宋诗》，第 18 册第 11996 页。

邺《春江恨别》)，韦庄更感慨："陶潜政事千杯酒，张翰生涯一叶舟。若有片帆归去好，可堪重倚仲宣楼。"(《江边吟》) 可见舟船与离怀乡思已牵系一处。这种离情归思与现实阻隔的矛盾，在竹叶舟传说中得以解决。

仙境经历是竹叶舟传说成立的题中之义。如沈周《送方水云》："一个仙舟竹叶风，不知南北与西东。世人若欲追行迹，或在长安酒市中。"[1]后代借以表达类似梦境或仙境的经历，

图33　[宋]佚名《莲舟仙渡图》。(此图原载《烟云集绘册》(见《石渠宝笈续编》)。签题钟师绍作。按《宣和画谱》(卷六)："钟师绍，蜀人也。妙丹青，画道释人物犬马颇工。"但他是唐代的人。此画作风类北宋画院中人，当非他所作。故以无名氏流传)

如"邯郸囊中枕，径渡竹叶舟"(陈棣《次韵陈季陵记梦》)[2]、"暂来忽去都如梦，疑是陈卿竹叶船"(范成大《周畏知司直得湖南帅属过吴门复用己丑年倡和韵赠别》)[3]。因陈季卿通过《寰瀛图》归乡，因此又与画有关，如"嗟余老作汗漫游，寒光飞动六月秋。乃知瞿塘在平陆，安得竹叶吹成舟"(林景熙《毗陵太平院壁间画山水熟视之有

———————————————
① 《御选明诗》卷一〇六，《影印文渊阁四库全书》第 1444 册第 594 页上栏左。
② 《全宋诗》第 35 册第 22015 页。
③ 《全宋诗》第 41 册第 25845 页。

飞动势殆仙笔也因题》）①。

由归乡内涵延伸而具归隐之义，如"谁能为我幻竹叶，顷刻泛宅归沧浪"（王孝严《舫斋》）②、"庭间竹叶可舟楫，羽衣生云归去来"（虞集《天台图》）③、"竹叶若来往，桃源当甲乙。曾经晋人隐，喜脱尘网密"（张公药《许下三庚剧暑甚于他州，怀思故乡峄山山水，真清凉境界也，感而作诗》）④，都是归隐心态的流露。如"泪粉匀开满镜愁，麝煤拂断远山秋。一痕心寄银屏上，不见人来竹叶舟"（朱淑真《闷书》）⑤，此借竹叶舟寄托情郎归来的愿望。不能实现愿望也就成了竹叶难为舟，如"高歌共举梅花酿，好梦难逢竹叶舟"（吴绮《王汲公招饮八境台即席书赠》）⑥。由《异闻录》发展而来的传说，其影响不仅局限于诗文，也波及其他文学样式，如元杂剧有范康《陈季卿误上竹叶舟》。

第四节　扫坛竹：道教成仙与房中的象征

扫坛竹意象首见于晋代，历南北朝至唐宋，山经地志及诗文中不断出现，宋以后文学作品中已少见，仅存留于方志。据收载扫坛竹的类书及方志，足见其在南朝及唐宋的流行及分布情况：西自巴蜀，中经两湖

---

① 《全宋诗》，第 69 册第 43507 页。

② 《全宋诗》，第 48 册第 30348 页。

③ ［元］虞集撰《道园遗稿》卷二，《影印文渊阁四库全书》第 1207 册第 729 页上栏左。

④ ［金］元好问编《中州集》卷二，中华书局 1959 年版，第 86 页。

⑤ 《全宋诗》，第 28 册第 17976 页。

⑥ ［清］吴绮撰《林蕙堂全集》卷一九，《影印文渊阁四库全书》第 1314 册第 585 页上栏左。

皖赣，东到江浙，沿长江流域一线名山多有扫坛竹，所谓"参差岭竹扫危坛"（苏味道《嵩山石淙侍宴应制》）。扫坛竹是特定历史时期和特定地域的文化现象，其产生、流传、内涵及影响等都有待探索。据笔者有限的见闻，仅孙作云、麻国钧、王纯五等少数学者有所涉及[①]，未见专文系统阐发。现钩稽相关记载，试为考述。

一、扫坛竹的意象构成及与道教的关系

扫坛竹各传说的共同点在于有竹（一竿、两竿或竹林）有坛（别称甚多，如石床、仙坛、仙石、盘石等）。其中"坛"应是指道教法坛。《说文》："坛，祭坛场也。"段注："封土曰坛，除地曰墠。"[②]"在史籍道经中，称祭坛为玉坛、瑶坛、灵坛、仙坛、金坛、杏坛、碧坛、天坛，此美称在诗文中最为常见。"[③]扫坛竹传说中也多此类名称。神仙教道士认为金液、还丹能使人成仙，因此不惜代价炼制。葛洪晚年带领家族成员和弟子远赴广东罗浮山，即是为取得丹砂炼制还丹[④]。炼丹道士常选择名山胜地，安静清洁之所，作屋立坛，安炉置鼎。

道教的斋醮科仪活动，通过与神灵沟通的特殊方式，达到通灵招神和祈福祛灾的目的，"坛"在其中起着重要作用，所谓"坛场之所，

---

① 参见孙作云《〈九歌〉山鬼考》，《〈楚辞〉研究》（下），河南大学出版社 2003 年版，第 488 页；麻国钧《竹崇拜的傩文化印迹——兼考竹竿拂子》，《民族艺术》1994 年第 4 期。王纯五《本竹治小考》，《宗教学研究》1996 年第 2 期；王纯五著《天师道二十四治考》，四川大学出版社 1996 年版；龙腾《本竹山本竹治略考》，《成都文物》2005 年第 3 期。

② 《说文解字注》，第 693 页上栏左。

③ 张泽洪《论道教斋醮仪礼的祭坛》，《中国道教》2001 年第 4 期，第 17 页左。

④ 《晋书·葛洪传》载："以年老，欲炼丹以祈遐寿，闻交阯出丹，求为句漏令。帝以洪资高，不许。洪曰：'非欲为荣，以有丹耳。'帝从之。洪遂将子侄俱行。至广州，刺史邓岳留不听去，洪乃止罗浮山炼丹。"

上下之神"（《国语·楚语下》），如《太平御览》卷一七〇七记载汉武帝于元封二年（前109年）在甘泉宫建通天台，高三十丈，"舞八岁童女三百人，置祠具招仙人，祭天已，令人升通天台以候天神"①。

桓谭《仙赋》描写仙人王乔、赤松等"乘凌虚无，洞达幽明"，"周览八极，还崦华坛"。华坛即集灵宫。《汉书·地

图34　［五代］周文矩《仙女乘鸾图》。

（绢本，设色。纵22.7厘米，横24.6厘米。周文矩，五代南唐画家。建康句容（今江苏省句容市）人。生卒年代不详）

理志》华阴县下云："太华山在南有祠，豫州山。集灵宫，武帝起，莽曰华坛。"②东汉《华山碑》曰："孝武皇帝修封禅之礼，思登假之道，巡省五岳，禋祀丰备。故立宫其下，宫曰集灵宫，殿曰存仙殿，门曰望仙门。""宫在华山下，武帝所造，欲以怀集仙者王乔、赤松子，故名殿名'存仙'"（桓谭《仙赋》）。桓谭因从孝成帝出祠甘泉、河东，见集灵宫而作此赋。

再如《新唐书》卷一〇九《王玙传》云："唐家仙系，宜崇表福区，

① 转引自谭帆《论宋代神庙剧场》，见氏著《中国雅俗文学思想论集》，中华书局2006年版，第303页。
② 《汉书》卷二八上，第6册第1543—1544页。

招致神灵。请度昭应南山作天华上宫、露台、大地婆父祠。"①也以露台（坛）招致神灵。《南岳小录》载：

> 天柱峰，其形似柱，因以为名，亦名柱括峰。下有魏夫人石坛，或云魏夫人在此处得道。②

> 九仙宫，本张真人名始珍所居，有石坛，方阔丈余。梁天监三年，有仙者八人迎张真人于石坛上，同升天去。③

可见坛是升仙得道之所。坛也是斋醮仪式中投金简之所。如《南岳小录》云："朱陵洞，即三茅洞天，在九仙宫正西三里，有石岩，下有平石，方二丈，是旧时投金简之所，传云朱陵洞之东门也。"④邹登龙《入投龙洞》也云："行入投龙洞，青青见竹竿。暮云生道树，夜月满仙坛。枯藓沿崖古，长松绕洞寒。三生清净福，独此愧黄冠。"⑤

诗文中写到道士多提及坛，如王勃《秋日仙游观赠道士》："雾浓金灶静，云暗玉坛空。"⑥李颀《题卢道士房》："空坛静白日，神鼎飞丹砂。"⑦而提到仙人也常借坛来表现，如李白《寄王屋山人孟大融》："愿随夫子天坛上，闲与仙人扫落花。"⑧李益《入华山访隐者经仙人石坛》："仙人古石坛，苔绕青瑶局。"⑨石坛因此具有特定内涵，如"朝真石

---

① ［宋］欧阳修、宋祁撰《新唐书》卷一〇九《王玙传》，中华书局 1975 年版，第 13 册第 4108 页。

② ［唐］李冲昭撰《南岳小录》"五峰"条，《影印文渊阁四库全书》第 585 册，第 4 页下栏右。

③ ［唐］李冲昭撰《南岳小录》"九仙宫"条，第 7 页上栏右。

④ ［唐］李冲昭撰《南岳小录》"朱陵洞"条，第 9 页上栏左。

⑤ 《全宋诗》，第 56 册第 35020 页。

⑥ 《全唐诗》卷五六，第 3 册第 680 页。

⑦ 《全唐诗》卷一三二，第 4 册第 1346 页。

⑧ 《全唐诗》卷一七二，第 5 册第 1769 页。

⑨ 《全唐诗》卷二八二，第 9 册第 3206 页。

坛峻,炼药古井深"①,古井与炼丹、朝真与石坛分别对应。再如赵蕃《郑仲理送行六首》之二:"欢然诸友相忘意,不叩仙坛与佛扉。"②"仙坛"与"佛扉"并举,可见"仙坛"已成为体现道教特定内涵的象征物。总之,斋坛已经成为道教修炼或成仙的象征物。

汉魏六朝小说大多旨在"发明神道之不诬"③,

图35　咸阳凤凰台,传说秦穆公的幼女弄玉和箫史吹箫引凤至此。(杨波海摄,参见《凤凰台——咸阳古城明珠》,《咸阳日报》2010年9月22日第3版)

"各种遇仙故事的创作、传播都是为了证明仙人确实是存在的,宗教的目的和动机大大超过了文学创作上的意义"④。杜兰香欲度张硕仙去,"初降时,留玉简、玉唾盂、红火浣布,以为登真之信焉"⑤。《神仙传》载淮南王"(刘)安仙去分明,(武帝)方知天下实有神仙也","时人传八公、(刘)安临去时,余药器置在中庭,鸡犬舐啄之,尽得升天,

① 朱熹《奉同尤延之提举庐山杂咏十四篇·简寂观》,《全宋诗》第44册,第27612页。
② 《全宋诗》,第49册第30840页。
③ 《搜神记》卷首干宝《搜神记序》,第2页。
④ 孙逊、柳岳梅《中国古代遇仙小说的历史演变》,《文学评论》1999年第2期,第69页。
⑤ 《太平广记》卷六二"杜兰香"条,第2册第387页。

故鸡鸣天上，犬吠云中也"①，也有示信之物。扫坛竹传说也有这样成仙后的遗留物，如：

霍童山，高约七里，顶平，可坐百人，昔吴郡人邓元盐、官人褚伯玉、沛国王玄甫于此授青精饭，飡白霞丹景之法，见五藏，夜中能书，僧法权、法群及其童子亦于此得道。上有泉名甘露，服之延年。有石行廊三十余步。石室颇深广。石桥横跨半空。有石臼、石盆、石盂，皆天成。石坛旁生竹一枝，遇风则能自扫坛上。西北有玉镜碧色，鹊尾香炉在焉。(《淳熙三山志》卷三八)②

世传秦始皇遣卢生入海求神仙药不获，卢与侯生谋隐入邵陵云山。今山有侯仙迹、卢仙影、秦人古道、炼丹井、飞升台、扫坛竹，皆其遗迹。(《明一统志》卷六三"长沙府")③

以上记载，尽管附会的成仙对象有所不同，其间求仙、成仙的内容则一。成仙后有遗留物石臼、盆盂、香炉及炼丹井、飞升台、扫坛竹等，既表明已经飞升仙去，又暗示成仙前的修炼活动，体现了典型的道教仙术色彩。

很多扫坛竹传说并无其他升仙示信物，但都提到修炼或成仙。如《明一统志》："葛仙坛，在萍乡县罗霄山颠，即晋葛洪修炼处，坛生二竹，

---

① 《太平广记》卷八"刘安"条，第1册第53页。
② ［宋］梁克家撰《淳熙三山志》卷三八，《影印文渊阁四库全书》第484册，第573页。
③ 《明一统志》卷六三"长沙府"，《影印文渊阁四库全书》第473册，第350页上栏右。

风动如扫,人谓之扫坛竹。"①提到葛洪于其地修炼。《明一统志》又载:"仙坛山,在平阳县治东,上有平石,方十余丈,号仙坛,其旁有竹林,风来成韵,垂扫坛上,殊无尘箓,号扫坛竹。相传昔有道人却粒于此,又名仙石。"②明言其地有道人成仙。《神仙传》:"(苏仙公) 母年百余岁,一旦无疾而终。乡人共葬之,如世人之礼。葬后,忽见州东北牛脾山紫云盖上,有号哭之声,咸知苏君之神也……先生哭处,有桂竹两枝,无风自扫,其地恒净。"③这又是成仙后通过扫坛竹显灵。种种成仙或显灵迹象无非是道教徒自神其术。《云笈七签》卷一〇二引《洞玄本行经》云:"南极尊神者,本姓皇,字度明,乃阎浮黎国宛王之女也……王知其意,乃于宫中为踊土作山,山高百丈,种植竹林,山上作台,名曰寻真玉台。度明弃于宫殿,登台栖身,遮遏道径,人不得通,单影独宿,一十二年,积感昊苍。天帝君遣朱宫玉女二十四人,乘云驾凤,下迎度明。"④于竹林中为台,并感动天帝而成仙,其竹也是扫坛竹。总之,扫坛竹与道教成仙有关。

二、竹的道教功能与扫坛竹的内涵

既与修仙有关,何预竹事?自始皇、汉武以来,神仙之说愈演愈烈,神仙信仰得到发展。桃、杏、松、桂、菊等都沾上道教仙气,成为灵异植物。即以涉及道教之坛者略举数例,如卢纶《酬畅当寻嵩山麻道

---

① 《明一统志》卷五七"瑞州府",《影印文渊阁四库全书》第 473 册,第 175 页下栏右。
② 《明一统志》卷四八"温州府",《影印文渊阁四库全书》第 472 册,第 1110 页上栏左。
③ 《太平广记》卷一三"苏仙公"条,第 1 册第 91—92 页。
④ 《云笈七签》卷一〇二"南极尊神纪"条,《影印文渊阁四库全书》第 1061 册,第 182 页。

士见寄》:"阴洞石床微有字,古坛松树半无枝。"①顾况《崦里桃花》:"崦里桃花逢女冠,林间杏叶落仙坛。"②姚合《游昊天玄都观》:"阴径红桃落,秋坛白石生。藓文连竹色,鹤语应松声。"③竹子得预其选,也是道教灵异植物。

斋坛的构造也用到竹子。《上清灵宝大法》描述斋坛:

> 或垒以宝砖,或砌以文石,或竹木暂结,或筑土创为,务合规矩,以崇朝奏之礼。或露三光之下,以达至诚;或以天宝之台,取法上境,建斋行道以为先。于中列太上三尊之象,如朝会玉京山也。坛上下四重栏楯,天门地户飞桥等,务在精好。纂作瑞莲之状,或八十一、或七十二、或六十四,随坛广狭,设之竹木,为之束茅,表像亦可,为延真之所也。④

可见竹子或作建筑材料,或树之表象,目的是为了营造延真氛围。唐代还有这种斋坛构造,如杨衡《宿青牛谷》:"随云步入青牛谷,青牛道士留我宿。可怜夜久月明中,唯有坛边一枝竹。"用于斋坛可能是形成扫坛竹传说的重要原因,所以斋坛也称竹坛,如"竹坛秋月冷,山殿夜钟清"(钱起《宴郁林观张道士房》)。除用于斋醮科仪,竹子还有多方面的道教崇拜内涵,以下仅就与扫坛竹有关的内容试为论述:

(一)竹子是洁净辟秽的灵物

涉道诗多写到扫坛,如殷尧藩《中元日观诸道士步虚》:"扫坛天

---

① 《全唐诗》卷二七六,第 9 册第 3138 页。
② 《全唐诗》卷二六七,第 8 册第 2970 页。
③ 《全唐诗》卷五〇〇,第 15 册第 5686 页。
④ 《道藏》,第 31 册第 439 页。

186

地肃，投简鬼神惊。"①项斯《题太白山隐者》："扫坛星下宿，收药雨中归。"②郑谷《终南白鹤观》："终期扫坛级，来事紫阳君。"③可见修炼者严肃认真的态度。他们扫坛的目的是渴望飞升，所谓"扫神坛以告诚，荐珍馨以祈仙"（班固《终南山赋》）。扫坛使洁净，和道教丹灶炉鼎的修炼有密切关系。黄勇论述：

> 在道教经典中，修道者进入仙山洞天之前必须要进行一系列严格的宗教仪式后才可进入，比如斋戒就是一道必经的程序。葛洪认为，入山之前必须"先斋百日，沐浴五香，致加精洁，勿近秽污"（《抱朴子·金丹》）。"凡人入山，皆当斋戒七日，不经污秽"（《抱朴子·登陟》）。《紫阳真人内传》则认为进入洞天之前必须"退斋三月"，陶弘景也强调要寻找仙境须"勤斋戒寻之"，"自非清斋久洁，索不可得"。④

斋戒在道教修炼中如此重要，而竹子及竹制扫帚是洁具，用于炼制丹药前的斋戒活动中，是扫坛必需之物。竹帚扫坛，既简便易得又经久耐用。故戴凯之《竹谱》云："物各有用，扫之最良。"⑤唐人诗文中多有描述，如薛能《寄终南隐者》："扫坛花入篲，科竹露沾衣。"⑥"科竹"即修剪竹子，用于扫坛。再如"采薇留客饮，折竹扫仙坛"（厉元《送顾非熊及第归茅山》）⑦、"开坛竹耸，抱剑

① 《全唐诗》卷四九二，第 15 册第 5566 页。
② 《全唐诗》卷五五四，第 17 册第 6410 页。
③ 《全唐诗》卷六七四，第 20 册第 7718 页。
④ 黄勇著《道教笔记小说研究》，四川大学出版社 2007 年版，第 169 页。
⑤ ［晋］戴凯之撰《竹谱》，《影印文渊阁四库全书》第 845 册，第 178 页上栏右。
⑥ 《全唐诗》卷五五八，第 17 册第 6470 页。
⑦ 《全唐诗》卷五一六，第 15 册第 5898 页。

图36 [明]张路《吹箫女仙图》。（绢本，墨笔。纵141.3厘米，宽91.8厘米。北京故宫博物院藏。张路（1464—1538），字天驰，号平山，祥符（今河南开封）人）

松抽"（郑惟忠《古石赋》）①。扫除污秽，也就与仙界相通，所谓"扫除方寸间，几与神灵通"（李栖筠《张公洞》）②。

竹帚扫除污秽的作用与斋戒的洁净要求相符合，还缘于竹子的辟秽功能。《真诰》曰："既除淹秽，又辟湿痹疮，且竹清素而内虚，桃即折邪而辟秽，故用此二物以消形中之滓浊。"③可见道教修炼对清净的讲究和竹子的辟秽作用。

因此，道士修炼多在有竹之山，如《太平寰宇记》："盖竹山，在县东三十一里。高九百丈，周回一百里。《抱朴子》云：'余山不可合神丹金液，有山精木魅，多坏人药。唯有大小台、华山、

少室、盖竹等山，一作可成。'"④《神仙传》载："后弟子见（介）象

---

① 《全唐文》卷一六八，第 2 册第 1722 页上栏右。
② 《全唐诗》卷二一五，第 6 册第 2246 页。
③ 《云笈七签》卷四五《秘要诀法》"解秽汤方第六"条，《影印文渊阁四库全书》第 1060 册，第 487 页上栏左。
④ 《太平寰宇记》卷九八，第 4 册第 1964 页。

在盖竹山中，颜色更少焉。"①

苦竹山也能修炼，如《元丰九域志》："苦竹山：银瓮，昔有仙人居是岩炼药，既成而去，遗此瓮，人或上山观之，则失其处，及下望，复见之。"②缘于竹子的洁净与辟秽功能，竹帚甚至成为仙人的随身灵物和仙境的象征物，如郑獬《竹》："截来好作仙翁帚，独倚扶桑扫白云。"③崔融《嵩山启母庙碑》："竹帚临风，自隔嚣尘之境。"④

竹之扫坛，靠的是风而不是人，如庾肩吾《咏风诗》云："扫坛聊动竹，吹薤欲成书。"⑤"扫坛竹"承载了竹子洁净和辟秽的功能，多突出扫坛的洁净效果，体现的是仙术与神秘：

阳羡县（今江苏宜兴）有袁君冢，坛边有数株大竹，并高二三丈。枝皆两披，下扫坛上，常洁净也。（晋周处《风土记》）⑥

佷山县（今湖北长阳县）方山有灵祠，祠中有特生一竹，丰美高危，其杪下垂。忽有尘秽，起风动竹，拂荡如扫。（晋袁山松《宜都山川记》）⑦

自西陵东北陆行百二十里有方山，其岭四方，素崖如壁。天清朗时，有黄影似人像。山上有神祠场，特生一竹，茂好，其标垂场中。场中有尘埃，则风起动此竹，拂去如洒扫者。（袁

---

① ［晋］葛洪撰、钱卫语释《神仙传》卷九"介象"条，第 247 页。
② 《元丰九域志》卷九，《影印文渊阁四库全书》第 471 册第 211 页上栏右。
③ 《全宋诗》，第 10 册第 6892 页。
④ 《全唐文》卷二二〇，第 3 册第 2222 页上栏左。
⑤ 《先秦汉魏晋南北朝诗》梁诗卷二三，下册第 1997 页。
⑥ 《齐民要术校释》，第 633 页。
⑦ 《太平御览》卷九六二，《影印文渊阁四库全书》第 901 册，第 525 页上栏左。

山松《宜都记》）①

　　昆山去芜城山十里，山峰岭高峻，常秀云表。故老传云，岭上有员池，鱼鳖具有。池边有竹极大，风至垂屈扫地，恒净洁，如人扫也。（南朝宋郑缉之《东阳记》）②

以上四例几乎都是一旦有尘秽竹即能随风自扫，而效果则"如人扫之"、使坛"恒洁"。反之则是"无尘从不扫"③。

因为竹子的洁净作用，修炼者常能得道升仙。有的扫坛竹传说未言扫坛使洁净，但出现了坛、丹灶及炼丹井等，也可在这一意义上看，如岑文本《京师至德观法王孟法师碑铭》："丹灶留烟，仙坛余竹。"④再如《花史》："桂东万玉城世传王曾寓此，阶砌尚存，旁有修竹数竿，日夕自仆扫其地而复立。"⑤此处既没有坛、丹灶等道教修炼象征物，也未出现仙人，但修竹"自仆扫其地而复立"，具有灵异功能，也可见扫坛竹的影子。

（二）竹子具有降神升仙的音乐功能

竹子与音乐天然有联系，是乐律"八音"之一，还可制乐器箫、笙、笛等。"孤竹在肆，然后降神之曲成。"⑥竹制乐器具有神奇的音乐效果，甚至能招来凤凰使人骑乘成仙，如《列仙传》："萧史者，秦穆公时人也。

---

① 《艺文类聚》卷七，上册第 122 页。

② 《初学记》卷二八，第 3 册第 695 页。亦见《太平御览》卷九六二、《山堂肆考》卷二〇二。

③ ［唐］韩愈《奉和虢州刘给事使君三堂新题二十一咏·竹径》，《全唐诗》卷三四三，第 10 册第 3849 页。

④ 《全唐文》卷一五〇，第 2 册第 1533 页上栏右。

⑤ ［清］汪灏等撰《御定佩文斋广群芳谱》卷八二，《影印文渊阁四库全书》第 847 册第 276 页下栏。

⑥ 《晋书》卷六九《戴若思传》引陆机语，第 6 册第 1846 页。

善吹箫，能致孔雀、白鹤于庭。穆公有女字弄玉，好之，公遂以女妻焉。日教弄玉吹箫作凤鸣，居数年，吹似凤声，凤凰来止其屋。公为作凤台，夫妇止其上，不下数年。一旦，皆随凤凰飞去。故秦人为作凤女祠于雍宫中，时有箫声而已。"①故事中箫是竹制成，凤是箫引来，人已仙去，祠中还"时有箫声"，留下音乐"示现"。

萧史弄玉故事在后代传播中不断强化"人已飞升，仙乐长留"情节，如《水经注》："雍宫世有箫管之声焉。今台倾祠毁，不复然矣。"②《神仙传拾遗》中则加进仙坛："秦为作凤女祠，时闻箫声。今洪州西山绝顶，有萧史石仙坛、石室，及岩屋真像存焉，莫知年代。"③这种"人已飞升，仙乐长留"情节也被"扫坛竹"传说吸收，如：

> 临贺谢休县东山有大竹数十围，长数丈。有小竹生旁，皆四五尺围。下有盘石，径四五丈，极高，方正青滑，如弹棋局。两竹屈垂，拂扫其上，初无尘秽。未至数十里，闻风吹此竹，如箫管之音。（南朝宋盛宏之《荆州记》）④

> 阳屿有仙石山，顶上有平石，方十余丈，名仙坛。坛陬辄有一筋竹，凡有四竹，葳蕤青翠，风来动音，自成宫商。石上净洁，初无粗箨。相传云，曾有却粒者于此羽化，故谓

① 李剑国辑释《唐前志怪小说辑释》，上海古籍出版社 1986 年版，第 74 页。
② 《水经注校证》卷一八"渭水"，第 441 页。
③ 《太平广记》卷四"萧史"条，第 1 册第 25—26 页。
④ 《齐民要术校释》，第 633 页。

之仙石。（南朝宋郑缉之《永嘉记》）①

都是只闻仙乐，不见仙人，暗示人已仙去，可见仙乐也成了升仙的示信之物。事实上，六朝志怪小说中流传着"拊一弦琴则地祇皆升，吹玉律则天神俱降"②的观念。

洁净和仙乐二者兼具，竹子无疑是首选植物之一。神仙世界中，竹子除扫尘之外，还能因风飘拂，自成音韵，这很早就见于文献，如《三辅黄图》记载，蓬莱山"有浮云之干，叶青茎紫，子如大珠，有青鸾集其上。下有砂砾，细如粉，柔风至，叶条翻起，拂细砂如云雾，仙者来观而戏焉。风吹竹叶，声如钟磬"③。此两例皆叙仙境，竹子虽非扫坛，却都随风自生音乐，并有仙人来"观而戏"。再如：

> 吴兴柳归舜，隋开皇二十年，自江南抵巴陵，大风吹至君山下。因维舟登岸，寻小径，不觉行四五里，兴酣，逾越磎涧，不由径路。忽道傍有一大石，表里洞彻，圆而砥平，周匝六七亩。其外尽生翠竹，圆大如盎，高百余尺。叶曳白云，森罗映天。清风徐吹，戛为丝竹音。④

柳归舜所至为仙境，石旁生竹，为扫坛竹，所生"丝竹音"即是仙乐。这一类没有明言扫坛的"扫坛竹"，通过音乐暗示仙境。这种表述模

---

① 《艺文类聚》卷八九，下册第 1551 页。是书为南朝刘宋（420—479）郑缉之作。《太平御览》卷九六三、李衎《竹谱详录》卷八"箭竹"条皆引作《永嘉郡记》，文字略同。《白孔六帖》卷一〇〇"扫坛"条："《永嘉记》：小江缘岸有仙石坛，有竹婵娟青翠，风来枝动，扫石坛，坛上无尘也。"此为类书列"扫坛"词条之始。

② ［晋］王嘉撰，孟庆祥、商微姝译注《拾遗记》卷二，黑龙江人民出版社1989 年版，第 52 页。

③ 陈直校证《三辅黄图校证》卷四"池沼"条，第 97—98 页。

④ 《太平广记》卷一八"柳归舜"条引《续玄怪录》，第 1 册第 122 页。

式与道教传说的神秘性有关。正如葛洪《神仙传·序》所云："神仙幽隐，与世异流，世之所闻者，犹千不及一者也。"①既然仙人如神龙见首不见尾，那么其存在或升仙就最好通过暗示来表现。其实，道教传说中的仙乐与吹箫成仙可能都与竹子有关。

（三）竹子具有沟通仙凡等功能

竹子沟通仙境与人境的神化功能也是形成扫坛竹的重要因素。《水经注·庐江水》："湖中有落星石，周回百余步，高五丈，上生竹木。传曰：有星坠此，因以名焉。"②如果联系古代以为非凡人物是天上星宿下凡的传说，则此处石上竹木似乎起了沟通仙凡的作用。但扫坛竹传说更多的不是下凡，而是升仙。《后汉书·费长房传》载，费长房从仙人壶公入深山学道，后"长房辞归，翁与一竹杖，曰：'骑此任所之，则自至矣。既至，可以杖投葛陂中也。'……长房乘杖，须臾来归"③。故事中竹杖为龙之化身，而龙能腾云升天，竹化龙故能乘骑成仙。所以称道教修炼者是"丹灶犹存，龙升万里"（张鸷《仙都山铭》）④。

萧史弄玉故事中箫能引凤，乘之升天，也体现了竹（箫）的神化作用。流传中情节不断变化，竹子的作用也得到强化，逐渐加进竹（箫）化龙（或引龙）的情节⑤。如《神仙传拾遗》云："公为作凤台，夫妇

---

① ［晋］葛洪撰、钱卫语释《神仙传·神仙传原序》，第 4 页。

② 《水经注校证》卷三九"庐江水"，第 925 页。

③ 《后汉书》卷八二下《方术列传》，第 10 册第 2744 页。

④ 《全唐文》卷七一六，第 8 册第 7366 页上栏右。

⑤ 如萧纲《筝赋》："江南之竹，弄玉有鸣凤之箫焉；洞阴之石，范女有游仙之磬焉。"出现了竹子。丁腹松《璇玑图诗序》："难同弄玉，双吹凤竹以游仙；翻羡王章，共卧牛衣而洒泣。"（《影印文渊阁四库全书》本《陕西通志》卷九三）［元］张宪《秦台曲》："层台五百尺，下瞰长安中。人言秦王女，学仙此成功。弄玉跨彩凤，萧史骑赤龙。双吹紫箫去，千载永无踪。惟留鸳鸯梦，万枕魇愚蒙。"都说萧史弄玉双双吹箫，后一则也出现了龙。

止其上，不饮不食，不下数年。一旦，弄玉乘凤，萧史乘龙，升天而去。秦为作凤女祠，时闻箫声。"①萧史弄玉故事中箫、凤凰（凤声）、龙都与竹有关，又因为凤台之台与坛同类的缘故，也附会成了扫坛竹。《云笈七签》载王奉仙，"一日将夕，母氏见其自庭际竹杪坠身于地"②，更表明竹无须化龙，而具有直接沟通人间与仙境的桥梁作用。

除临坛而扫外，竹还垂拂天门。《水经注》曰："吴永安六年，武陵郡嵩梁山，高峰孤竦，素壁千寻，望之岧亭，有似香炉。其山洞开，玄朗如门，高三百丈，广二百丈，门角上各生一竹，倒垂下拂，谓之天帚。孙休以为嘉祥，分武陵置天门郡。"③"所谓'天门''阊阖'传说，汉魏以来流布已经相当普及。"④四川简阳鬼头山东汉岩墓 3 号石棺画有石阙，镌刻"天门"二字；巫山东汉墓出土的鎏金铜牌饰件，上有双钩笔法隶书"天门"二字；长沙马王堆西汉墓葬出土的彩绘帛画，将世界分成地下、人间、天上三界，天上的天门有两位帝阍守护，从这些实物可推知古代天门观念的"核心便是升天成仙思想"⑤。《太平经》

---

① 《太平广记》卷四"萧史"条，第 1 册第 25—26 页。
② 《云笈七签》卷一一六"王奉仙"条，《影印文渊阁四库全书》第 1061 册，第 358 页上栏左。
③ 《水经注校证》卷三七"澧水"，第 867 页。《太平御览》卷四九引［南朝宋］盛弘之《荆州记》及《太平御览》卷一八三引盛弘之《荆州图记》略同。
④ 王子今著《门祭与门神崇拜》，上海三联书店 1996 年版，第 190 页。
⑤ 黄剑华《古代蜀人的天门观念》，《中华文化论坛》1999 年第 4 期，第 36 页右。谢灵运《山居赋》云："弱质难恒，颓龄易丧。抚鬓生悲，视颜自伤。承清府之有术，冀在衰之可壮。寻名山之奇药，越灵波而憩辕。采石上之地黄，摘竹下之天门。摭曾岭之细辛，拔幽涧之溪荪。访钟乳于洞穴，讯丹阳于红泉。"自注："此皆驻年之药，即近山之所出，有采拾，欲以消病也。"则竹子垂拂天门也可能来自传为"驻年之药"的"竹下之天门"。另参考赵殿增、袁曙光《"天门"考——兼论四川汉画像砖（石）的组合与主题》，《四川文物》1990 年第 6 期。

是汉代道家典籍，书中认为"人有命树"。如卷一一二《有过死谪作河梁诫》载：

> 人有命树，生天土各过。其春生三月命树桑，夏生三月命树枣李，秋生三月命梓梗，冬生三月命槐柏。此俗人所属也。皆有主树之吏，命且欲尽，其树半生；命尽枯落，主吏伐树，其人安从得活？欲长不死，易改心志，传其树近天门，名曰长生。神吏主之，皆洁静光泽，自生天之所，护神尊荣。①

竹子垂拂天门，其沟通仙凡、隶属命树的象喻意义已更为明显。

除了以上所讨论的洁净祛秽、仙乐长留、沟通仙凡等，竹子还有延寿、飞升等神化功能，通过饮食和药用、装饰和象征等表现出来，体现于竹汁、竹药、竹叶符及竹杖等。因此竹子在道教中早就成为灵物，道观多栽竹象征仙境，如《长安志》卷八载大宁坊太清宫："宫垣之内，连接松竹，以像仙居。"②

竹子甚至已成仙界象征物，如元稹《和东川李相公慈竹十二韵》："托身仙坛上，灵物神所呵。"③刘得仁《昊天观新栽竹》："遍思诸草木，惟此出尘埃。"④竹林也成为"列仙终日逍遥地"（方干《越州使院竹》）⑤，如元稹《梦游春七十韵》云："昔岁梦游春，梦游何所遇？梦入深洞中，果遂平生趣，清泠浅漫流，画舫兰篙渡。过尽万株桃，盘旋竹林路。"⑥

---

① 王明编《太平经合校》，第 578 页。标点略作改动。参考姜守诚《"命树"考》，《哲学动态》2007 年第 1 期。
② ［宋］宋敏求撰《长安志》卷八，《影印文渊阁四库全书》第 587 册，第 132 页下栏左。
③ 《全唐诗》卷四〇二，第 12 册第 4499 页。
④ 《全唐诗》卷五四四，第 16 册第 6283 页。
⑤ 《全唐诗》卷六五二，第 19 册第 7489 页。
⑥ 《全唐诗》卷四二二，第 12 册第 4635 页。

图 37 ［明］仇英《吹箫引凤图》。（绢本，重设色。纵

41.4 厘米，横 33.8 厘米。北京故宫博物院藏）

虽为梦仙，也是当时仙界观念的曲折反映。而且竹子确实附会某些仙人，如陈陶《竹》十一首其七："一溪云母间灵花，似到封侯逸士家。谁识雌雄九成律，子乔丹井在深涯。"

后人涉道文学作品也多在成仙这一意义上咏竹，如张说《奉和圣制同玉真公主过大哥山池题石壁应制》："绿竹初成苑，丹砂欲化金。

乘龙与骖凤，歌吹满山林。"①张籍《灵都观李道士》："仙观雨来静，绕房琼草春。素书天上字，花洞古时人。泥灶煮灵液，扫坛朝玉真。几回游阆苑，青节亦随身。"②"青节"即竹杖。扫坛竹也附会这一色彩，更多地具有沟通仙凡的内涵。如元稹《种竹》："丹丘信云远，安得临仙坛。"③王维《沈十四拾遗新竹生读经处同诸公之作》："何如道门里，青翠拂仙坛。"④邹登龙《入投龙洞》："行入投龙洞，青青见竹竿。暮云生道树，夜月满仙坛。"⑤都可见扫坛竹的成仙象征内涵。

传说中的扫坛竹多在深山，这也与道教的发展紧密相关。"汉魏以降，随着道教的发展，仙境与人世同构的仙境思想逐渐成熟，以'我命在我，不属天地'为标榜的充满成仙自信心新神仙思想也得以确立。在这一道教神仙思想转型的大背景之下，入山访道、寻觅人间仙境、拜谒仙真以获得成仙机会，就成为道教徒热衷于从事的重要宗教实践活动。"⑥"中土以山为灵场和'神仙之庐'的观念"⑦因此得以确立。以长生成仙为教旨的神仙道教，晋代以来逐步将活动中心从北方移到南方。这与扫坛竹分布于沿长江流域当不无关系。除了道教活动地域的原因，扫坛竹之所以出现在南方传说中，还可能因为南方为竹产区，北方已无大片竹林。但扫坛竹出现的地域仅是竹产区的极小部分，可知扫坛竹与竹子的自然地理分布关系较小，其产生与传播当更多地依

---

① 《全唐诗》卷八七，第 3 册第 943 页。
② 《全唐诗》卷三八四，第 12 册第 4311 页。
③ 《全唐诗》卷三九七，第 12 册第 4459 页。
④ 《全唐诗》卷一二七，第 4 册第 1293 页。
⑤ 《全宋诗》第 56 册，第 35020 页。
⑥ 黄勇著《道教笔记小说研究》，第 166—167 页。
⑦ 萧驰著《佛法与诗境》，中华书局 2005 年版，第 43 页。

赖于道教传布。

三、扫坛竹本事与本竹治

扫坛竹是秦汉以来崇道媚仙社会氛围的产物。既与求仙成仙有关，当有附会的本事。杜光庭《洞天福地岳渎名山记·灵化二十四》云："本竹化（治），在蜀州新津县西北二十五里。黄帝所游。郭子声上升于此，有扫坛竹，因此为名。"① 《云笈七签》卷二八："第六本竹治，山在蜀州新津县……昔郭子声得道之处也。后有林竹。"② 以为郭子声升仙于其地，是道教造神中的一说③。杜光庭并且为作《题本竹观》诗："楼阁层层冠此山，雕轩朱槛一跻攀。碑刊古篆龙蛇动，洞接诸天日月闲。帝子影堂香漠漠，真人丹洞水潺潺。扫空双竹今何在，只恐投波去不还。"④ 知其时已无竹。

除前引文献已经提到的葛洪、苏仙公等，附会扫坛竹的还有多位仙人。范成大《毛公坛福地》："绿毛仙翁已仙去，惟有石坛留竹坞。竹阴扫坛石槎牙，汉时风雨生藓花。"⑤ 云"绿毛仙翁"飞升，故称"毛公坛"。元张天英《题蒲萄竹笋图》："王母初来汉殿时，青鸾踏折扫坛枝。天风吹老龙珠帐，挂坠瑶簪醉不知。"⑥ 又附会西王母。扫坛竹本事的

---

① 转引自王纯五《本竹治小考》，《宗教学研究》1996 年第 2 期，第 62 页。
② 《云笈七签》卷二八"二十四治"条，《影印文渊阁四库全书》第 1060 册，第 320 页上栏左。
③ 王纯五《本竹治小考》推测郭子声是汉武帝时将军郭昌（字子明），见《宗教学研究》1996 年第 2 期，第 64 页。
④ 《全唐诗》卷八五四，第 24 册第 9665 页。
⑤ 《全宋诗》第 41 册第 25939 页。唐陈陶《题僧院紫竹》："新闻赤帝种，子落毛人谷。"可证唐时竹子已与毛人相联系。
⑥ ［元］顾瑛编《草堂雅集》卷三，《影印文渊阁四库全书》第 1369 册，第 213 页上栏左。

层出不穷，说明道教传说的附会性及传播中的变异性。

本竹治所在地也是众说纷纭①。龙腾以为"'扫坛竹'乃是自动为道士们打扫仙坛的竹子，属于仆役一类。'本竹'孕育了夜郎人先王的神圣母亲，在道教设治后，贬低为替道士打扫仙坛的扫坛竹，地位降低"，认为本竹山"是夜郎国人祭祀其神竹女神的神山"②，并无可靠的文献依据，又因误解扫坛竹内涵而诬及本竹治。

龙先生又以为张陵夺取本竹山，"保存本竹山'本竹'之名，用作道治之名。但他把本竹山神圣的本竹降低成为'扫坛竹'"③，也属臆测。二十四治相传是张陵传教的二十四个教区。早期记载如葛洪《神仙传》："战六天魔鬼，夺二十四治，改为福庭。"④尚无各治之名，遑论本竹治。至南朝梁张辩《天师治仪》才称："本竹治在犍为郡南安县。"⑤可见二十四治因附会而逐渐丰富。

龙先生所引张陵在本竹治的活动，如"居本竹山，众真授《灵宝上经》"(引元赵道一《历代真仙体道通鉴》卷一八) 等，皆为宋元人著作，早已沾染了拟托成分。赵益指出："记述'二十四治'等较为详备的主要是《正一经》系统，但此类经典乃拟托张陵而敷演，与'五斗米道'

---

① 有彭山县、新津县邓双乡文峰山乌尤寺、新津县永商镇烽火村红豆山等说，见龙腾《本竹山本竹治略考》，《成都文物》2005 年第 3 期，第 24—27 页。

② 龙腾《本竹山本竹治略考》，《成都文物》2005 年第 3 期，第 23 页右、第 23 页左。

③ 龙腾《本竹山本竹治略考》，《成都文物》2005 年第 3 期，第 23 页右。该文以为本竹山在四川新津县。元陆文圭撰《墙东类稿》卷八《本竹山房记》："本竹则眉之永丰山名也，距州七十里而近，其地产竹，穷林秀壁，仙官羽士之所宫。"

④ ［晋］葛洪撰、钱卫语释《神仙传》，第 124 页。

⑤ 转引自王纯五《本竹治小考》，《宗教学研究》1996 年第 2 期，第 62 页。

绝不是一回事，实质上是晋以后某种道派的总结。"①故本竹治与张陵无关。

郭子声为后出的道教人物，龙先生也认为"据道书记载，本是'洛（阳）市作卜师者'，信奉天师道，'得太清道人名品'"②，所据道书为北周宇文邕《无上秘要》卷八四，而扫坛竹早在晋代即已出现。可见扫坛竹出现初期并未附会于某一仙人，而是道教成仙的普遍象征。其附会于本竹治及郭子声是在流行以后，而且还有其他传说同时流传（如苏仙公、神女及毛公等），并非郭子声独享。

四、扫坛竹成仙内涵的影响

地方志及类书中关于扫坛竹的传说都很简略，缺乏故事情节，算不上严格意义上的文学作品。但作为特定历史时期频繁出现的意象，还是值得作专题探讨。

"扫坛竹"之名是后人所取，未必能全面涵盖其意蕴。但这一概括形象地表达了竹子的生长特性及与道教设坛求仙的关系。竹子常缘坡临石而生，如马融《长笛赋》："惟箊笼之奇生兮，于终南之阴崖。托九成之孤岑兮，临万仞之石磉。"③《丹阳记》："江宁县南二十里慈母山，积石临江，生箫管竹。"④再如"郁春华于石岸"（江淹《灵丘竹赋》）⑤、"修竹郁兮羃崖趾"（夏侯湛《江上泛歌》）⑥、"拂岳萧萧竹，垂空澹澹津"（陈

---

① 赵益著《六朝南方神仙道教与文学》，上海古籍出版社 2006 年版，第 88 页。
② 龙腾《本竹山本竹治略考》，《成都文物》2005 年第 3 期，第 23 页右。
③ 《全汉赋校注》下册，第 798 页。
④ 《初学记》卷二八，第 3 册第 693 页。
⑤ 《全上古三代秦汉三国六朝文》全梁文卷三四，第 3 册第 3149 页下栏左。
⑥ 《全上古三代秦汉三国六朝文》全晋文卷六八，第 2 册第 1853 页下栏右。

200

陶《题赠高闲上人》)^①等，都道出了竹子的这一生长习性。

文献记载各地扫坛竹的不同在于或有池，或有洞，或有冢，或有天门，或有人于其地仙去，或大旱祷雨有应。细观这些不同，其中又有某种相似点，即都与道教成仙有关，都与竹的灵异有关。人神道殊，扫坛竹在人间与仙境架起桥梁，将扫坛之竹理解为仙境植物或象征成仙的植物，或许更为接近相关传说的实质。明白扫坛竹与道教求仙的联系，我们就能正确阐释其内涵，也有助于理解道教题材文学中的竹意象。

扫坛竹是特定历史时期和特定地域的产物，在当时已渗透到文学艺术等方面。南朝及唐宋文学中多有扫坛竹意象，如庾肩吾《谢赉槟榔启》："形均绿竹，讵扫山坛。"^②阴铿《侍宴赋得夹池竹诗》："湘川染别泪，衡岭拂仙坛。"^③李远《邻人自金仙观移竹》："圆节不教伤粉箨，低枝犹拟拂霜坛。"^④元稹《寺院新竹》："讵必太山根，本自仙坛种。"^⑤鲍溶《宿青牛谷梁炼师仙居》："随云步入青牛谷，青牛道士留我宿。可怜夜久月中行，惟有坛边一枝竹。"^⑥这些扫坛竹意象各具特色，从不同方面展示了其道教内涵，可见南朝及唐代其流播之广远。

唐吴筠《竹赋》云："岂独婵娟于广漠之壤，亦有璀璨于蓬莱之峰，结实珠粒，敷花紫茸，拂皓粉以飞雪，摧绀茎以韵钟，固列仙之攸玩，匪吾人之所从也。亦有化雉吴国，成龙葛陂，容人篑笃，育虫

---

① 《全唐诗》卷七四六，第 21 册第 8484 页。
② 《全上古三代秦汉三国六朝文》全梁文卷六六，第 4 册第 3343 页上栏右。
③ 《先秦汉魏晋南北朝诗》陈诗卷一，下册第 2459 页。
④ 《全唐诗》卷五一九，第 15 册第 5935 页。
⑤ 《全唐诗》卷三九八，第 12 册第 4464 页。
⑥ 《全唐诗》卷四八七，第 15 册第 5533 页。

桃枝。一笋明其允嗣，三节获乎婴儿，荣灯篆以感孝，茂窗楹以表奇。篝家坛以尘灭，环石床以荫滋。皆灵变之谲怪，良难得而备知。"①以"列仙之攸玩""灵变之谲怪"概括历史上与竹有关的众多传说，未免简单化，却道出其受道教影响的实质。吴筠生活于唐代，尚且发出难得备知之叹，可见传说的虚无缥缈、难以征实。

宋以后人们偶或提到扫坛竹，多不明其内涵，如明杨应奎《郊园新雨移竹行》："栖鸾鸣凤未敢希，拂石扫坛还可掬。"②显然已没有成仙的内涵。元明清以来，扫坛竹的影响主要局限于人文历史景观，如谈迁《谈氏笔乘》云："袁州苹乡县罗霄山，晋葛洪修炼处，坛生二竹，风动如扫人，谓之'扫坛竹'。又岳州平江县幕阜山，一名天岳山，上有仙坛瑞竹，同本异干，随风扫地，名为'扫坛竹'。"③《大清一统志》卷二五二"袁州府"："罗霄山，在萍乡县东一百里，高数千丈，延袤百余里，上有罗霄洞，旁有葛仙坛，坛生二竹，风动如扫，人谓之扫坛竹，坛侧有黄龙潭，山下又有石潭，深不可测，袁江之源出焉。"④《福建通志》卷三："云居山……章寿得仙于此石，镌章仙峰三大字。有磨剑石、炼丹井、扫坛竹、石棋盘。"⑤湖南至今仍流传"荆竹扫墓"

① ［宋］李昉等《文苑英华》卷一四六，《影印文渊阁四库全书》第 1334 册第 311 页。
② ［明］杨应奎撰《海岱会集》卷五，《影印文渊阁四库全书》第 1377 册第 48 页。
③ 《枣林杂俎》，第 454 页。
④ 《大清一统志》卷二五二"袁州府"，《影印文渊阁四库全书》第 479 册第 757 页。
⑤ ［清］郝玉麟等监修、谢道承等编纂《福建通志》卷三，《影印文渊阁四库全书》第 527 册第 262 页。

的传说①。

但在同期诗文中已难觅扫坛竹踪迹，像"刘仙有古坛，解种不秋草。亭亭挺琅玕，主人后天老"②这样的诗句已属罕见。传说还在继续，但已如流星的余焰，渐呈消亡态势。我们将其发掘出来，不仅展示了魏晋南北朝唐代道教天空中的一点星光及其在后代的余焰，而且对于理解该时期的竹文化或许也有裨益。

五、扫坛竹的道教房中内涵及其他

以上仅探讨扫坛竹意象的道教成仙内涵，这是主要方面。还有一类扫坛竹很特别，提到玉女，如：

> 肥城东南有玉女山，山有一石穴，中若房宇。玉女入穴不出。穴前有修竹，下有石坛，风微动竹，拂坛如帚。（南朝齐刘澄之《梁州记》）③

> 葭萌县玉女房，昔有玉女入石穴，空有竹数茎，下有青石坛，每因风恒自扫坛。（《郡国志》）④

> 利州义成郡葭萌县有玉女房，盖是一大石穴也。昔有玉女入此石穴，前有竹数茎，下有青石坛，每因风自扫此坛。

---

① 陈泳超《尧舜传说研究》："关于'珍珠墓'的传闻，说舜除妖殉难后，受恩于舜的仙鹤们收葬了舜的遗体，并用七七四十九天时间从南海衔来无数珍珠，垒了一座珍珠墓，墓边荆竹丛生，微风吹拂，沙沙作响，传云竹尾自动为舜墓扫却尘土，据说'荆竹扫墓'乃九疑胜景之一。"（南京师范大学出版社 2000 年版，第 382 页）

② ［清］厉鹗撰《樊榭山房续集》卷三《次韵顾丈月田以罗浮竹叶符见赠》，《影印文渊阁四库全书》第 1328 册，第 174 页下栏左。

③ 《太平御览》卷四四，《影印文渊阁四库全书》第 893 册，第 507—508 页。《太平寰宇记》卷一三五略同。

④ 《太平御览》卷一八五，《影印文渊阁四库全书》第 894 册第 758 页上栏右。

玉女每遇明月夜即出于坛上，闲步徘徊，复入此房。①

　　以上各条缺乏故事情节，自然不能算作小说。如果将其置于同时代传说故事背景中，就会发现其属于"女仙降临"一类。"在道教里，神女降临成为宣示教义的重要手段，也是人、神交通的主要方式。"② 其所体现的引导凡人悟道求仙的宗教意义是很明显的。

　　上述各条都出现石穴、石坛、玉女和扫坛竹。在道教传说中，石穴也是仙洞，"约从东晋后期开始，洞窟传说很快多了起来。晋宋之际的《搜神后记》《异苑》《幽明录》等志怪书有大量记叙，仅《后记》就有八个，此时及后来的一些地理书亦有反映"③，"大抵事关神仙或隐者"④。

　　玉女早在汉代即被奉为神。《汉书·郊祀志下》记载汉宣帝曾立玉女祠，东汉《列仙传》卷下《朱璜传》云，道士阮丘与朱璜入浮阳山玉女祠。"玄女、素女、玉女和采女，都是中国古代著名的房中女神。玄女、素女和玉女三位房中女神，在汉代早期道经中风头正健。六朝以后，四女神在道教中渐趋冷清。唯独出身最贵的玄女还保留一些昔日战神或外丹祖师的荣光。玉女还常见，但多为属神。"⑤

　　玉女山、玉女房的传说，与房中女神当不无关系。玉女既与房中女神有关，石坛当非普通石头。据何新研究，"女巫师即神女，其所居

---

① 《述异记》卷下，《影印文渊阁四库全书》第 1047 册第 634 页上栏。
② 孙昌武著《诗苑仙踪：诗歌与神仙信仰》，南开大学出版社 2005 年版，第 321 页。
③ 李剑国《六朝志怪中的洞窟传说》，《天津师范大学学报（社会科学版）》1982 年第 6 期，第 75—76 页。
④ 李剑国《唐前志怪小说辑释》，第 80 页。
⑤ 朱越利《房中女神的沉寂及原因》摘要，《西南民族大学学报》（人文社科版）2004 年第 3 期。

称阳台、春台，亦称乐府，正是后世秦楼、楚馆、青舍的起源。从《楚辞》与《史记·封禅书》的内容看，直到西汉，祭神活动中仍然包含着性的活动"①。房中术的演变轨迹大致同于房中女神。唐宋以降，随着道教内丹学的兴起及宋明理学的冲击，房中术"部分转入民间甚至地下，部分保存于道教之中，大部分则逐渐失传"②。如此看来，以上各条所载扫坛竹可能与道教房中术有关。

（一）扫坛竹的道教房中内涵

除附会玉女等房中神仙外，扫坛竹还附会男性房中神仙，如《临海记》："仙石山上有馆，土人谓之黄公客堂，两边有石步廊，触石云起，崇朝必雨，有四竿修竹，风吹自垂空际，拂石皆净，即王方平游处也。"③所云"黄公"可能即是黄山君。《神仙传·黄山君》

图 38 ［明］唐寅《吹箫图》。（绢本，设色。纵 164.8 厘米，横 89.5 厘米。南京博物院藏。唐寅（1470—1524），字伯虎，后改字子畏，号六如居士等，吴县（今江苏苏州）人）

曰："黄山君者，修彭祖之术，年数百岁，犹有少容，亦治地仙，不取飞升。彭祖既去，乃追论其言，为《彭祖经》，得《彭祖经》者，便为

① 何新著《爱情与英雄·离骚九歌新解》，时事出版社 2002 年版，第 167 页。
② 邢东田《玄女的起源、职能及演变》，《世界宗教研究》1997 年第 3 期。
③ 《太平御览》卷四七引［南朝宋］孙诜《临海记》，《影印文渊阁四库全书》第 893 册，第 533 页上栏左。《太平御览》卷一九四引《郡国志》，文字略同，但谓台州仙石山。又见《太平寰宇记》卷九八。

木中之松柏也。"①所谓"彭祖之术"即房中术，《彭祖经》即房中经书。黄山君又称"黄山公"。韩愈《题百叶桃花》诗云："百叶双桃晚更红，临窗映竹见玲珑。应知侍史归天上，故伴仙郎宿禁中。"②以桃花映竹喻女侍史伴宿。既云"仙郎"，可见竹子的男性象征意蕴。道教房中术在南北朝曾盛行，虽经陆修静等人清整，其影响直至明清仍未断绝。据苟波研究，"神女降临的神话是古代中国人表达生命长存和自有性爱的世俗理想的一个象征和隐喻"③。

　　扫坛竹之所以同房中术附会一处，与道教对竹子生殖功能的推崇有关。天师道对竹子极为崇拜，认为是具有送子功能的灵草。陶弘景《真诰》甄命授第四云："我案《九合内志文》曰：'竹者为北机上精，受气于玄轩之宿也。'所以圆虚内鲜，重阴含素，亦皆植根敷实，结繁众多矣。公（引者按，指晋简文帝）试可种竹于内北宇之外，使美者游其下焉。尔乃天感机神，大致继嗣；孕既保全，诞亦寿考；微著之兴，常守利贞。此玄人之秘规，行之者甚验。"④竹子无疑有男性象征意味，"使美者游其下"可证。又《云笈七签》云："服日月之精华者，欲得常食竹。笋者，日华之胎也，一名大明。"⑤以笋为"日华之胎"，具有阳性象征内涵。

　　"扫坛竹"的房中象征意义当来自道教性修炼与祭祀鬼神活动中的

---

① ［晋］葛洪撰、钱卫语释《神仙传》卷一，第 21 页。
② 《全唐诗》卷三四三，第 10 册第 3846 页。
③ 苟波著《仙境·仙人·仙梦——中国古代小说中的道教理想主义》，巴蜀书社 2008 年版，第 158 页。
④ 《真诰校注》卷八《甄命授第四》，第 259 页。
⑤ 《云笈七签》卷二三"食竹笋"条，《影印文渊阁四库全书》第 1060 册，第 285 页上栏左。

人神交欢。"阴阳合,乘龙去。"①追求成仙的道士常设坛场进行性修炼。《上清黄书过度仪》有男女交接按九宫坛场八位做各种爱抚动作的内容②。《云笈七签》载每月沐浴吉日,其中云:"十二月十三日夜半时沐浴,得玉女侍房。此皆当天冞月宿东井时与神仙合会。"③

竹与道教性修炼的关系,不仅在于竹子是扫坛之物,更在于其所具有的性象征意义。《悟真篇》云:"敲竹唤龟吞玉芝,鼓琴招凤饮刀圭。近来透体金光现,不与凡人话此规。"④是以竹喻男根。道教清静派内丹仙术以炼精为初关,如老年人精枯阳痿不举,"须用敲竹唤龟(女用鼓琴引凤)之法将真阳唤起"⑤。性学古籍《洞玄子》记述三十种性交姿势,第十四式为"临坛竹",曰:"男女俱相向立,(鸣)口相抱,以阳锋深投于丹穴,没至阳台中。"⑥"阳台"即坛,喻女阴深处,竹则喻男根。骆宾王《代女道士王灵妃赠道士李荣》:"连苔上砌无穷绿,修

---

① 《广弘明集》卷九引《玄子》,转引自白化文著《三生石上旧精魂——中国古代小说与宗教》,北京出版社 2005 年版,第 59—60 页。

② 李零认为,天师道的房中术主要保存于张陵《黄书》和《老子想尔注》内。而"今《道藏》正一部阶字号有《上清黄书过度仪》,广字号有《洞真黄书》,是其遗说。二书虽不必为《黄书》之旧,但内容则相沿有自,仍可借以考见天师道房中术的许多重要细节"。(李零《中国方术续考》,东方出版社 2000 年版,第 370 页)

③ 《云笈七签》卷四一,《影印文渊阁四库全书》第 1060 册,第 431 页下栏。

④ [宋]张伯端撰、王沐浅解《悟真篇浅解》卷中其五十三,中华书局 1990 年版,第 116 页。

⑤ 胡孚琛著《道教与仙学》,新华出版社 1991 年版,第 156 页。

⑥ 转引自李零著《中国方术续考》第 523 页。《洞玄子》所记三十式多是模仿某种动物的交合方式,仅"偃盖松""临坛竹"为植物。此书在中国原已失传,见于日人丹波康赖于 982 年编成的《医心方》中。知"扫坛竹"用于房中术早在唐代或唐以前。高罗佩认为《洞玄子》出自六朝:"这一重要著作最早见于《唐书·经籍志》。马伯乐认为'洞玄'就是学者李洞玄,他在 7 世纪中叶曾任太医之职。如果此说不误,则李不过是该书编者,因为从文章风格和内容看它是出自六朝时期。"(李零等译,商务印书馆 2007 年版,第 127 页)

竹临坛几处斑。此时空床难独守，此日别离那可久。梅花如雪柳如丝，年去年来不自持。"①虽加进斑竹传说，仍不失性内涵。

《悟真直指》卷二绝句第八首："竹破须将竹补宜，抱鸡当用卵为之。万般非类徒劳力，争似真铅合圣机。"②以竹喻人的身体，强调以人补人。明孙汝忠《金丹真传·筑基第一》云："然补阳必用阴，补阴必用阳。竹破竹补，人破人补，取其同类。"③道教倡导的"竹破竹补"更多的是性修炼，而非生殖崇拜，虽然道教也主张竹子有助于生育④。而且"竹破竹补"的理念中，明显是偏向男性的，因为道教是以男性立场来陈说的。

---

① 《全唐诗》卷七七，第 3 册第 838 页。
② 《悟真篇浅解》卷中其八，第 42—43 页。王沐注云："这是比喻的方法。'竹'比喻人的身体。人的身体在成年以后，按丹经理论认为都有不同程度的亏损，必须先下手筑基补足。竹破，就是指人的身体气血不足精神消耗；竹补，就是说补这些衰耗还得用真铅即元精。如果补亏不足，就不能进入炼精化气阶段。"（见该书第 43 页）
③ 徐兆仁主编《金丹集成》，中国人民大学出版社 1990 年版，第 142 页。
④ 如陶弘景《真诰》甄命授第四云："竹者为北机上精，受气于玄轩之宿也，所以圆虚内鲜，重阴含素，亦皆植根敷实，结繁众多矣。公（引者按，指晋简文帝）试可种竹于内北宇之外，使美者游其下焉。尔乃天感机神，大致继嗣，孕既保全，诞亦寿考。"

（二）扫坛竹房中内涵溯源

扫坛竹的房中内涵有复杂来源①。除道教房中内涵外，还与高禖祭祀有关。高禖是生殖神，主婚姻、子嗣。《通典》载："高禖者，人之先也。故立石为主，祀以太牢也。"②可见高禖以石头为化身和象征。闻一多认为："古代各民族所祀的高禖，全是各该民族的先妣。"③刘毓庆进一步指出：

> 《淮南子·览冥训》说："女娲炼五色石以补苍天"，《天问》补注引《淮南子》说：涂山氏（女娲）化为山石，《搜神记》《通典》及《文献通考》等都说，高禖祀女娲所立之物是石。这几乎可以说女娲与石是同体的。徐华龙先生在其《中国神话文化》中，曾列《女娲神话新考》专章，用大量篇幅论述女娲与石头的关系，其结论是："女娲的最初形象，是一块石头。"

---

① "扫坛竹"房中内涵也可能是由"奉箕帚"引申联想而来。《列女传·楚白贞姬》："白公生之时，妾幸得充后宫，执箕帚，掌衣履，拂枕席，托为妃匹。"贞姬为楚白公胜之妻，执箕帚、拂枕席是妇人之事，为所行妇道内容之一部分。奉箕帚，即从事家内洒扫之事，谓充当妻室。后来借指妻妾。《战国策·楚策一》："请以秦女为大王箕帚之妾，效万家之都，以为汤沐之邑，长为昆弟之国，终身无相攻击。"《史记》卷八《高祖本纪》："吕公因目固留高祖，高祖竟酒后，吕公曰：臣少好相人，相人多矣，无如季相，愿季自爱，臣有息女，愿为季箕帚妾。"《传奇·封陟》中，仙姝上元夫人向学者封陟施展魅力，被拒绝。临走时留诗："谪居蓬岛别瑶池，春媚烟花有所思。为爱君心能洁白，愿操箕帚奉屏帏。"诗借箕帚示爱。元戴善夫《风光好》第二折："学士不弃妾身，残妆陋质，愿奉箕帚之欢。"箕帚之欢又用以指称妻妾之娱、男女之欢。

② ［唐］杜佑撰《通典》卷五五"高禖"条，《影印文渊阁四库全书》第603册第679页下栏左。

③ 闻一多《高唐神女传说之分析》，见氏著《闻一多全集·神话编》，湖北人民出版社1993年版，第18页。

其实女娲与石头的联系，说到底还是与生殖器的联系。①

　　排除具体的怪石不论，就石的抽象意义而言，在东亚文化圈里，石更多的是作为"母体"（或女性生殖器）的象征而出现的。②

　　石头成为女性的象征，除女娲炼石补天、女狄吞石生禹、涂山氏化石生启外，后代还衍生出巫山神女峰、乞子石、望夫石等③。高禖石是生殖神的象征，为女性象征物。

　　高禖石多立于坛上。马端临《文献通考》卷八五载："宋仁宗景祐四年，御史张奎请亲祀高禖，下礼院，定筑坛南郊。春分之日祀青帝，本诗克禋以祓之义，配以伏羲、帝喾，以禖神从祀，报古为禖之先。石为主，依东汉晋隋之旧。"可见高禖石是设在高禖坛（祭坛）中的一块神石。如果说高禖石的形象用以象征男性生殖器④，那么高禖坛更像是女性象征物。

　　为竹所扫之坛，与古代的"台"关系紧密。古代"台"的功用很多，宗教祭祀是其中重要功用，统治阶级进行游乐同样是其重要功用⑤。《吕氏春秋·音初篇》："有娀氏有二佚女，为之九成之台，饮食必以鼓。"《离

① 刘毓庆《"女娲补天"与生殖崇拜》，《文艺研究》1998 年第 6 期，第 98 页右—99 页左。
② 刘毓庆《"女娲补天"与生殖崇拜》，《文艺研究》1998 年第 6 期，第 99 页左。
③ 参考柳荫柏《〈红楼梦〉与古代灵石传说》，《民间文学论坛》1993 年第 2 期，第 56 页："在我国远古时代，除了女娲氏炼石补天，女狄吞石生禹，涂山氏化石生启外，还有蚩尤铜头啖石，简狄吞玄鸟卵生契（这也是石之变种），后来又衍出巫山神女石、乞子石，云南大理一带传说的望夫石，以及五代时第一猛士李存孝的父亲是石人的新传说。"
④ 孙作云《中国古代的灵石崇拜》，《民族杂志》第 5 卷第 1 期，1937 年。
⑤ 陈智勇《先秦时期的"台"文化》，《寻根》2002 年第 6 期，第 10 页。

骚》中屈子下界求女，"望瑶台之偃蹇兮，见有娀之佚女"，《天问》"简狄在台，喾何宜"。《太平御览》卷一七八引《郡国志》："卫州范城北十四里沙丘台，俗称妲己台，去二里有一台，南临淇水，俗称为上宫也。"①这些涉及女性的台或与神话有关，或与统治者的游乐有关。

扫坛竹之坛具有女性象征意义。盛弘之《荆州记》："很山县有一山，独立峻绝，西北有石穴，以烛行百步许二大石，其间相去一丈许，俗名其一为阳石，一为阴石。水旱为灾，鞭阴石则雨，鞭阳石则晴。"②这种鞭阴阳石以控制雨晴之法，类似竹扫坛祈雨，其间不无阴阳交合的暗喻。这其实又是交感巫术的体现，人们希望通过性交以诱发降雨。《春秋繁露·求雨》："命吏民夫妇皆偶处。"③佛经及后代传说中以妓女求雨的故事也是这个道理④。

而高禖石又与竹有密切联系。高禖石以竹叶为饰，我们还可以找到隐隐约约的记录，如《隋书·礼仪志二》："梁太庙北门内道西有石，文如竹叶，小屋覆之，宋元嘉中修庙所得。陆澄以为孝武时郊禖之石。然则江左亦有此礼矣。"⑤这是竹与高禖石发生联系的极好证据。任昉《静思堂秋竹应诏》云："入户扫文石，傍檐拂象床。"⑥"文石"似即

---

① 《太平御览》卷一七八引《郡国志》，《影印文渊阁四库全书》第894册第709页上栏左。

② 《事类赋》卷三"亦有洞中鞭石"句注，《影印文渊阁四库全书》第892册第823页下栏右。

③ ［汉］董仲舒撰《春秋繁露》卷一六，中华书局1975年版，中册第554页。

④ 参考季羡林《原始社会风俗残余——关于妓女祷雨的问题》，见氏著《比较文学与民间文学》，北京大学出版社1991年版，第199—206页。

⑤ 《隋书》卷七《礼仪志二》，第1册第146页。

⑥ 《全上古三代秦汉三国六朝文》全梁文卷四一，第3册第3187页。

指高禖石。顾野王《拂崖筱赋》："崖怜拂石，神贵扫坛。"①如果说"崖怜拂石"表现的是风竹拂石的形象美感，那么"神贵扫坛"则指竹扫禖坛的生殖崇拜。

《墨子·明鬼篇》："燕之有祖，当齐之社稷，宋之桑林，楚之云梦也，此男女之所属而观也。"闻一多说："祖、社稷、桑林和云梦即诸国的高禖。"②叶舒宪认为："关于高禖祭典，我们只知道有祈求生育和丰产的性质。伴随着该祭典的还有象征性的性爱活动。"③不仅高禖祭祀，其他祭祀如祈求丰收、土地崇拜等也会设坛御女，甚至作为远古遗风留存于民间④。屈原《天问》云："禹之力献功，降省下土四方。焉得彼涂山女，而通之于台桑。"王逸注："言禹治水，道娶涂山氏之女，而通夫妇之道于台桑之地。"宋兆麟《巫与民间信仰》更指出："台桑，即桑台，指社坛附近的桑林。"⑤社常常设于林间。《周礼》说："二十五家为社，各树其所宜木。"可见社与木、石有密切关系。

社坛也可能设在竹林，为男女野合之地。何新指出："在古代宗教中，社中既有女神的'社母'，还有男神的'社公'。女神的象征是神石或冢土，用以象征地乳。而这位男神的象征，却正是社木——用以象征

---

① 《全上古三代秦汉三国六朝文》全陈文卷一三，第 4 册第 3474 页下栏左。
② 闻一多《高唐神女传说之分析》，《闻一多全集·神话编诗经编上》，湖北人民出版社 1993 年版，第 17 页。
③ 叶舒宪著《高唐神女与维纳斯——中西文化中的爱与美主题》，第 387 页。参考叶舒宪《探索非理性的世界》，第 33—34 页。
④ 《荆楚岁时记》注引《南岳记》云："其山西曲水坛，水从石上行。士女临河坛，三月三日所逍遥处。"叶舒宪以为："这里的水边之坛也正是三月三日祓禊之际男女交欢之地。'逍遥'实为隐语。"见叶舒宪著《诗经的文化阐释——中国诗歌的发生研究》，第 634 页。
⑤ 宋兆麟《巫与民间信仰》，中国华侨出版公司 1990 年版，第 69 页。

阳具,所以,在典籍中,社木别名'田祖'或'田柱'。"①唐光孝认为:

> 《礼记·郊特牲》正义引《五经异义》又说:"今人谓社
> 神为社公。"而"社公"的象征之物是社木,即阳具的象征……
> "可知作为社木之桑,正如'且'一样,其实也正是阳具的象
> 征"。如此,"高禖图"画像砖上的祭台——代表女神的社,
> 与桑树——代表阳具的社木之相伴,也隐含着男女交媾之事和
> 礼赞爱情之喻。②

竹扫之坛与社坛、桑台一脉相承,我们似乎也可以说,竹与坛分
别象征男女两性③,坛又是行高禖的场所,竹扫坛使之莹洁,既是场所
的美化,也象征男女媾合。

扫坛竹的象征意义当是借鉴或模拟高禖崇拜"女阴象征物与男根
象征物结合生人"④的含义,而用于形容房中术的性交合修炼。这也与
世界普遍的石头生殖崇拜相合。"世界各地都有发现原始人崇拜巨石的
证明,以巨石作为崇拜之对象,用于各种仪式,以为大石可以孕育万物,
具有生殖能力,许多民族妇女不孕就去敬拜岩石,即崇拜石祖。"⑤台
湾卑南族、排湾族都传说祖先由长在巨石上的竹子中产生出来⑥。扫坛

---

① 何新著《华夏上古日神与母神崇拜》,中国民主法制出版社 2008 年版,第
162 页。
② 唐光孝《四川汉代"高禖图"画像砖的再探讨》,《四川文物》2005 年第 2 期,
第 60 页。
③ 《淮南子·说山训》:"东家母死,其子哭之不哀。西家之子见之,归谓其母曰:
社何爱速死? 吾必悲哭社",高诱注:"江淮谓母为社。"此处象征女性的"社",
当指坛。
④ 赵国华《生殖崇拜文化论》,第 360 页。
⑤ [俄]李福清著《神话与鬼话——台湾原住民神话故事比较研究》,第 72 页。
⑥ [俄]李福清著《神话与鬼话——台湾原住民神话故事比较研究》,第 76 页、
86 页。

竹其实是竹、石生殖崇拜内涵的组合。

祈雨也是扫坛竹的重要功能。《宋史》卷一〇二：

> 景德三年五月旱，又以《画龙祈雨法》，付有司刊行。其法择潭洞或湫泺林木深邃之所，以庚、辛、壬、癸日，刺史、守令耆老斋洁，先以酒脯告社令讫，筑方坛三级，高二尺，阔一丈三尺，坛外二十步，界以白绳。坛上植竹枝，张画龙。其图以缣素，上画黑鱼左顾，环以天鼋十星；中为白龙，吐云黑色；下画水波，有龟左顾，吐黑气如线，和金银朱丹饰龙形。又设皂幡，刭鹅颈血置槃中，杨枝洒水龙上，俟雨足三日，祭以一豭，取画龙投水中。大中祥符二年旱，遣司天少监史序祀玄冥五星于北郊，除地为坛，望告。已而雨足，遣官报谢及社稷。①

费长房故事中竹杖为龙之化身，故后来竹子附会有龙的威灵，如降雨功能，这也解释了扫坛竹"大旱则祷雨时应"的灵性。再如《南康记》载："归美山山石红丹，赫若采绘，峨峨秀上，切霄邻景，名曰女娲石。大风雨后，天晴气静，闻弦管声。"②此女娲石风雨天气闻弦管声，也与扫坛竹隐约可通。

先秦有桑林祈雨，后代有竹林祈雨，云雨与生殖本就具有相通相感的联系。《汉书·董仲舒传》："故求雨，闭诸阳，纵诸阴，其止雨反是。"③赵国华指出："在以水象征精液这一观念的引导下，中国古代又用龙这一男根象征物的神化物为祭品，且有男子舞蹈。'四时皆以庚子

---

① 《宋史》卷一〇二，第 8 册第 2500—2501 页。
② 《天中记》卷八引《南康纪》，《影印文渊阁四库全书》第 965 册第 362 页下栏右。
③ 《汉书》卷五六，第 8 册第 2524 页。

之日，命吏民夫妇皆偶处。'这是以女性诱出男子的精液，祈求雨水沛然而降。"[1]从男根崇拜角度看，竹既是象征男根的龙的替代物，其本身旺盛的生命力也颇具象征意义，因此也可能被选为社木或社树。廖群指出：

> 最初的社则必在林中。"社"一名"丛"，《墨子·明鬼》"建国营都……必择木之修茂者立以为丛位"、《六韬·略地》"社丛勿伐"、《太玄·聚》"示于丛社"等等可证。[2]

在深受中华文化影响的邻邦，"日本民间还有对竹的社树崇拜的习俗"[3]。

我们从古代"鞭石"的求雨仪式也可推测扫坛竹求雨内涵的形成。《水经注·夷水》："二大石礄，并立穴中，相去一丈，俗名'阴阳石'。阴石常湿，阳石常燥。每水旱不调，居民作威仪服饰，往入穴中。旱则鞭阴石，应时雨多；雨则鞭阳石，俄而天晴。相承所说，往往有效。但捉鞭者不寿，人颇恶之，故不为也。"[4]有学者以为"鞭石"是性行为的隐语，"鞭者不寿"是"纵欲"后的必然结果[5]。

就竹、石的性别象征及扫坛动作来看，都可能与"鞭石"发生比附联想。杜光庭《洞天福地岳渎名山记》云："本竹化（治），在蜀州新津县西北二十五里。黄帝所游。郭子声上升于此，有扫坛竹，因此

---

① 赵国华《生殖崇拜文化论》，第340页。
② 廖群《〈诗经〉比兴中性意象的文化探源》，《文史哲》1995年第3期，第82页右。
③ 沈汇《哀牢文化新探》，《社会科学战线》1985年第3期第138页。转引自萧兵《中国文化的精英——太阳英雄神话的比较研究》第399页。
④ 《水经注校证》卷三七，第863页。
⑤ 万建中著《解读禁忌：中国神话、传说和故事中的禁忌主题》，商务印书馆2001年版，第208—210页。

为名。"①明代曹学佺《蜀中广记》卷一二："《七签》云，本竹观在彭山治北。相传以为竹林,黄帝所手植者。"②何新考证认为"黄"同于"光",黄帝乃是崇拜太阳神部落的首领③。葛洪曾记载："闻房中之事能尽其道者，可单行致神仙……俗人闻黄帝以千二百女升天,便谓黄帝单以此事致长生。"④正如刘毓庆所说："'蛇身'的黄帝,在古籍中关于他的最丰富的记载,却是有关'色'的'性'探索。"⑤从扫坛竹与黄帝千丝万缕的联系中，我们还能窥见其房中内涵。

（三）巫山神女与扫坛竹

孙作云认为："各山之神,虽未必皆为女性,然有扫坛竹则与巫山同。各山的所在皆在长江流域,尤可玩味。大概这些地方有扫坛竹,也都是受了巫山传说的影响吧？"⑥我们认为,扫坛竹有求仙与房中的不同内涵,由南朝至唐又有发展演变,且所涉地域广阔,不能笼统认为都是受巫山传说影响。综观所有扫坛竹资料,似乎巫山周围较近的地域有受影响的痕迹,而离巫山较远地域的扫坛竹意象多无房中内涵。

关于"扫坛竹"与巫山神女,比较完整的故事见于杜光庭《墉城集仙录》卷三"云华夫人"条：

> 云华夫人者……名瑶姬……尝游东海还，过江之上，有
>
> 巫山焉，峰岩挺拔，林壑幽丽，巨石如坛，平博可玩，留连
>
> 久之。时大禹理水驻其山下，大风卒至，振崖谷陨，力不可制，

① 转引自王纯五《本竹治小考》,《宗教学研究》1996 年第 2 期, 第 62 页。
② ［明］曹学佺撰《蜀中广记》卷一二,《影印文渊阁四库全书》第 591 册第 170 页。
③ 何新著《中国远古神话与历史新探》,黑龙江教育出版社 1988 年版, 第 64 页。
④ 《抱朴子内篇校释·微旨》, 第 118 页。
⑤ 刘毓庆著《图腾神话与中国传统人生》, 人民出版社 2002 年版, 第 129 页。
⑥ 孙作云《〈九歌〉山鬼考》,《〈楚辞〉研究》（下）, 第 488 页注释①。

因与夫人相值，拜而求助，即敕侍女授禹策召百神之书……
助禹斩石疏波，决塞导厄，以循其流，禹拜而谢焉。禹尝诣
之于崇巘之巅，顾盼之际，化而为石……其后楚大夫宋玉以
其事言于襄王，王不能访以道要，以求长生，筑台于高唐之馆，
作阳台之宫，以祀之，宋玉作《神女赋》以寓情荒淫，托词秽芜，
高真上仙岂可诬而降之也。

有祠在山下，世谓之大仙，隔峰有神女之石，即所化之
身也。复有石天尊神女坛，坛侧有竹，垂之若篲，有槁叶飞
物著坛上者，竹则因风而扫之，终岁莹洁，不为之污，楚世
世祀焉。①

此"云华夫人"源于《高唐》《神女》二赋，宋玉笔下"荒淫秽芜"
的瑶姬已变为"莹洁不污"的云华夫人，但杜光庭并非全凭杜撰，而
有依据民间传说、历史文献的痕迹②。上元夫人形象，在《仙传拾遗》里，
"上元女仙太真者，即贵妃也"③，"染上了情爱的色彩"④；在《传奇》
"任生"条中，上元女仙更是向任生求爱，"愿持箕帚"⑤，虽遭拒绝仍
不改其情⑥。《墉城集仙录》应是据民间所传故事进行改编，并且进行

---

① 《道藏》第 18 册第 178—179 页。《太平广记》卷五六亦引。
② 神女佐禹治水故事有继承痕迹，如连镇标指出："杜光庭编造的巫山神女佐
　　禹治水的故事虽无文献依据，但大禹巫山治水之神话，却可以从先秦古籍《山
　　海经》中找到蛛丝马迹。"（连镇标《巫山神女故事的起源及其演变》，《世界
　　宗教研究》2001 年第 4 期，第 111 页）
③ 《太平广记》卷二○"杨通幽"条，第 1 册第 139 页。
④ 孙逊著《中国古代小说与宗教》，复旦大学出版社 2000 年版，第 263 页。
⑤ 《太平广记》卷六八"封陟"条，第 2 册第 424 页。
⑥ 参考孙逊著《中国古代小说与宗教》，第 263 页。

了净化处理①。

但故事结尾"扫坛竹"被保留，突出"莹洁"，可能经过重塑。竹意象在宋玉赋中尚未出现，是后来民间流传过程中增加的，其源头可追溯至《山海经》。《山海经·大荒南经》："大荒之中，有山名疞（xiǔ）涂之山，青水穷焉。有云雨之山，有木名曰栾。禹攻云雨，有赤石焉生栾，黄本，赤枝，青叶，群帝焉取药。"②袁珂已觉察到其与巫山神女神话之间丝丝缕缕的联系：

> 禹攻云雨神话，当即禹巫山治水神话也。经文"赤石生栾"，郭注以为"精灵变生"，或旧有成说，惜其详已不可得而闻矣。巫山旧有高唐神女神话，谓神女瑶姬入楚怀王梦，自云是"巫山之女，旦为朝云，暮为行雨"，因荐枕席。疑此巫山之或称"云雨山"也。而唐末杜光庭《墉城集仙录》乃谓禹理水驻巫山下，遇大风振崖，功不能兴，得云华夫人即瑶姬之助，始能"导波决川，以成其功"：此虽后起之说，然知民间古固亦有禹巫山治水之神话也。其原始状态维何？则曰：此经之"禹攻云雨"是也。③

除"禹攻云雨"与大禹治水、"云雨之山"与巫山这些线索，还有

---

① 孙逊《中国古代小说与宗教》第85—86页云："在先秦的文献中，夏禹在风情问题上声名颇著，屈原《天问》曾云：'禹之力献功，降省下土四方，焉得彼涂山女，而通之于台桑……闵妃匹合，厥身是继，胡维嗜欲同味，而快朝饱？'又《吕氏春秋·当务》曰：'禹有淫湎之意。'但宗教家们在《云华夫人》这则传说里，既改造了女神，又重塑了夏禹，使得不论是女神抑或是先贤都以一种守身如玉的面目出现。不但神女的道教宣讲使人生厌，竹扫稿叶的描写更是矫饰气十足。"
② 《山海经校注》，第376页。
③ 《山海经校注》，第377页。

218

其他可疑之处,如栾木"赤枝青叶"就颇与竹子有关。《三辅黄图》:"(蓬莱山)有浮云之干,叶青茎紫,子大如珠,有青鸾集其上。下有砂砾,细如粉,柔风至,叶条翻起,拂细砂如云雾,仙者来观而戏焉。风吹竹叶,声如钟磬。"[①]此"浮云之干"即竹子,也是"叶青茎紫",紫色即深赤色。"叶青茎紫"是说颜色,是外在形态的,还有内在联系,至少还表现在两方面:一、不死功能;二、媚人功能。

先说不死功能。唐余知古《渚宫旧事》卷三引瑶姬之言:"我夏帝之季女也,名曰瑶姬,未行而亡,封乎巫山之台。精魂为草,摘而为芝,媚而服焉,则与梦期。所谓巫山之女,高唐之姬。"[②]朱淡文指出:"在古人的诗赋中,灵芝草被称为神木、灵草、不死药,《文选》卷一班固《西都赋》李善注:'神木灵草,谓不死药也。'据说服后可以长生不老立地成仙。"[③]巧合的是,竹在传说中也是灵草,也是不死药。《南齐书·刘怀珍传》:"灵哲生母尝病,灵哲躬自祈祷,梦见黄衣老公曰:'可取南山竹笋食之,疾立可愈。'灵哲惊觉,如言而疾瘳。"[④]据学者研究,南山即会稽山,即巫山,栾木、竹笋等是不死草的变形[⑤]。

古代关于竹子与不死树的相关记载不少,如:"灵寿,木名也,似竹,有枝节"(《山海经·海内经》郭璞注)[⑥]、"山上有草,茎赤叶青,人死

---

① 陈直校证《三辅黄图校证》卷四"池沼"条,第97—98页。
② 转引自袁珂《古神话选释》,人民文学出版社1979年版,第91—92页。
③ 朱淡文《林黛玉形象探源》,《红楼梦学刊》1994年第1期,第127页。
④ 《南齐书》卷二七,第2册第504页。《南史》所载与此小异。
⑤ 段学俭《〈诗经〉中"南山"意象的文化意蕴》,《辽宁师范大学学报(社科版)》1999年第3期,第53页左。后世诗文中以"檀栾"形容竹之秀美,似乎与此不无关系。如汉枚乘《梁王菟园赋》:"修竹檀栾,夹池水,旋菟园,并驰道。"
⑥ 《山海经校注》,第446页注释[六]。

佩之便活"(《郡国志》)①,这些记载至少可使竹子与不死观念发生联想。古代也确实有不死竹,且能使人死而复活。《齐民要术》卷一〇更载:"《外国图》曰:高阳氏有同产而为夫妇者,帝怒放之,于是相抱而死。有神鸟以不死竹覆之。七年,男女皆活。"②这种起死回生的神奇功能当来自先民的竹生殖崇拜观念。竹子的强盛繁殖力和顽强生命力,在后代甚至演变为插竹而活与枯竹复生的传说。所以,竹子与化身巫山神女的瑶草也可发生联想。

我们再看竹子的媚人功能。神女原型之一的"瑶姬""精魂为草,摘而为芝,媚而服焉,则与梦期"的传说,在《山海经》中有类似记载。《山海经·中山经》云:"又东二百里,曰姑媱之山。帝女死焉,其名曰女尸,化为䔄草,其叶胥成,其华黄,其实如菟丘,服之媚于人。"郭璞注:"为人所爱也;一名荒夫草。"③袁珂指出其间承续流变的关系:"知瑶姬神话乃䔄草神话之演变也。此一神话,又再变而为瑶姬于巫山助禹治水,则唐末道士杜光庭于《墉(引者按,原作"镛")城集仙录》所记是也。"④袁先生是就故事流变的总体而言,如着眼于具体情节或意象,则媚人功能值得注意。竹子也具有此项功能,主要体现于竹叶,女性以竹叶装饰衣裙饰物,如"裙垂竹叶带"(李贺《冯小怜》),南朝盛传的竹叶羊车故事中,宫女们以竹叶吸引羊车进而争宠,可见竹叶具有媚人功能。

明确记载竹子附丽于神女的文献至迟在梁代已出现,如江淹《灵

① 《太平御览》卷四一"会稽山"条,《影印文渊阁四库全书》第 893 册第 475 页上栏左。
② 《齐民要术校释》,第 632 页。
③ 《山海经校注》,第 142 页。
④ 《山海经校注》,第 143 页。

丘竹赋》："况有朝云之馆，行雨之宫；窗峥嵘而绿色，户踟蹰而临空。"①张率《楚王吟》："章台迎夏日，梦远感春条。风生竹籁响，云垂草绿饶。相看重束素，唯欣争细腰。不惜同从理，但使一闻韶。"②祖孙登《咏风诗》："飙飏楚王宫，徘徊绕竹丛。"③以上三例都可见竹与楚宫的关系，《灵丘竹赋》尤为明显。到唐代，竹子与巫山

图39　［明］崔子忠《云中玉女图》。纸本，设色。纵169厘米，横52.9厘米。上海博物馆藏。崔子忠（约1574—1644），初名丹，字开予；改名子忠，字道母，号北海，青蚓（一作青引），原籍北海（今山东莱阳）人，后移居顺天（即北京）。（《述异记》卷下，《影印文渊阁四库全书》第1047册第634页上栏）

神女的联系更广为流传，如"一闻神女去，风竹扫空坛"（李频《过巫峡》）④、"何用高唐峡，风枝扫月明"（张蠙《新竹》）、"一丛斑竹夜，环佩响如何"（温庭筠《巫山神女庙》），诗文中既有表述，则民间传说可能更早更普遍。充满艳情内涵的民间《竹枝词》流行于此地，也可

---

① 《全上古三代秦汉三国六朝文》全梁文卷三四，第3册第3149页。
② 《先秦汉魏晋南北朝诗》梁诗卷一三，中册第1782页。
③ 《先秦汉魏晋南北朝诗》陈诗卷六，下册第2544页。
④ 《全唐诗》卷五八七，第18册第6819页。

能与巫山神女有关①。神女与扫坛竹的联系至宋代民间还有流传，如苏轼《巫山》诗云："遥观神女石，绰约诚有以。俯首见斜鬟，拖霞弄修帔。人心随物变，远觉含深意。野老笑吾旁，少年尝屡至。去随猿猱上，反以绳索试。石笋倚孤峰，突兀殊不类。世人喜神怪，论说惊幼稚。楚赋亦虚传，神女安有是。次问扫坛竹，云此今尚尔。枝叶纷下垂，婆婆绿凤尾。风来自偃仰，若为神女使。"②可知北宋流传的扫坛竹传说还与巫山神女有联系。修竹也成为巫山庙前代表性植物，如"庙前溪水流潺潺，庙中修竹声珊珊"(王周《巫山庙》)。

---

① 如李群玉《云安》："滩恶黄牛吼，城孤白帝秋。水寒巴字急，歌迥竹枝愁。树暗荆王馆，云昏蜀客舟。瑶姬不可见，行雨在高丘。"
② 《全宋诗》，第 14 册第 9091 页。

第三章　竹意象的佛教文化内涵研究

竹子是儒释道三教共赏之物，积淀着深厚的文化意蕴。试浏览《文苑英华》卷二一九至卷二二四"释门"、卷二三三至卷二三九"寺院"类所收诗歌，竹意象出现的频率是很高的。佛教文学是中国古代文学的重要组成部分，其中的竹子题材意象也是中国古代文学题材意象的重要组成部分。在印度佛教中，佛教始祖释迦牟尼常住竹林，经常借竹说法。中土佛教融入了竹文化的本地特色，各地多建竹林寺，寺院也广栽竹树，僧人赏竹、食笋、用竹、咏竹、画竹、作《笋谱》、借竹说法，甚至击竹顿悟。"青青翠竹，总是法身"的话头启发了无数僧人悟禅，"三生石"的内涵让多少有情人感慨唏嘘，观音菩萨身居紫竹林示现说法感化芸芸众生。可见竹子已成为佛教重要植物，所谓"法苑称嘉柰，慈园羡修竹"（萧统《讲席将毕赋三十韵诗依次用》）①。大量文献史料告诉人们，竹子与佛教结下了不解之缘，竹子的佛教文化内涵、佛教文学表现值得探究。

第一节　竹与印度佛教的因缘

印度盛产竹子，佛经中涉及竹子之处非常多。自东汉以来，随着

---

① 《先秦汉魏晋南北朝诗》梁诗卷一四，中册第 1798 页。

佛教传入，佛经中的竹文化又与中国本土竹文化相结合，交融形成中土佛教竹文化内涵。

一、佛教与竹的物质利用

佛教自产生之初就与竹子有密切关系。首先是佛祖及僧徒活动、说法于竹林。佛教始祖释迦牟尼成道之后，奔波四处宣扬教理，跟随弘法的弟子常有数百人。印度气候炎热，竹林清静荫凉，是说法传道的理想地点。西晋三藏竺法护译《佛说大迦叶本经》载，迦叶说："尔时世尊游于王舍城。我时在竹树间迦兰园。明旦著衣持钵入城分卫，见日大殿有千光出。时佛世尊在王舍城迦兰竹树间。"①他们没有固定休息的地方，白天在竹林及树下学道，晚上在颓垣破屋住宿。

法显《佛国记》和玄奘《大唐西域记》都记载了古印度最早寺庙之一的"竹林精舍"，此林种满竹子，又称迦兰陀竹林，佛经中也称作迦兰陀竹园、迦陵竹园等。萧齐跋陀罗译《善见律毗婆沙》卷一三："竹林园者，种竹围绕，竹高十八肘，四角有楼兼好门屋，遥望瞹瞹犹如黑云，故名竹林园。亦名迦兰陀。"②迦兰陀竹林有两种含义，一是指迦兰陀鸟所栖息的竹林，据玄应《一切经音义》，迦兰陀为鸟名，其鸟形似鹊，栖身这座竹林；二是指迦兰陀长者所拥有的竹林，据《大唐西域记》卷九所载，上茅城中长者迦兰陀，曾以竹园赠予尼犍外道，后闻佛法而生清净信心，转而奉献佛陀为僧园③。

《四分律》卷三三载："尔时摩竭国王瓶沙复作是念：'若使世尊将诸弟子入罗阅城。先至园中者，我当即以此园地施之立精舍。'时罗阅

---

① 《大正藏》第 14 册，761b。
② 《大正藏》第 24 册，765b。
③ 参考潘少平著《佛教的植物》，中国社会科学出版社 2003 年版，第 28—29 页。

城诸园中，迦兰陀竹园最胜。时世尊知摩竭王心中所念，即将大众诣竹园已。王即下象，自迭象上褥，作四重敷地。前白佛言：'愿世尊坐。'世尊即就座而坐。时瓶沙王持金澡瓶水授如来令清净。白佛言：'今罗阅城诸园中，此竹园最胜。我今施如来，愿慈愍故受。'"①从此释迦牟尼于摩伽陀王舍城外的竹园设立竹林精舍，常住说法。

其他相关记载，如《佛说长阿含经》卷一四："佛游摩竭国，与大比丘众千二百五十人俱。游行人间，诣竹林。"②《大唐西域记》卷九："竹林精舍北，行二百余步，至迦兰陀池，如来在昔多此说法。"③《中阿含经》卷七："佛游王舍城，在竹林加兰哆园。"④类似记载佛经中很多。《金光明经·舍身品》中，舍身饲虎的佛本生故事，也发生在竹林。

从佛经记载可知，比丘们经历了从竹林野居到建构僧舍的过程。后秦北印度三藏弗若多罗译《十诵律》卷三四："尔时，跋提居士早起出王舍城，欲诣竹园礼觐世尊。时居士见诸比丘从山岩竹林树下来，问言：'大德，从何处来？'答言：'从山岩竹林树下来。'居士言：'何故在此山岩竹林树下耶？'诸比丘言：'更无住处。'居士言：'我当为汝等起诸房舍。'答言：'佛未听我等房舍中住。'诸比丘以是事白佛。佛言：'从今听诸比丘房舍中住。'"⑤沙门基撰《妙法莲华经玄赞》卷

---

① ［姚秦］佛陀耶舍共竺佛念等译《四分律》卷三三"受戒揵度之三"，《大正藏》第 22 册，798b。

② ［后秦］佛陀耶舍共竺佛念译《佛说长阿含经》卷一四，《大正藏》第 1 册，88b。

③ ［唐］玄奘、辩机原著，季羡林等校注《大唐西域记校注》，中华书局 1985 年版，第 742 页。

④ ［晋］罽宾三藏瞿昙僧伽提婆译《中阿含经》，《大正藏》第 1 册，461b。

⑤ ［后秦］弗若多罗译《十诵律》卷三四"八法中卧具法第七"，《大正藏》第 23 册，243a—243b。

一：“竹林园西南行五六里，南山之阴大竹林中有大石室，是大迦叶波结集法藏之处。”①可知早期佛教僧徒于竹林或竹林中石室修行，后来才修筑僧舍。《十诵律》卷三八：“佛在王舍城。尔时瓶沙王于竹园中起五百僧坊，有成者，有未成者。”②可知未有僧舍时僧徒栖息竹林，而僧舍也是建立于竹林。

图 40 罗汉竹。图片由网友提供。

后代甚至建有竹林道场、竹笋道场。五百大阿罗汉等造、玄奘译《阿毗达磨大毗婆沙论》卷二九：“尊者阿难闻已合掌随喜赞叹辞退，复诣竹林道场以此事问五百苾刍。”③唐地婆诃罗译《最胜佛顶陀罗尼净除

---

① 《大正藏》第 34 册，665b
② ［后秦］弗若多罗译《十诵律》卷三八“明杂法之三”，《大正藏》第 23 册，276c。
③ 《大正藏》第 27 册，148b。

业障咒经》:"一时薄伽梵在室罗筏竹笋道场。"①《十一面神咒心经义疏》解释道:"以竹笋为严修道场窟,故曰竹笋道场也。"②

竹子及竹制品在佛祖及僧徒的日常生活中也是不可或离的,其应用范围之广、数量之多,都是惊人的。以下略作叙述。竹子的衣着日用,如衣服、履屐、扇、席、伞盖等。义净译《根本说一切有部毘奈耶药事》卷一六:"竹叶为衣服,用草而为壁。"③义净译《根本说一切有部毘奈耶杂事》卷一三:"时诸苾刍作支伐罗,叶不相似便不端正,以缘白佛。佛言若作衣时叶应相似。苾刍不知云何相似。佛言,可取竹片量叶宽狭,然后裁之。"④这是以竹叶为衣服,用竹片为尺来量长短以便缝制。

用于日常生活的情况还有很多,如后秦弗若多罗译《十诵律》卷五〇"八法初":"有八种屐不应畜:木屐、多罗屐、波罗舍屐、竹屐、叶屐、文若屐、披披屐、钦婆罗屐。"⑤东晋跋陀罗共法显译《摩诃僧祇律》卷三二"明杂跋渠法之十":"诸比丘在禅坊中患蚊子,以衣扇作声。佛知而故问:'比丘作何等?如象振耳作声。'比丘答言:'世尊制戒不得捉扇。诸比丘患蚊,以衣拂故作声。'佛言:'从今已后。听捉竹扇苇扇树叶扇。除云母扇及种种画色扇。'"⑥义净译《根本说一切有部苾刍尼毘奈耶》卷一九"持盖行学处第一百五十七":"尼者谓珠髻难陀等持伞盖行者,谓持二种伞盖:一者谓竹草叶盖,二缯帛伞。"⑦以

---

① 《大正藏》第 19 册,357b。
② 《大正藏》第 39 册,1007c。
③ 《大正藏》第 24 册,81a。
④ 《大正藏》第 24 册,262b。
⑤ 《大正藏》第 23 册,367c。
⑥ 《大正藏》第 22 册,488a。
⑦ 《大正藏》第 23 册,1013c。

上是用于竹屐、竹扇、伞盖等。

还有一种佛戒僧众的情况，如义净译《根本说一切有部毗奈耶皮革事》卷下："佛告诸苾刍：'不得用木履，当取竹叶作履。'诸苾刍著竹叶履，乃生过患。佛告诸苾刍：'从今已后，不得畜竹叶履，当着蒲履。'"①佛陀跋陀罗共法显译《摩诃僧祇律》卷四〇"明一百四十一波夜提法之余"："佛住舍卫城。尔时比丘尼敷簟席缝衣，竹篾伤小便道血出。诸比丘尼以是因缘往白世尊。佛言：'从今日后不听比丘尼坐竹席。若缝衣时，若在讲堂温室，巨摩涂地已缝衣。若无者当敷著床上若膝上缝。若于竹簟席上坐越比尼罪。'是名席法。"②佛戒僧徒用竹叶履、戒比丘尼坐竹簟，表明此前曾普遍使用。

竹子还用作刀、筒、舍利等。南朝宋罽宾三藏佛陀什共竺道生等译《五分律》卷二六"第五分杂法"："有诸比丘鼻中毛长。佛言：'听畜镊拔之。'诸比丘便以金银作镊，佛言：'不应尔。听用铜铁牙角竹木，除漆树。'"③《五分律》卷二六"第五分杂法"："有诸比丘无刀，用竹芦片割衣，衣坏。"④义净译《根本说一切有部毗奈耶杂事》卷三"火生长者之余"："缘在室罗伐城。时诸苾刍刺三衣时，便以竹签或用鸟翮，衣遂损坏。佛言应可用针……苾刍畜针随处安置，遂便生涩。佛言应用针筒。苾刍不解如何作筒。佛言有二种针筒，一是抽管，二以竹筒。"⑤跋陀罗共法显译《摩诃僧祇律》卷三二"明杂跋渠法之十"："佛住舍卫城。时有比丘持竹作眼药筹。佛知而故问比丘此是何等。答言：'世

---

① 《大正藏》第 23 册，1055c。
② 《大正藏》第 22 册，544c。
③ 《大正藏》第 22 册，169c。
④ 《大正藏》第 22 册，174a。
⑤ 《大正藏》第 24 册，218a。

尊。是眼药筹。'佛言：'眼是软物，应用滑物作筹。'时有比丘便以金银作。佛言：'不听金银及一切宝物作，应用铜铁牙骨栴檀坚木作，揩摩令滑泽。下至用指头。'"①竹子用作镊子、刀、竹签、竹筒、眼药筹等，可见其易得且应用广泛。

图 41　江苏徐州竹林寺。图片引自百度百科。

《五分律》卷二六"第五分杂法"："佛言：'我先不制无漉水囊，行不得过半由旬耶。若是无漉水囊，有衣角可漉水者听。欲行时心念用以漉水。亦听畜漉水筒。'诸比丘便用金银宝作。佛言：'不应尔。听用铜铁竹木瓦石作之。'"②姚秦罽宾三藏佛陀耶舍共竺佛念等译《四分律》卷五二"杂揵度之二"："彼用宝作函若箱。佛言：'不应以宝作。

———————————
① 《大正藏》第 22 册，487c。
② 《大正藏》第 22 册，173b—173c。

229

应以舍罗草若竹木作。'"①佛主张不用宝物而用竹子，正是因其便宜且易得。

佛教常将竹笋、竹沥等当作诸药。东晋卑摩罗叉续译《十诵律》卷六一"因缘品第四"："佛在苏摩国。是时长老阿那律比丘弟子病，服下药中后心闷。佛言：'与熬稻华汁。'与与竟闷不止。佛言：'竹笋汁与。'与竟不差。"②这是用竹笋汁治病。唐菩提流志译《不空羂索神变真言经》卷一"母陀罗尼真言序品第一"："若患眼疼，真言白线索用系耳珰。又真言，竹沥甘草白檀香水，每日晨朝午时夜时洗眼。"③此是以竹沥洗眼。

在佛教法事及修炼仪轨中会用到竹。如唐天竺三藏阿地瞿多译《佛说陀罗尼集经》卷五"毘俱知救病法坛品"："咒师若欲救病人者，至于病家，香汤洒浴著新净衣，与作法坛……以青柏叶及竹叶枝梨柰叶枝，塞其罐口。"④天息灾译《佛说大摩里支菩萨经》卷三："如不降雨一切龙池其水涸竭，令彼诸龙心生热恼。或就龙池边用药一丸，安竹竿上或安幢上，以青线系缚，复书真言亦安其上。即降大雨，昼夜不住。若欲雨止，即去其药。"⑤唐天竺三藏阿地瞿多译《佛说陀罗尼集经》卷一一"祈雨法坛"："其坛四角各别安一赤铜水罐，其罐各受可一斗者，满盛净水。不须画饰，其口插柳柏枝，竹枝亦得中用，各并叶取。又各以生五色彩帛，系其枝上，共成一束，其彩色别各长五尺。"⑥以上

---

① 《大正藏》第 22 册，953b。
② 《大正藏》第 23 册，462a。
③ 《大正藏》第 20 册，231c。
④ 《大正藏》第 18 册，832a—832b。
⑤ 《大正藏》第 21 册，272a。
⑥ 《大正藏》第 18 册，880c。

是治病、祈雨法坛用竹情况。

南天竺三藏金刚智译《金刚药叉瞋怒王息灾大威神验念诵仪轨》："若又欲急杀恶人，画人像姓名置调伏坛，最初角削竹钉穿立腹中。诵大灵验真言，以嚗恶卒怒心，咒一百八遍，一遍一打便毙。"①这是法术杀恶人用竹。竹枝也不仅是插于罐口，还用于洒香水，如唐代阿谟伽撰《焰罗王供行法次第》："次以竹叶洒净香水。"②竹火也在咒法中起作用。如北天竺三藏阿质达霰译《大威力乌枢瑟摩明王经》卷中："若紫矿末和水，一内勃罗得迦子于中，进竹火中一千八诸咒师钦伏。"③金刚智《吽迦陀野仪轨上》："但除火天王手持水瓶，次手持竹杖，身火绕相。"④在与观音菩萨相关的坛法和咒法中也多有竹子。甚至以竹根为舍利。不空译《如意宝珠转轮秘密现身成佛金轮咒王经》"如意宝珠品第三"："行者无力者即至大海边拾清净砂石即为舍利，亦用药草竹木根节造为舍利。"⑤佛教虽以竹根为舍利，目的并非抬高竹子地位，而恰恰是为普通人甚至穷人考虑，因为竹子易得。

二、竹的佛教文化内涵

佛教对竹子的植物定性，散见各经。最常见的是将竹子称为"节种"，但表述有别。东晋天竺三藏佛陀跋陀罗共法显译《摩诃僧祇律》卷一四"明单提九十二事法之三"："种子者有五种：根种、茎种、心种、节种、子种，是为五种……节种者，竹苇甘蔗，如是等当火净若刀中

---

① 《大正藏》第 21 册，99b。
② 《大正藏》第 21 册，375c。
③ 《大正藏》第 21 册，151a。
④ 《大正藏》第 21 册，235b。
⑤ 《大正藏》第 19 册，332c。

析净，若甲摘却芽目，是名节种。"①义净译《根本说一切有部毗奈耶》卷二七"坏生种学处第十一"："云何节种，谓甘蔗竹苇等。此等皆由节上而生，故名节种。"②义净译《根本说一切有部毗奈耶颂》卷中"九十波逸底迦法"："节种截取节，入地能生长。芦荻蔗竹等，由斯故得名。"③可见节种得名之由有"节上而生"及截取节插地生长等。

还有以竹为"覆罗种"者。《四分律》卷一二"九十单提法之二"："节生种者，苏蔓那华苏罗婆蒱醯那罗勒蓼及余节生种者是。覆罗种者，甘蔗竹苇藕根及余覆罗生种者是。"④也有以竹为草者。东晋佛陀跋陀罗共法显译《摩诃僧祇律》卷一七"明单提九十二事法之六"："草者，一切草及芦荻竹等。"⑤

佛经中，竹子也有象征意义。东晋佛陀跋陀罗共法显译《摩诃僧祇律》卷一六"明单提九十二事法之五"："若绳若竹篱不离水者，是净。"⑥此处说竹篱不离水为净，略见竹子的洁净象征内涵。竹子还是坚贞、正直的象征。佛经中多次提到"寒风破竹"。后秦弗若多罗共罗什译《十诵律》卷四四"尼律第三"："佛在舍卫国。尔时有比丘尼，名达摩提那，于冬八夜寒风破竹时著单薄衣行乞食。"⑦义净译《根本说一切有部毗奈耶》卷二七"坏生种学处第十一"："今既时属严冬，

---

① 《大正藏》第 22 册，339a。
② 《大正藏》第 23 册，776b。
③ 《大正藏》第 24 册，633a。
④ 《大正藏》第 22 册，641c。
⑤ ［晋］佛陀跋陀罗共法显译《摩诃僧祇律》卷一七"明单提九十二事法之六"，
　 《大正藏》第 22 册，365a。
⑥ 《大正藏》第 22 册，358c。
⑦ 《大正藏》第 23 册，316c。

寒风裂竹，幼稚男女夜无所依。"①《十诵律》卷一〇"明九十波逸提法之二"："冬八夜时，寒风破竹，冰冻寒甚。"②所言"寒风破竹"都是为了突出天气寒冷。

再如失译人名今附秦录《萨婆多毗尼毗婆沙》卷六"九十事第十一"："冬八夜时寒风破竹。炎天竺冬末八夜春初八夜，是盛冬时。所以尔者，寒势将尽，必先盛后衰。又云，以日下近地故，热势微少，是故寒甚。所以独言破竹者，以竹最坚尚破，况余木耶。又云，竹性法热，冬夏常青，寒甚故破，何况余木。"③已经说得较为明白，可见佛教中竹子象征坚贞。

竹子正直等特点也为佛教所推崇。西晋竺法护译《贤劫经》卷八"千佛发意品第二十二"："大多如来本宿命时。从供称佛初发道心，时欲入城见佛出城。因为稽首归命供养，贡上至心而奉好竹。心自念言，使诸众生行直如竹，莫有邪志。"④以好竹奉佛、愿众生行直如竹，都是推尊竹子直性的表现。

佛陀及僧徒也常借竹说法。借竹子及竹制品说明佛理的，如竺法护译《正法华经》卷三"正法华经药草品第五"："譬如三千大千世界，其中所有诸药草木、竹芦丛林，诸树小大，根本茎节、枝叶华实，其色若干、种类各异，悉生于地。若在高山岩石之间、丘陵堆阜、嵚谷坑坎。时大澍雨，润泽普洽。随其种类，各各茂盛。匪我低仰，莫不得所。雨水一品，周遍佛土，各各生长，地等无二。如来正觉，讲说

---

① 《大正藏》第 23 册，775c。
② 《大正藏》第 23 册，75a。
③ 《大正藏》第 23 册，543b。
④ 《大正藏》第 14 册，59b。

深法，犹如大雨。"①大雨周遍竹木等植物，如同佛法深入人心。尊者法救撰、吴天竺沙门维衹难等译《法句经》卷下第三十三《利养品》："利养品者，励己防贪，见德思议，不为秽生。芭蕉以实死，竹芦实亦然。駏驉坐妊死，士以贪自丧。如是贪无利，当知从痴生。愚为此害贤，首领分于地。"②龙树造、后秦鸠摩罗什译《大智度论》："心依邪见，破贤圣语。如竹生实，自毁其形。"③这都是以竹生实喻贪邪心生则害己。世亲菩萨释、陈天竺三藏真谛译《摄大乘论释》卷二"缘生章第六"："谓芭蕉竹等果熟则死，业若已熟，不更生果。"④此是反面取喻，谓业熟不生果，不同于竹死实熟。

佛经以竹为喻，形式灵活，不拘常套。常常是同一个喻体说明不同道理，如《阿毘昙毘婆沙论》卷三："复有说者，智生依阴，在阴智火，还烧于阴。犹如两竹相摩生火，还烧竹林。"⑤隋天台智者说、门人灌顶记《摩诃止观》卷五："今明内性不可改，如竹中火性，虽不可见，不得言无。燧人干草遍烧一切。心亦如是，具一切五阴性，虽不可见，不得言无。"⑥《摩诃止观》卷九："若言一切众生皆有初地味禅，如大富盲儿竹中有火，心内烦恼而不并起。禅亦如是。事障粗碍不能得发，今修心渐利，性障既除，细法仍起，何必外来。"⑦此三例虽都举竹中

---

① 《大正藏》第 9 册，83b。
② 《大正藏》第 4 册，571b—571c。
③ 龙树造、后秦鸠摩罗什译《大智度论》"大智度论释初品中戒相义第二十二之一"，《大正藏》第 25 册，158a。
④ 《大正藏》第 31 册，164b。
⑤ 迦旃延子造、五百罗汉释、北凉天竺沙门浮陀跋摩共道泰等译《阿毘昙毘婆沙论》卷三"杂犍度世第一法品之三"，《大正藏》第 28 册，20a。
⑥ 《大正藏》第 46 册，53a。
⑦ 《大正藏》第 46 册，119a。

有火为喻，却说明不同道理，首例说明智与阴的关系，次例说"内性不可改"，末例说明"一切众生皆有初地味禅"。

隋天台智者说、门人灌顶记《观音玄义》卷下："圣人知觉，即识如彼相师，知此千种性相皆是因缘生法。若是恶因缘生法，即有苦性相，乃至苦本末，既未解脱，观此苦而起大悲。若观善因缘生法，即有乐性相，乃至乐本末，观此而起大慈，具解如大本。今约初后两界中间可解。地狱界如是性者，性名不改，如竹中有火性。若其无者，不应从竹求火，从地求水，从扇求风。心有地狱界，性亦复如是。"①这是以竹中有火比喻人有恶性相。

天台智者说《妙法莲华经玄义》卷五下："又凡夫心一念即具十界，悉有恶业性相。只恶性相即善性相。由恶有善，离恶无善。翻于诸恶，即善资成。如竹中有火性，未即是火事，故有而不烧。遇缘事成，即能烧物。恶即善性，未即是事。遇缘成事，即能翻恶。如竹有火，火出还烧竹。恶中有善，善成还破恶。故即恶性相，是善性相也。"②这是以竹火说明恶性相与善性相的关系。

同一个道理也可借竹子为喻从不同角度进行解说。"束竹"常被用以说明教义。元魏婆罗门瞿昙般若流支译《正法念处经》卷六七"身念处品之四"："心不乐法，名色互相因缘而住。犹如束竹相依而住，相依力故。如是名色各各相依，如是行聚食因缘住。如水和麨，名为麨浆。各各有力，名色得住。"③《大般涅盘经集解》卷六五"迦叶品之

---

① 《大正藏》第 34 册，888c。
② 《大正藏》第 33 册，743c—744a。
③ 《大正藏》第 17 册，395c。

第三"："佛说造。造四大亦造色，譬如束竹相扶得立。"①《大般涅盘经集解》卷五二"德王品之第八"："明贪瞋乃至解脱，悉一时并有。事如束竹，但用有前后。"②都是说各色相依，末条另有"用有前后"之义。

再如姚秦鸠摩罗什译《成实论》卷五云："又经中说，是心与法，皆从心生，依止于心。又说众生心长夜为贪恚等之所染污，若无相应，云何能染。又心心数法性赢劣故，相依能缘。喻如束竹，相依而立。"③《成实论》卷五："又经中说，受等依心，非如彩画依壁，是名心数依心。汝言心数相依如束竹者，与经相违。若俱相应，何故心数依心，而心不依数？"④则都是以"束竹"说明心数相依的道理。

佛经以竹为喻的例子还有很多，如东晋佛陀跋陀罗共法显译《摩诃僧祇律》卷二八"明杂诵跋渠法之六"："我当教汝，汝更教我，如逆捋竹节，汝莫更说。"⑤以"逆捋竹节"比喻不应说的道理。《大般涅盘经集解》卷七一"憍陈如品下"："善男子，汝言用处定故说一切法有自性也。案，僧亮曰：'答第三也。若名义有因，实亦有因也。'宝亮曰：'答第二也。明竹木初生，本无箭镞之性，工匠乃成。岂非因缘耶？'"⑥借工匠以竹为箭镞说明因缘对于修行的重要。

佛经中也虚构了一些竹子世界。吴月氏优婆塞支谦译《佛说慧印三昧经》："诸菩萨即受其佛教，持神足飞到竹园中，前为佛作礼，皆

---

① 《大正藏》第 37 册，580b。
② 《大正藏》第 37 册，535c。
③ 诃梨跋摩造、姚秦三藏鸠摩罗什译《成实论》卷五"有相应品第六十六"，《大正藏》第 32 册，277b。
④ 《成实论》卷五"非相应品第六十七"，《大正藏》第 32 册，278b。
⑤ 《大正藏》第 22 册，459a。
⑥ 《大正藏》第 37 册，609b。

却坐莲华上。"①此处竹园虽为菩萨活动的环境,但"持神足飞到竹园中"显然是虚构想象的情节。再如《佛说长阿含经》卷一八:"须弥山边有山,名伽陀罗,高四万二千由旬,纵广四万二千由旬,其边广远,杂色间厕,七宝所成。其山去须弥山八万四千由旬。其间纯生优钵罗花、钵头摩花、俱物头花、分陀利花,芦苇、松、竹丛生其中,出种种香,香亦充遍。"②该经所记伊沙陀罗山、树巨陀罗山、善见山、马食上山、尼民陀罗山、调伏山、金刚围山等等,也都是"芦苇、松、竹丛生其中,出种种香,香亦充遍"。刘宋求那跋陀罗译《央掘魔罗经》:"上方去此过八恒河沙刹,有国名竹,佛名竹香。"③佛经中竹香甚至竹香国,其实是现实世界崇尚竹的反映。

也有借竹表现恶性世界的情况。东晋西域沙门竺昙无兰译《佛说泥犁经》,"次复入铁竹芦,纵广数千里,树叶皆如利刀。人入其中者,风至吹竹令震动叶,皆贯人肌截人骨,形体无完处,苦痛不可忍,过恶未解故不死。泥犁勤苦如是",于是,"佛告诸比丘,泥犁苦不可胜数,我略粗粗为汝说耳"④。这也许就是"如魔试金粟"(陈陶《题僧院紫竹》)的境界。

第二节 竹意象的中土佛教文化内涵

佛教"约自东汉明帝时开始传入中国,但在当时并没有产生多大

---

① 《大正藏》第 15 册,461a。
② 《佛说长阿含经》卷一八,《大正藏》第 1 册,115c。
③ 《大正藏》第 2 册,535a。
④ [晋] 竺昙无兰译《佛说泥犁经》,《大正藏》第 1 册,908b。

影响。到魏晋南北朝时期，佛教和玄学结合起来，有了广泛而深入的传播。隋唐时期，中国佛教走上了独立发展的道路，形成了众多的宗派，在社会、政治、文化等许多方面特别是哲学思想领域产生了深刻的影响。这时佛教已经中国化，完全具备了中国自己的特点"①。中土佛教对印度佛教是既有继承又有创新，其中竹文化也是如此。例如，"现在很多竹种的名称也还带有浓郁的宗教色彩，如体态和蔼的观音竹、竹节象弥勒佛肚的佛肚竹、竹杆基部如十八罗汉的罗汉竹"②。当然，因为同是竹产区，在竹文化上还是有一些相同或相近的内容，如僧徒使用竹制品很普遍，多喜借竹讲经说法，但毕竟处在不同的文化背景与精神氛围中，其内涵也多不相同。以下试从佛寺、禅悟修行及象征意蕴等方面论述竹子的佛教内涵。

一、竹林寺与竹

在古印度，僧众修行之所，梵语叫 Sangharama，汉语音译为"僧伽蓝"，或"僧伽蓝摩"，简称"伽蓝"；如果意译，旧有"众园""静园"之含义。"寺"是中国的称呼，原本是官署之称。③东汉明帝敕修白马寺于洛阳西雍门外④。白马寺仿印度祇园精舍而建，成为中国

---

① ［南唐］静、筠二禅师编撰，孙昌武、［日］衣川贤次、［日］西口芳男点校《祖堂集》卷首《中国佛教典籍选刊编辑缘起》，中华书局 2007 年版，上册第 1 页。

② 刘海燕《竹林禅韵——论竹的环境意象之一》，《世界竹藤通讯》2008 年第 4 期，第 45 页。

③ 程俊英考证"寺"的流变，由"寺人"（即宦官）到官吏办公室，而作为庙宇的含义由此演变而来。参考程俊英《名物杂考·寺的演变》，见朱杰人、戴从喜编《程俊英教授纪念文集》，华东师范大学出版社 2004 年版，第 355 页。

④ 《高僧传》卷一："相传云：外国国王尝毁破诸寺，唯招提寺未及毁坏。夜有一白马绕塔悲鸣，即以启王，王即停毁诸寺。因改'招提'以为'白马'。故诸寺立名多取则焉。"见［梁］释慧皎撰、汤用彤校注《高僧传》卷一，中华书局 1992 年版，第 2 页。

最早的佛寺。

　　佛教寺庙又称"丛林"，可见树林与寺庙紧密相关①。而竹子与寺庙的关系尤为密切。中土很快就出现竹林寺。至迟晋代已有竹园寺、竹林寺②。梁释宝唱《比丘尼传》卷一载，比丘尼净捡，"同其志者二十四人，于宫城西门共立竹林寺"③，寺在都城建康。梁释慧皎《高僧传》卷二："（昙无谶）初出《弥勒》《观音》二观经。丹阳尹孟𫖮，见而善之，深加赏接。后竹园寺慧浚尼，复请出《禅经》，安阳既通习积久，临笔无滞，旬有七日，出为五卷。"④此寺也在建康（今南京）⑤，未知是否一处。《高僧传》卷六："（释昙邕）后往荆州，卒于竹林寺。"⑥释昙邕"太元八年（383），从苻坚南征，为晋军所败，还至长安，因从安公出家。安公既往，乃南投庐山，事远公为师"⑦。知其为东晋人，其时荆州有

---

① 《大智度论》卷二云："僧伽，秦言众，多比丘一处和合，是名僧伽；譬如大树丛聚，是名为林。"可见本以树林譬喻僧众，因和尚聚居修行处多树林，故又泛指寺院。佛寺又称阿兰若，即梵语 aranya，是树林、森林之义。

② 《魏书·郑道昭传》载："（道昭）从征沔汉，高祖𬒳侍臣于悬瓠方丈竹堂，道昭与兄懿俱侍坐焉。"竹堂是用竹建造的厅堂或竹林中的厅堂，还不是寺院。汤用彤《汉魏两晋南北朝佛教史》："西晋洛都有竹林寺。"（汤用彤《汉魏两晋南北朝佛教史》，中华书局 1955 年版，第 172 页）待考。

③ ［梁］释宝唱著、王孺童校注《比丘尼传校注》，中华书局 2006 年版，第 1 页。

④ ［梁］释慧皎撰、汤用彤校注《高僧传》卷二"晋河西昙无谶"条，第 80 页。

⑤ 王孺童校注《比丘尼传校注》卷二"竹园寺慧浚尼传二十"条注释［三］引《南朝佛寺志》卷上注"竹园寺"云："宋元嘉十一年（434）置竹园寺，西北去县一里，在今建康东尉蒋陵里檀桥。"见该书第 107 页。阙名《禅要秘密治病经记》："以宋孝建二年（455）九月八日，于竹园精舍书出此经，至其月二十五日讫。尼慧浚为檀越。"（见《全上古三代秦汉三国六朝文》全宋文卷六四，第 3 册第 2790 页上栏）此"竹园精舍"与慧浚所在的竹园寺似即一处。

⑥ 《高僧传》卷六"晋庐山释昙邕"条，第 237 页。

⑦ 《高僧传》卷六"晋庐山释昙邕"条，第 236 页。

竹林寺。释僧慧、释慧球等都曾住此寺①。又东晋时江陵有竹林寺,见《高僧传》卷六:"(慧)远又有弟子昙顺、昙诜,并义学致誉。顺本黄龙人,少受业什公,后还师远,蔬食有德行。南蛮校尉刘遵,于江陵立竹林寺,请经始。远遣徙焉。"②由以上所论知东晋时建康、荆州、江陵等地都有竹林寺,可见晋代寺院取名倾向。

佛教自东汉传入,为何到东晋才出现以"竹林""竹园"命名的寺院?一方面可能因为晋代以前是佛教初传阶段,影响较小。佛教经籍传入的较早记载是《三国志·魏志·东夷传》注引《魏略·西戎传》所云:"昔汉哀帝元寿元年(公元前2年),博士弟子景庐受大月氏王使伊存口授《浮屠经》。"③据王晓毅统计,东汉至西晋,释氏说法处译为"竹园"16例,"竹林"1例,"竹林园"4例,共计21例,东晋共计22例,"竹园"12例,"竹林"7例,"竹林园"3例④。这个统计结果至少能够表明,这些译名将会通过翻译的佛经传播到更广泛的群体并融入中土民众的信仰。

另一方面,晋室南迁以来,南方竹林遍布,易于触目兴感。《高僧传》卷四:"(康僧渊)后于豫章山立寺,去邑数十里。带江傍岭,林竹郁茂,名僧胜达,响附成群。"⑤名僧响附聚集,竹林也是不可忽视的因素。

---

① 《高僧传》卷八:"释僧慧,姓皇甫,本安定朝那人。高士谧之苗裔,先人避难寓居襄阳,世为冠族。慧少出家,止荆州竹林寺,事昙顺为师。顺庐山慧远弟子。"《高僧传》卷八:"释慧球,本姓马氏,扶风郡人,世为冠族。年十六出家,住荆州竹林寺,事道馨为师。"

② 《高僧传》卷六"晋吴台寺释道祖"条,第238页。

③ 转引自王青著《西域文化影响下的中古小说》,中国社会科学出版社2006年版,第32页。书中同页还说:"在《四十二章经序》和牟子《理惑论》中,也有汉

④ 王晓毅《"竹林七贤"考》,载《历史研究》2001年第5期,第91—92页。

⑤ 《高僧传》卷四"晋豫章山康僧渊"条,第151页。

加上佛经翻译日盛，影响日隆，遂与佛经"竹林精舍"相比附而建有竹林寺、竹园寺。

南朝竹林寺渐多，主要分布于沿长江一带。宋时京口有竹林寺。《南史·武帝纪》："（宋高祖刘裕）尝游京口竹林寺，独卧讲堂前，上有五色龙章，众僧见之，惊以白帝，帝独喜曰：'上人无妄言。'"①《宋书》卷九三："衡阳王义季镇京口，长史张邵与（戴）颙姻通，迎来止黄鹄山。山北有竹林精舍，林涧甚美，颙憩于

图 42　翠竹掩映下的寺庙建筑一角。图片由网友提供。

此涧，义季亟从之游，颙服其野服，不改常度。"②《高僧传》卷八："释慧次，姓尹，冀州人。初出家为志钦弟子，后遇徐州释法迁，解贯当世，钦乃以次付嘱。仍随迁南至京口，止竹林寺。"③《高僧传》卷一三："（释道慧）晚移朱方竹林寺，诵经数万言。每夕讽咏，辄闻闇中有弹指唱萨之声。宋大明二年卒，年五十一。"④京口、朱方皆为镇江别名。

建康（南京）早在南齐就有竹林寺。如《南齐书·和帝纪》："（中

---

① 《南史》卷一，第 1 页。
② ［梁］沈约撰《宋书》卷九三《戴颙传》，中华书局 1974 年版，第 8 册第 2277 页。《南史》卷七五所载略同。
③ 《高僧传》卷八"齐京师谢寺释慧次"条，第 326 页。
④ 《高僧传》卷一三"宋安乐寺释道慧"条，第 500 页。

兴元年）五月乙卯，车驾幸竹林寺禅房宴群臣。"① 又《水经注·浙江水》："句践霸世。徙都琅邪，后为楚伐，始还浙东。城东郭外有灵汜，下水甚深，旧传下有地道，通于震泽。又有句践所立宗庙，在城东明里中甘滂南。又有玉笥、竹林、云门、天柱精舍，并疏山创基，架林裁宇，割涧延流，尽泉石之好，水流径通。"② 《高僧传》卷一二载："释慧益，广陵人。少出家，随师止寿春。宋孝建中出都，憩竹林寺。精勤苦行，誓欲烧身。"③ 不详具体所在，但地在江南是可以肯定的。《续高僧传》卷七："（释法朗）年二十一，以梁大通二年二月二日，于青州入道。游学杨都，就大明寺宝志禅师受诸禅法，兼听此寺象律师讲律本文，又受业南涧寺仙师成论、竹涧寺靖公毗昙。当时誉动京畿，神高学众。"④ 是又有竹涧寺。萧齐永明年间广州已有竹林寺。永明七年（489），僧伽跋陀罗在广州竹林寺译出《善见律毗婆沙》十八卷⑤。

寺院后代又称竹院、竹房、竹寺等。称竹院者，如"因过竹院逢僧话"（李涉《题鹤林寺上方》），杨巨源也有《春雪题兴善寺广宣上人竹院》诗。称"竹房"者，如"松院静苔色，竹房深磬声"（唐肃宗《七月十五日题章敬寺》）、"方寻莲境去，又值竹房空"（杨巨源《和郑相公寻宣上人不遇》）。称"竹寺"者，如"竹寺清阴远，兰舟晓泊香"（郑谷《李夷遇侍御久滞水乡因抒寄怀》）、"夜过秋竹寺，醉打老僧门"（齐己《过陈陶处士旧居》）。也有名苦竹寺者，如黄庭坚《邹松滋寄苦竹泉橙曲

---

① 《南齐书》卷八，第 1 册第 113 页。
② 《水经注校证》卷四〇，第 943 页。
③ 《高僧传》卷一二"宋京师竹林寺释慧益"条，第 453 页。
④ ［唐］释道宣撰《续高僧传》卷七，《大正藏》第 50 册，477b。
⑤ 参见中国佛教协会编《中国佛教》（一），知识出版社 1980 年版，第 32 页。

莲子汤三首》："松滋县西竹林寺，苦竹林中甘井泉。"①种种命名，除了缘自印度佛教的竹林精舍，还与寺庙植竹有关。

竹林寺之名，既是寺院普遍植竹的客观反映，也能使人闻其名而联想竹树掩映之境。如刘长卿《送灵澈上人》："苍苍竹林寺，杳杳钟声晚。"唤起的不仅是视觉上颜色"苍苍"，更有层深幽邃的空间感。总之，竹林寺的命名缘于印度佛教的圣迹传说和中土竹子审美文化②，其与竹子的因缘是很明显的，甚至出现因为诗人歌咏竹子而使寺院改名的情况③。

二、竹的风景美感与禅悟

最初佛教寺庙多建在名山深林，这是僧人与竹结缘的客观之因。很多寺庙甚至在选址的时候就考虑有无竹子。如：

> 乃于钟山竹涧，奉为皇考太祖文皇帝造大爱敬寺焉。（萧纲《大爱敬寺刹下铭》）④

> 拥亭皋之绝势，昇林野之殊形。肇开修竹之园，式揆旃坛之刹。（王勃《梓州元武县福会寺碑》）⑤

> 因竹林而起精舍，为桧树而制香炉。（李君政《宣雾山镌经像碑》）⑥

故可说"楚寺多连竹"（司空曙《送郎士元使君赴郢州》）。当然更

---

① 《全宋诗》，第 17 册第 11410 页。
② 参考金建锋《"三朝高僧传"中的竹林寺》，《宗教学研究》2009 年第 1 期。
③ 许图南《古竹院考——从李涉的诗谈到镇江的竹林寺》认为，镇江鹤林寺因李涉诗《题鹤林寺僧舍》"因过竹院逢僧话"而改名竹林寺，《江苏大学学报（高教研究版）》1981 年第 2 期，第 62—63 页。
④ 《全上古三代秦汉三国六朝文》全梁文卷一三，第 3 册第 3026 页上栏右。
⑤ 《全唐文》卷一八五，第 2 册第 1881 页上栏左。
⑥ 《全唐文》卷一五六，第 2 册第 1601 页上栏左。

多的情况则是先有寺院，后于周围广栽竹树。如"空庭更拟栽"（刘得仁《昊天观新栽竹》）、"阶前多是竹，闲地拟栽松"（贾岛《宿赟上人房》）、"载土春栽竹，抛生日喂鱼"（杜荀鹤《题战岛僧居》），都反映了这种栽竹意识。这样普遍植竹的效果是，竹子与松、柏等树相连成林，共同营造了寺庙幽静的环境。如刘峻《东阳金华山栖志》："寺观之前，皆植修竹，檀栾萧瑟，被陵缘阜。"①支昙谛《庐山赋》："映以竹柏，蔚以栝松。"②以《洛阳伽蓝记》为例：

（永宁寺）栝柏松椿，扶疏檐霤；丛竹香草，布护阶墀。（《洛阳伽蓝记》卷一）③

（景明寺）房檐之外，皆是山池，竹松兰芷，垂列阶墀，含风团露，流香吐馥。（《洛阳伽蓝记》卷三）④

（宝光寺）葭菼被岸，菱荷覆水，青松翠竹，罗生其旁。（《洛阳伽蓝记》卷四）⑤

（永明寺）庭列修竹，檐拂高松，奇花异草，骈阗阶砌。（《洛阳伽蓝记》卷四）⑥

可见寺院植竹非常普遍。这样的规模种植能产生经济效益。晚唐五代的寺院庄园"竹树森繁，园圃周绕，水陆庄田，仓廪、碾硙，仓库盈满"⑦，形成经济与生态效益。寺院多竹，以至于人们想获得竹种，

---

① 《全上古三代秦汉三国六朝文》全梁文卷五七，第 4 册第 3290 页下栏右。
② 《全上古三代秦汉三国六朝文》全晋文卷一六五，第 3 册第 2424 页下栏左。
③ ［北魏］杨衒之撰、周振甫释译《洛阳伽蓝记校释今译》，学苑出版社 2001 年版，第 14 页。
④ 《洛阳伽蓝记校释今译》，第 88 页。
⑤ 《洛阳伽蓝记校释今译》，第 120 页。
⑥ 《洛阳伽蓝记校释今译》，第 141 页。
⑦ 《续高僧传》卷二九《释慧胄传》，《大正藏》第 50 册，697c。

多从寺院移植，如"移得萧骚从远寺"（郑谷《竹》）。

竹子构成了寺庙风景。竹窗成为僧人对竹悟禅的一扇窗口。从视觉上看，竹林显得空荡和开阔，在修禅者眼里，"虚窗隐竹丛"（刘孝先《和亡名法师秋夜草堂寺禅房月下诗》）[1]，窗为禅房之窗，窗前之竹也就成为禅的观想物。如"倚杖云离月，垂帘竹有霜"（李端《同裴员外宿荐福寺僧舍》）、"闭户临寒竹，无人有夜钟"（司空曙《宿青龙寺故昙上人院》）、"竹窗回翠壁，苔径入寒松。幸接无生法，疑心怯所从"（崔峒《宿禅智寺上方演大师院》）。僧人也会透过窗外竹间的云、月去领悟禅理，因此竹又与云、月构成不同的禅悟风景，如"云向竹溪尽"（綦毋潜《登天竺寺》）、"寒窗竹月圆"（释无可《青龙寺纵公房》）。

竹径尤为引人注目。因周围广植竹树，寺庙一般是"复殿重廊，连甍比栋，幽房秘宇，窈窕疏通，密竹翠松，垂阴擢秀，行而迷道"（唐宣宗《重建总持寺敕》）[2]。僧徒们每日必经竹径，"竹阴行处密"（[唐]张乔《甘露寺僧房》）、"路经深竹过"（刘长卿《集梁耿开元寺所居院》）、"逶迤竹径深"（[唐]寇埴《题莹上人院》），在这样的环境里常会迷路，所谓"竹深行渐暗"（姚合《题山寺》）、"竹里寻幽径"（张乔《游歙州兴唐寺》）。

竹径与其他地理景物相连，构成更为深广的画面，如"井甘桐有露，竹迸地多苔"（释无可《安国寺静居法师故院》）、"道人庭守静，苔色连深竹"（柳宗元《晨诣超师院读经》）、"竹阴移冷月，荷气带禅关"（贾岛《宿慈恩寺郁公房》），苔藓与月影等衬托竹径的幽深；如"竹径通城下，松门隔水西"（张南史《寄静虚上人云门》）、"众溪连竹路，诸

---

① 《先秦汉魏晋南北朝诗》梁诗卷二六，下册第 2065 页。
② 《全唐文》卷八一，第 1 册第 849 页上栏右。

图43　[清]王文治行书八言联。（上海博物馆藏。王三毛摄。释文："林气映天竹阴在地；日长若岁水静于人。"）

岭共松风"（刘长卿《登思禅寺题上方》）、"竹径行已远，子规啼更深"（韦应物《与卢陟同游永定寺北池僧舍》），竹径通向更深广的远境。

竹喜傍水而生，故竹子与溪水又构成胜景。如"松高半岩雪，竹覆一溪冰"（王贞白《云居长老》）、"沓嶂围兰若，回溪抱竹庭"（宋之问《游云门寺》），都写竹子依傍溪水而生。"松间鸣好鸟，竹下流清泉"（张九龄《冬中至玉泉山寺属穷阴冰闭崖谷无色及仲春行县复往焉故有此作》）、"竹间泉落山厨静，塔下僧归影殿空"（温庭筠《开圣寺》）、"竹窗闻远水，月出似溪中"（卢纶《宿澄上人院》），都是听竹间泉水。

僧徒常在竹间读经说法，如孙逖《奉和崔司马游云门寺》"讲坐竹间逢"、李端《同皇甫侍御题惟一上人房》"通经在竹阴"、韩翃《题青龙寺淡然师房》"竹里经声晚"、卢纶《过仙游寺》"寂寞经声竹阴暮"，唐诗中的这些描写表明竹间读经说法是普遍现象。再如释皎然《宿法华寺简灵澈上人》："至道无机但杳冥，孤灯寒竹自青荧。不知何处小乘客，一夜风来闻诵经。"寒夜孤灯，对竹读经，"孤灯寒竹自青荧"，孤竹形象某种意义上也就是僧人形象的体现。僧人甚至在竹林坐禅，如《法苑珠林》卷一〇一："隋益州响应山寺释法进，不知氏族，为辉禅师弟子，于竹林坐禅。"①

寺院附近广栽竹子，目的之一是为了营造禅思氛围，所谓"竹柏之怀，与神心妙远；仁智之性，共山水效深"②。《洛阳伽蓝记》卷五："（凝圆寺）房庑精丽，竹柏成林，实是净行息心之所也。"③可见竹子被认为是组成"净行息心之所"的重要植物，这应该是寺庙植竹的重要原因。竹子构成寺庙不可缺少的环境氛围，其物色美感与禅思悟道息息相关。在禅门机锋应对的话题中，竹子也常以"心象""心境"的形式出现，如《五灯会元》载："僧问：'如何是龙华境？'师曰：'翠竹摇风，寒松锁月。'"④以下试从三方面论述：

（一）境之幽

竹子掩映庙宇，意境深邃，如"映竹掩空扉"（刘长卿《过隐空和尚故居》）、"洞房隐深竹"（王维《投道一师兰若宿》）、"竹色覆禅栖，幽禽绕院啼"（张乔《赠初上人》），竹子衬托佛教建筑的肃穆庄严，营造清静幽深的环境。温庭筠《清凉寺》"竹荫寒苔上石梯"、刘得仁《冬日题邵公院》"阴阶竹拂苔"，竹下苔色也构成层深幽邃之境。

这种幽邃不仅是视觉的，如"高筱低云盖，风枝响和钟"（薛道衡《展敬上凤林寺诗》）⑤、"入夜钟声竹外闻"（赵嘏《赠天卿寺神亮上人》）、

---

① 《法苑珠林》卷一〇一，《影印文渊阁四库全书》第 1050 册第 614 页上栏右。
② 《水经注校证》卷九"清水"，第 223 页。
③ 《洛阳伽蓝记校释今译》，第 146 页。
④ ［宋］普济著、苏渊雷点校《五灯会元》卷八"龙华契盈禅师"，中华书局 1984 年版，中册第 468 页。
⑤ 《先秦汉魏晋南北朝诗》隋诗卷四，下册第 2685 页。

"夜听水流庵后竹"①，钟声远传、夜听流水等听觉印象更见其境清幽。

竹林钟声甚至成为典型意象。庾信《送炅法师葬诗》："龙泉今日掩，石洞即时封。玉匣摧谈柄，悬河落辩锋。香炉犹是柏，麈尾更成松。郭门未十里，山回已数重。尚闻香阁梵，犹听竹林钟。送客风尘拥，寒郊霜露浓。性灵如不灭，神理定何从。"②想象炅法师葬后犹听竹林

图44　四川眉山丹棱县竹林寺。图片由网友提供。

钟声。竹林环境优美，充满禅意，游方之士见而流连忘返。如徐铉《大宋舒州龙门山干明禅院碑铭》："凉飙爽气，五月可以披裘；修竹茂林，四时未尝易叶。游方之士，至辄忘归。"③

基于僧人的特殊身份与悟道追求，由风景审美引向觉悟才是他们的根本目的。竹林幽境常常表现为"空"，如"竹向空斋合，无僧在四邻"（李频《赠立规上人》）、"柴门兼竹静，山月与僧来"（钱起《山斋独坐喜元上人见访》）、"静夜风鸣磬，无人竹扫墀"（释皎然《早秋桐庐思归示道该上人》）、"古松凌巨塔，修竹映空廊"（刘得仁《慈恩寺塔下

① 《景德传灯录》卷二二"兴福竟钦"，《大正藏》第51册，385b。
② 《先秦汉魏晋南北朝诗》北周诗卷三，下册第2384页。
③ 《全宋文》第2册第357页。

避暑»），这种"空斋""无人"的沉寂之境，并非绝对空无，因而不是实体空间的空虚，而是暗示了远离尘嚣、看得林空的空观禅思，境空说明心空。这在常建《题破山寺后禅院》中尤为明显，诗云："清晨入古寺，初日照高林。竹径通幽处，禅房花木深。山光悦鸟性，潭影空人心。万籁此都寂，但余钟磬音。"竹林深处的禅房与周围环境一起，引发"空人心"的寂灭思想，所谓"竹院静而炎氛息"（王勃《夏日登韩城门楼寓望序»）①。"林树庄严，空无诸染"（《古尊宿语录》卷二《百丈怀海大智禅师语录之余»），幽静的竹林某种意义上也是具有佛教意蕴的"空林"②，所谓"檀栾映空曲"（王维《辋川集·斤竹岭»）。

（二）境之闲

"闲"与"空"相通，"闲"是安闲、闲逸、闲暇，更是寂静、空定的同义语。空观下的自然给人的是"闲"的环境与景物。竹林为安闲幽静之地。如"松竹闲僧老，云烟晚日多"（李嘉祐《奉陪韦润州游鹤林寺»）、"清磬度山翠，闲云来竹房"（崔峒《题崇福寺禅院»），都可见竹林之境"闲"的特点。再如王勃《梓州慧义寺碑铭》："松门不杂，禅清避俗之心；竹院长闲，响合游仙之梵。"③也是以境闲为特征。

幽静闲适的竹林，是幽闲心境与禅修生活的写照。"诗思禅心共竹闲"（李嘉祐《题道虔上人竹房»）、"僧闲见笋生"（齐己《禅庭芦竹十二韵呈郑谷郎中»），竹与笋是体现僧人心"闲"与寺院境"闲"的物质载体。再如常建《题法院》："胜景门闲对远山，竹深松老半含烟。皓月殿中三度磬，水晶宫里一僧禅。"李嘉祐《同皇甫侍御题荐福寺一

---

① 《全唐文》卷一八一，第 2 册第 1841 页下栏右。
② 参考张节末著《禅宗美学》，浙江人民出版社 1999 年版，第 183—185 页。
③ 《全唐文》卷一八四，第 2 册第 1874 页上栏右。

公房》："虚室独焚香,林空静磬长。闲窥数竿竹,老在一绳床。"可见"竹深""林空"的特点对"闲"境的形成所起的作用。幽闲的竹林是幽闲之僧眼中所见,也是其幽闲心境的写照。赵嘏《浙东陪元相公游云门寺》："上方看竹与僧同。"僧人看竹不同于常人,僧人看竹在"闲",境闲心闲,故有"羞见竹林禅定人"(戴叔伦《题武当逸禅师兰若》)、"唯僧近竹关"(张籍《经王处士原居》)之说。如裴迪《夏日过青龙寺谒操禅师》:"安禅一室内,左右竹亭幽。有法知不染,无言谁敢酬。鸟飞争向夕,蝉噪已先秋。烦暑自兹退,清凉何所求。"竹林安禅,清净无染,故能寒暑不知、物我两忘。动物也会打破竹林的宁静,如"客来庭减日,鸟过竹生风"(裴说《寄僧尚颜》)、"鱼沉荷叶露,鸟散竹林风"(卢纶《同崔峒慈恩寺避暑》),只有心闲的僧人才会注意到这些微不足道的动静,从而与空观发生联想①。

(三)境之净

竹子受佛教推崇,也因竹林是清净之地。姚秦罽宾三藏佛陀耶舍共竺佛念等译《四分律》卷五三"杂揵度之三":"时城内有多方便智慧大臣教以竹苇著池中,令众莲花在孔中生出竹上。"②隋阇那崛多译《大宝积经》卷一〇九"贤护长者会第三十九之一":"尔时贤护长者之子,宿福因缘受天果报,身体柔软,犹如初出新嫩花枝。诣于佛所。到佛所已,观见如来最胜最妙容色,寂静澄定功德藏身,犹如金树,光耀显赫,遍满竹林。是时贤护即于佛所生净信心。"③前例令莲花自竹筒中生出,

---

① 佛经中多有飞鸟喻。《增一阿含经》卷一五《高幢品》:"或结跏趺坐,满虚空中,如鸟飞空,无有挂碍。"《涅槃经》:"如鸟飞空,迹不可寻。"《华严经》:"了知诸法性寂灭,如鸟飞空无有迹。"所以竹林鸟过也体现空观。
② 《大正藏》第 22 册,961c。
③ 《大正藏》第 11 册,608a。

以远离污泥；后例如来容色如金光布满竹林，且使贤护生净信心，都可见竹子洁净的佛教象征内涵。香气缭绕于竹林，益增清净之境与佛法气氛，如"天香涵竹气"（[唐]张说《清远江峡山寺》）、"名香连竹径，清梵出花台。身在心无住，他方到几回"（[唐]韩翃《题僧房》）。

"佛者，心清净是。法者，心光明是。道者，处处无碍净光是。三即一，皆是空名，而无实有。"①禅修就是使众生看清并反省自身本来就有的清净真如佛性，从而获得觉悟。而竹林是清净之地，给人远离尘世之感，尽消尘俗之虑。自晋代以来竹林形成隐逸内涵，也易引起远离尘世的联想。如唐代李洞《题竹溪禅院》："溪边山一色，水拥竹千竿。鸟触翠微湿，人居酷暑寒。风摇瓶影翠，砂陷屦痕端。爽极青崖树，流平绿峡滩。闲来披衲数，涨后卷经看。三境通禅寂，嚣尘染著难。"尘埃难染，关键在心，心净才能无物，也就不会惹尘埃，也就是"六根清净"，但是环境也是很重要的，所谓"三境通禅寂"。所以"净"与"空""寂灭"也是相通的。心净也需通过一定景物表现或借助某种景物觉悟，既然"看取莲花净，方知不染心"（孟浩然《题大禹寺义公禅房》），清净空寂的竹林当也一样，"竹凝露而全弱，荷因风而半翻。足以澡莹心神，澄清耳目"（许敬宗《小池赋应诏》）②，与僧人所追求的清静禅境有相通之处。

总之，寺庙植竹构成禅意的风景，僧徒们生活修行于其间，以悟空色相、圆融无碍的禅悟思路朝夕面对，从而与佛理发生联想。

三、竹的象征内涵、神通法力与佛教徒的修行

僧人日对竹林，吃的是竹笋，睡的是竹榻，其日常生活与竹子息息

① 《镇州临济慧照禅师语录》，《大正藏》第47册，501c—502a。
② 《全唐文》卷一五一，第2册第1536页上栏。

图45 ［明］宪宗朱见深《达摩苇渡图》。（明宪宗朱见深（1447—1487），初名朱见濬，明朝第八位皇帝，明英宗朱祁镇长子。图片引自《故宫文物》1992年第2期。）

相关。所谓"青松绿竹下"是"诸佛行履处"①"乱穿青影照禅床"②，可见竹子在僧人物质生活中应用之广泛。"翠竹伴幽禅"（沈与求《奉题思上人妙峰堂》）③、"禅机参翠竹"（陈著《次韵西山寺主僧清月》）④、"萧森翠竹护禅关"（李昂英《赠海珠湛老》）⑤、"不知竹雨竹风夜，吟对秋山那寺灯"（戴叔伦《忆原上人》），又可见竹子与僧徒的参禅活动有关，故有"地似竹林禅"（陈子昂《夏日游晖上人房》）之说。"无论是早期禅宗混迹山林的沉思冥想，中期禅宗在日常生活中进行宗教体验，还是后期文字禅的机锋言句，自然山水都是禅僧们最重要的参禅对象或话题。"⑥竹子也是自然山水的一部分，在佛教徒修行中的作用，不仅体现在以竹林为坐禅的环境背景，还体现在对竹子佛教

---

① 《五灯会元》卷一一"风穴延沼禅师"，中册第676页。
② ［清］郑板桥《为无方上人写竹》，见卞孝萱编《郑板桥全集》，齐鲁书社1985年版，第203页。
③ 《全宋诗》，第29册第18764页。
④ 《全宋诗》，第64册第40151页。
⑤ 《全宋诗》，第62册第38853页。
⑥ 周裕锴著《禅宗语言》，浙江人民出版社1999年版，第391页。

象征内涵的感悟，对竹子相关话头和公案的参透。

（一）竹的佛教象征内涵

多数情况下，竹子的中空特性是印度佛教所认为妨碍解脱的因素。龙树菩萨造、后秦鸠摩罗什译《大智度初品中摩诃萨埵释论》"大智度初品中菩萨功德释论第十"："内心智德薄，外善以美言。譬如竹无内，但示有其外。内心智德厚，外善以法言。譬如妙金刚，中外力具足。"[1]"竹无内"喻"智德薄"。

北凉天竺三藏昙无谶译《大般涅槃经》卷五《如来性品第四之二》："又解脱者名曰坚实。如佉陀罗栴檀沉水其性坚实。解脱亦尔，其性坚实。性坚实者即真解脱，真解脱者即是如来。又解脱者名曰不虚，譬如竹苇其体空疏，解脱不尔。"又云："又解脱者名为坚实，如竹苇蜱麻，茎干空虚而子坚实。除佛如来，其余人天皆不坚实。"[2]解脱者其性坚实不虚，竹苇其体空疏，可见解脱者不像竹子。

义净译《根本说一切有部毗奈耶药事》卷一一："佛告诸苾刍：乃往古昔有王名曰实竹，以法化世，人民炽盛，丰乐安稳，甘雨应时，花菓茂实，无诸诈伪，贼盗疾疫，常以法化。"[3]此王以法化世，其名"实竹"也许有某种象征意味。萧齐跋陀罗译《善见律毗婆沙》卷一七："林界相者，若草林若竹林，不得作界相。何故尔？草竹体空不坚实，是以不得作界。"[4]唐释道宣撰述《四分律删繁补阙行事钞》卷上之二"结界方法篇第六"："善见云，相有八种：一山相者，下至如象大。二石

① 《大正藏》第 25 册，101a。
② 《大正藏》第 12 册，393c、394c—395a。
③ 《大正藏》第 24 册，51a。
④ 《大正藏》第 24 册，792c。

相者，下至三十秤。若曼石不得应别安石。三林相者，草竹不得体空不实。下至四树相连。"①竹子体空，不能作林界相。法天译《最上大乘金刚大教宝王经》卷下："或得信心大悲心闻法开解，如竹无节受持通达。"②虽以竹为喻，因竹是有节的，无形中也是说似竹之人不易"闻法开解"。

　　佛教认为，参佛需明心见性，体认自己性空之本体。慧能《六祖坛经》说："心量广大，犹如虚空"，"世界虚空，能含万物色像。日月星宿、山河大地、泉源溪涧、草木丛林、恶人善人、恶法善法、天堂地狱、一切大海、须弥诸山，总在空中。世人性空，亦复如是。善知识。自性能含万法是大，万法在诸人性中，若见一切人恶之与善，尽皆不取不舍，亦不染著，心如虚空，名之为大。"③《华严经》曰："佛身充满于法界，普现一切众生前，随缘赴感靡不周，而恒处此菩提座。"④《大智度论》云："色无边故，般若无边。"⑤由是观之，人间草木无不是佛性的体现，竹子也是如此。如姚秦罽宾三藏昙摩耶舍共昙摩崛多等译《舍利弗阿毘昙论》卷一五"非问分道品第十之一"："比丘观身尽空俱空，以念遍知解行，如竹苇尽空俱空。"⑥借"竹苇尽空俱空"返观自身性空之体。王维《竹里馆》："独坐幽篁里，弹琴复长啸。深林人不知，

---

① 《大正藏》第 40 册，15a。
② 《大正藏》第 20 册，547c。
③ 宗宝编《六祖大师法宝坛经·般若第二》，《大正藏》第 48 册 350a、350a—350b。
④ 实叉难陀译《大方广佛华严经》卷六"如来现相品第二"，《大正藏》第 10 册 30a。
⑤ 龙树造、鸠摩罗什译《大智度论·释昙无竭品第八十九》，《大正藏》第 25 册 752c。
⑥ 《大正藏》第 28 册，625c。

明月来相照。"竹林空境也是其晚年心灵空境的折射。

竹子体空也成为佛禅悟空的象征或媒介。佛教的般若智慧将引起烦恼的一切对象看空而且不执着于这种看空。延寿集《宗镜录》卷三六："又顿悟者，不离此生即得解脱。如师子儿，初生之时是真师子。即修之时，即入佛位。如竹春生笋，不离于春即与母齐。何以故？心空故。"①心空故能修得解脱。虽是为顿悟者引为譬喻，也可代表禅宗乃至佛教对竹子性空象征意义的认识。楚圆编集《汾阳无德禅师歌颂》卷下："一条青竹杖，操节无比样。心空里外通，身直圆成相。渡水作良明（引者按，疑为"朋"之误），登山堪倚仗。终须拨太虚，卓在高峰上。"②"心空里外通"可代表中土禅师的悟解。故有人认为："因为竹子节与节之间的空心，是佛教概念'空'和'心无'的形象体现，亦表示了必须不断地汲取营养，寻求现世间智慧，以充实无物之腹，方能摆脱尘俗琐事，找到人间净土。"③

除体空外，竹子还有其他生物特性如坚贞、凌寒、有节等，也被用于譬喻佛理。隋释慧远述《涅槃义记》卷五："戒有坚软，坚者如竹，软者如柳。"④以竹之坚譬戒之坚。长者李通玄撰《新华严经论》卷二○："如来及菩萨自福庄严无有限数。此会所将如是大悲，如是智慧，如是万行。但为长养初发心住初生佛家之智慧大悲令惯习自在故。时亦不改，法亦不异，智亦不迁。犹如竹苇依旧而成，初生与终，无有粗细，亦如小儿长，初生而为大，无异大也。"⑤以竹苇依旧而成譬喻如来的

---

① 《大正藏》第 48 册，627b。
② 《大正藏》第 47 册，627b。
③ 曹林娣著《静读园林》，北京大学出版社 2005 年版，第 141 页。
④ 《大正藏》第 37 册，753b。
⑤ 《大正藏》第 36 册，854a。

智慧自具。沙门法宝撰《俱舍论疏》卷一："今释一面多者。六面之中一面多故，亦应是六面之中两面多。恐难解故，故言一面。如竹、笋、越瓜等名为长色。若言两面多，人即不解六面之中是何两面，故言一面多也。"①沙门法藏撰《华严经问答》卷上："三道者，烦恼业生为三道，道通生义，谓三道互生如束竹。此观所治即废事执理执。"②耐寒也是竹子重要特性之一。丹霞和尚《孤寂吟》云："但看松竹岁寒心，四时不变流清音。春夏暂为群木映，秋冬方见郁高林。"③竹子四季常青象征禅宗倡导的自性俱足。《祖堂集》卷九：

问："如何是西来意？"师云："飒飒当轩竹，经霜不自寒。"

学人更拟申问。师云："只闻风击响，不知几千竿。"④

"西来意"即"祖师西来意旨"。历史上僧徒对祖师西来意的追问非常多，相关问答成了禅僧开悟的契机。达摩西来，是为了让东土人证悟自己的佛性本来圆满⑤。竹子心虚有节也引起佛教徒的关注。惟俊法云编《虚堂和尚语录》卷二"婺州云黄山宝林禅寺语录"："松有操则岁寒不凋，竹有节则虚心澹静。"⑥竹子直性也有象征意蕴，如"讲徒云：说通宗不通，如日被云笼；宗通说不通，如蛇入竹筒；宗通说亦通，如日处虚空；宗说俱不通，如犬吠茅丛。"⑦蛇入竹筒，曲心犹在，

---

① 《大正藏》第 41 册，477b。
② 《大正藏》第 45 册，605c。
③ 《祖堂集》，上册第 213 页。
④ 《祖堂集》，上册第 416 页。
⑤ 参考方广锠《〈祖堂集〉中的"西来意"》，《世界宗教研究》2007 年第 1 期。
⑥ 《大正藏》第 47 册，1000a。
⑦ 《从容庵录》卷一第十二则《地藏种田》，转引自周裕锴著《禅宗语言》，第 335 页。

借以比喻邪见尚未彻底根除。①

无尽居士张商英撰《抚州永安禅院新建法堂记》："又罽宾国王在佛会听法。出众言曰：'大圣出世，千劫难逢。今欲发心造立精舍，愿佛开许。'佛云：'随尔所作。'罽宾持一枝竹插于佛前曰：'建立精篮竟。'佛云如是如是。以是精篮含容法界。以是供养，福越河沙。"②精篮即精蓝，指佛寺。精，精舍；蓝，阿兰若。如高翥《常熟县破山寺》诗："古县沧浪外，精蓝缥缈间。"③罽宾国王插竹建精蓝，以一枝竹而能含容无量法界，是取其象征意义。

（二）竹的神通法力与佛理宣扬

张君祖《道树经赞》："峨峨王舍国，郁郁灵竹园。中有神化长，空观体善权。私呵晞光景，岂识真迹端。恢恢道明元，解发至神欢。飘忽凌虚起，无云受慧难。"④称"灵竹"，可见竹子在佛教中是有神通的。早期佛教经典涉及竹子神通的不多，后与中土道教及民间神秘文化相结合，滋生许多神通传说。作为坐骑飞乘或渡水，是其常见功用。如《六度集经》曰："昔者菩萨，为鹦鹉王。徒众三千。有两鹦鹉，力干踰众。口衔竹茎，以为车乘。王乘其上，飞止游戏。常乘茎车。"⑤"口衔竹茎，以为车乘"是竹子作为坐骑具有的飞行功能。

菩萨及高僧的神迹、示现等也多涉及竹子。唐义净译《根本说一切有部毗奈耶破僧事》卷一三"尔时大目乾连见梵天去，便即入如是定，从胶鱼山没，即于王舍城迦兰铎迦竹林园中踊现……尔时大目揵连礼

---

① 参考周裕锴著《禅宗语言》，第 335 页。
② 《缁门警训》卷一〇，《大正藏》第 48 册，1095b。
③ 《全宋诗》第 55 册第 34132 页。
④ 《全上古三代秦汉三国六朝文》全陈文卷一七，第 4 册第 3498 页上栏右。
⑤ ［三国吴］康僧会译《六度集经》卷六，《大正藏》第 3 册，34a。

佛双足，入如是定从竹林没，往胶鱼山至本处已，如法而坐。"①竹林作为大目揵连表现神通的背景环境。

传说中达摩是乘芦渡江的②，后代佛门神通越来越多地出现竹子。

图46 [近代]王震《一苇渡江》。(纸本，设色。王震(1867—1938)，字一亭，号白龙山人、梅花馆主等，祖籍浙江吴兴，出生于上海青浦，清末民初画家)

《高僧传》卷三："元嘉将末，谯王屡有怪梦，跋陀答云：'京都将有祸乱。'未及一年，元凶构逆。及孝建(公元四五四至四五六年)之初，谯王阴谋逆节，跋陀颜容忧惨，未及发言，谯王问其故，跋陀谏争恳切，乃流涕而出曰：'必无所冀，贫道不容扈从。'谯王以其物情所信，乃逼与俱下。梁山之败，大舰转迫，去岸悬远，判无全济，唯一心称观世音，手捉邛竹杖，投身江中，水齐至膝，以杖刺水，水流深驶，见一童子寻后而至，以手牵之，顾谓童子：'汝小儿何能度我。'恍忽之间，觉行十余步，仍得上岸，即脱纳衣欲偿童子，顾觅不见，举身毛竖，方知神力焉。"③观世音想借由渡河的因缘来度化跋陀，可见邛竹杖是度人之物。

段成式《酉阳杂俎》续集卷七即记载了两则传说：

<hr />

① 《大正藏》第24册，169b。
② [宋]本觉撰《释氏通鉴》卷五"梁普通元年"条云："帝不省玄旨。师知机不契，十九日遂去梁，折芦渡江。二十三日，北趋魏境。"
③ 《高僧传》卷三"宋京师中兴寺求那跋陀罗"条，第132页。

元和中，严司空绶在江陵。时涔阳镇将王沔常持《金刚经》，因使归州勘事，回至咤滩，船破，五人同溺。沔初入水，若有人授竹一竿，随波出没，至下牢镇，着岸不死。视手中物，乃授持《金刚经》也。咤滩至下牢三百余里。

大历中，太原偷马贼诬一王孝廉同情，拷掠旬日，苦极强首，推吏疑其冤，未即具狱。其人惟念《金刚经》，其声哀切，昼夜不息。忽一日，有竹两节坠狱中，转至于前。他囚争取之，狱卒意藏刃，破视，内有字两行云：'法尚应舍，何况非法？'书迹甚工。贼首悲悔，具承以旧嫌诬之。①

这两则都是借竹子的神通变化来宣扬诵念佛经的因果报应，第一则是竹子渡人离险，第二则是竹子显灵救人出狱。

《宋高僧传》卷二二："释智广，姓崔氏，不知何许人也。德瓶素完，道根惟固，化行洪雅，特显奇踪。凡百病者造之，则以片竹为杖，指其痛端，或一扑之，无不立愈。"②《景德传灯录》卷一一"崇福慧日"："泉州莆田县国欢崇福院慧日大师。福州侯官县人也……师携一小青竹杖入西院法堂……时有五百许僧染时疾。师以杖次第点之，各随点而起。"③此两则传说中青竹杖具有治病奇效。

四、若干与竹有关的公案或话头

"话头"指禅宗和尚用来启发问题的现成语句，往往拈取一句成语或古语加以参究。与竹子朝夕相处，佛经中又有大量与竹子相关的内容，

---

① 《酉阳杂俎》续集卷七，《唐五代笔记小说大观》，上册第 770 页、774 页。
② ［宋］赞宁撰、范祥雍点校《宋高僧传》卷二二，中华书局 1987 年版，下册第 687 页。
③ 《景德传灯录》卷一一，《大正藏》第 51 册第 286—287 页。

图47　[宋]梁楷《六祖斫竹图》。（日本东京国立博物馆藏。纸本，墨笔。纵73厘米，横31.8厘米。梁楷，南宋人，生卒年不详，祖籍山东，南渡后流寓钱塘（今杭州））

因此僧人的话头多涉及竹子，所谓"坐石与僧谈翠竹"（赵抃《又白云庵偶题》）[①]。僧人日常所用竹制品，也会成为话头。以下举例略谈与竹子有关的话头。

（一）六祖斫竹

南宋梁楷《六祖斫竹图》是一幅写意画，描绘六祖慧能斫竹的故事。慧能，俗姓卢，世居范阳，曾为樵夫，为禅宗南宗的开创者。图中，六祖在古树衬托下，一手拿刀，一手持竹竿，正砍伐枯竹。六祖曾为樵夫，斫竹符合其人生经历。但此图要告诉人们的，显然意不在此。慧能的禅法理论，主张人人都有佛性，强调自修自悟，寄坐禅于生活日用之中，认为人们如果能领悟清净的自性，就能达到解脱，即"识心见性，自成佛道"。其禅法理论为后来南宗五家所继承，影响深远。可见斫竹更有着深刻的象征意蕴，即在斫竹这样的日常生活琐事中同样能自修自悟。

斫竹喻早见于印度佛经。如隋天竺三藏阇那崛多译《佛本行集经》卷一三："是时色界净居诸天，即便化作大猛威风，吹彼树倒。其次难

陀将一束竹，来太子前。其内密置按摩所用铁棒著中，以奉太子。太子见此一束之竹，不谓其间有于铁棒，不用多力，左手执剑，一下钗断。譬如壮士手执利刀斫一茎竹，或斫一箭，如是如是。"①太子斫竹体现的是神通。佛经更多的是以破竹喻修行开悟的过程。姚秦三藏罗什法师译《思惟略要法》"不净观法"："欲除贪欲，当观不净。瞋恚由外，既尔可制。如人破竹，初节为难。既制贪欲，余二自伏。"②大乘基撰《金刚般若经赞述》卷上："谓诸修行者欲证菩提作大利乐，要先发起大菩提心方兴正行。故经说言如竹破初节，余节速能破。见道初除障，余障速能除。若发菩提心，一切功德自应圆满，故发菩提心。"③除贪欲、除业障，都以破竹初节难为喻。鸠摩罗什译《坐禅三昧经》卷下："次第生苦法智，苦法忍断结，使苦法智作证。譬如一人刈一人束，亦如利刀斫竹，得风即偃。忍智功夫故。"④长水沙门子璇录《金刚经纂要刊定记》卷四："入于见道，为须陀洹。分别粗惑，一时顿断。犹如劈竹，三节并开。即以见谛八智为初果体。初果行相略明如是。"⑤此两则以斫竹而偃、破竹而开喻修行顿悟。

　　从佛经所载斫竹喻可知，斫竹常用以譬喻修行方式、开悟过程等。斫竹喻在中土影响深远，尤其契合禅宗"普请"法，即全体僧众参加劳动的制度，禅也就体现在这些运水搬柴、斫竹锄地的活动中。佛经

---

① 《大正藏》第 3 册，711b。
② 《大正藏》第 15 册，298b。
③ 《大正藏》第 33 册，130a。
④ 《大正藏》第 15 册，280a。
⑤ 《大正藏》第 33 册，206c。

云："然干枯柴竹，疑似有虫，即须细破看之。"①可见竹子用作柴烧，斫竹应是日常劳动。因此成为说法时随手拈来的眼前之景。唐李通玄撰《新华严经论》卷七："或迟速不同。劈竹蹬梯，称机各别。因兹之类，延促不同。"②唐窥基撰《大乘法苑义林章》卷三"表无表色章"："预流果超证第四果，犹如刈竹，横断烦恼。"③《筠州洞山悟本禅师语录》："师问：'阇黎，昨日东园斫竹谁？'其僧罔测云不知。"④鉴于斫竹话头的广泛流行，梁楷以之为创作题材也就不难理解。

（二）香严击竹

香严智闲(？—898)，唐代僧人。青州(今山东益都)人。《五灯会元》卷九载：

> 邓州香严智闲禅师，青州人也。厌俗辞亲，观方慕道。在百丈时性识聪敏，参禅不得。洎丈迁化，遂参沩山。山问："我闻汝在百丈先师处，问一答十，问十答百。此是汝聪明灵利，意解识想，生死根本。父母未生时，试道一句看。"师被一问，直得茫然。归寮将平日看过底文字从头要寻一句酬对，竟不能得，乃自叹曰："画饼不可充饥。"屡乞沩山说破，山曰："我若说似汝，汝已后骂我去。我说底是我底，终不干汝事。"师遂将平昔所看文字烧却。曰："此生不学佛法也，且作个长行粥饭僧，免役心神。"乃泣辞沩山，直过南阳睹忠国师遗迹，遂憩止焉。

① ［唐］释道宣述《教诫新学比丘行护律仪》"在院住法第五"，《大正藏》第45册，870b。
② 《大正藏》第36册，761a。
③ 《大正藏》第45册，309a。
④ 《大正藏》第47册，517c。

一日，芟除草木，偶抛瓦砾，击竹作声，忽然省悟。遽归沐浴焚香，遥礼沩山。赞曰："和尚大慈，恩逾父母。当时若为我说破，何有今日之事？"乃有颂曰："一击忘所知，更不假修持。动容扬古路，不堕悄然机。处处无踪迹，声色外威仪。诸方达道者，咸言上上机。"沩山闻得，谓仰山曰："此子彻也。"[①]

香严击竹悟道公案中，最为核心的禅悟内涵是"无心"，即《金刚经》所说"应无所住而生其心"。无执着六尘之心，方生清净佛心。吴言生指出："'父母未生时'是本心的典型象征之一，侧重于时间的超越……'父母未生前'是禅林普遍参究的话头之一。个体生命的源头则是'父母未生时'，宇宙生命的源头是'混沌未分时'。"[②]参禅的目的无非解除生死烦恼问题，"禅宗的方法之一是消除一切理路意识，进入一种无思虑的状态。沩山所说'父母未生时'，就是想启发香严智闲对无思虑状态的体悟。可惜香严平时习惯用意识思维去解答各种问题，从来没有抛开'意解识想'的经验，所以对此状态茫然无知"[③]。抛瓦击竹相撞作声的一瞬间，香严觉悟到"父母未生时"的"本来面目"，参透生死烦恼之根。因此，竹子成了禅悟的契机，这如同灵云见桃花而悟道。宋代圆悟禅师将香严击竹悟道与灵云睹桃花悟道放到一起歌咏，曰："门下青山泼黛，途中细雨如膏。灵云陌上桃华，处处芳菲溢目；香严岩畔翠竹，时时撼影摇风。直得一击忘所知，一见绝疑惑。"[④]

① 《五灯会元》卷九"香严智闲禅师"，中册第 536—537 页。
② 吴言生著《禅宗哲学象征》，中华书局 2001 年版，第 239 页。
③ 周裕锴著《百僧一案：参悟禅门的玄机》，上海古籍出版社 2007 年版，第127 页。
④ 《圆悟佛果禅师语录》卷二，《大正藏》第 47 册，721b。

图 48　［宋］梁楷《八高僧故事图》之四。（绢本，水墨淡彩，纵 26.6 厘米，横 64 厘米。上海博物馆藏。《八高僧图卷》是梁楷早年之作，分别描绘南北朝至唐代佛教禅宗八个高僧的故事。本图是第四幅，画的是智闲拥帚、回睨竹林）

香严顿悟的故事又成为激发后代僧人悟入的话头。如《五灯会元》卷二〇"玉泉昙懿禅师"："一日入室，（大）慧问：'我要个不会禅底做国师。'师（即昙懿禅师）曰：'我做得国师去也。'慧喝出。居无何，语之曰：'香严悟处不在击竹边，俱胝得处不在指头上。'师乃顿明。"[1]《五灯会元》卷二〇"净慈昙密禅师"："偶举香严击竹因缘，豁然契悟。"[2]

（三）风吹竹

竹林来风是自然现象。寺院的修竹来风，与寺庙周围景物组成特定风景，如"砌竹摇风直"（罗隐《封禅寺居》）、"竹廊高下风"（许浑《题恩德寺》）、"高竹半楼风"（赵嘏《越中寺居》）、"竹风云渐散"（许浑《将归涂口宿郁林寺道元上人院》），可见由近而远的动感、风云变灭的虚幻。风吹竹动不仅带来视觉变化，也会有声音效果，如刘商《同徐城季明府游重光寺题晃师房》"竹风清磬晚"、李俨《益州多宝寺道因法师碑文》

---

① 《五灯会元》卷二〇"玉泉昙懿禅师"，下册第 1339—1340 页。
② 《五灯会元》卷二〇"净慈昙密禅师"，下册第 1386 页。

"松吟竹啸，共宝铎以谐声"①。

声音是可以听见并欣赏的，但佛教以为声音不过是寂灭之境，而寂灭本是无声的即超乎声音的境界。《大般涅槃经》说："譬如山间响声，愚痴之人谓之实声，有智之人知其非真。"②《坛经》中即有著名的"风吹幡动"公案。风吹竹响，打破了静止与宁静，也启示了悟禅的玄机。

《景德传灯录》载清凉文益禅师："师指竹问僧：'还见么？'曰：'见。'师曰：'竹来眼里，眼到竹边？'僧曰：'总不恁么。'"③人的感觉到底生于感官（眼）还是现象（竹）？文益禅师"竹来眼里，眼到竹边"的话头，目的是让僧人体会"见"是如何产生的，又是怎样具有虚妄性④。

在文人的作品中，"风动竹""风过竹"也常常表达佛法禅理。白居易《观幻》："有起皆因灭，无暌不暂同。从欢终做戚，转苦又成空。次第花生眼，须臾竹过风。更无寻觅处，鸟迹印空中。""用'花生眼''竹过风'写一切诸法生住异灭的禅理。"⑤再如卢纶《宿定陵寺》："古塔荒台出禁墙，磬声初尽漏声长。云生紫殿幡花湿，月照青山松柏香。禅室夜闻风过竹，奠筵朝启露沾裳。谁悟威灵同寂灭，更堪砧杵发昭阳。"在佛家看来，"同寂灭"正是风吹竹动、风吹竹响所要启示于人的。《祖堂集》卷九：

问："如何是西来意？"师云："飒飒当轩竹，经霜不自寒。"

---

① 《全唐文》卷二〇一，第 3 册第 2035 页下栏右。

② ［北凉］昙无谶译《大般涅槃经》卷二〇《梵行品》，《大正藏》第 12 册 484a。

③ 《景德传灯录》卷二四《金陵清凉文益禅师》，《大正藏》第 51 册，399c。

④ 参考周裕锴著《百僧一案：参悟禅门的玄机》，第 172—173 页。

⑤ 高文、曾广开主编《禅诗鉴赏辞典》，河南人民出版社 1995 年版，第 128 页。

学人更拟申问。师云："只闻风击响，不知几千竿。"①

韩维《游北园辄成二颂呈芳公长老》："万法都来一道场，游行何处不真常。临风不用提玄旨，翠竹森森自短长。"②此诗与《祖堂集》所载都表达了相同的启悟：风中竹子是多是少、是短是长，都无非是通向寂灭之境。释克勤《偈五十三首》其三七："香严岩畔翠竹，时时撼影摇风。"③则结合了香严击竹故事与风吹竹动话头。

第三节　"翠竹黄花"话头考论

自中唐以来，"青青翠竹，总是法身；郁郁黄花，无非般若"（以下简称"翠竹黄花"）成为禅门重要话头，对文学艺术也有一定影响。本节拟对这一说法的起源与背景略作探讨。

一、"翠竹黄花"话头的出现

我们先从文献记载考察"翠竹黄花"语源。较早提到"翠竹黄花"的佛教著作，如《祖堂集》卷四："古德曰：'青青翠竹，尽是真如；郁郁黄花，无非般若。'"④此处仅泛言"古德"。《祖堂集》卷一五又以为"（僧）肇有'青青翠竹，尽是真如；郁郁黄花，无非般若'"⑤。僧肇（384—414）为后秦人，不仅其著述《宗本义》及《肇论》四篇无此语，

---

① 《祖堂集》，上册第 416 页。
② 《全宋诗》，第 8 册第 5280 页。
③ 《全宋诗》，第 22 册第 14422 页。
④ 《祖堂集》，上册第 170 页。
⑤ 《祖堂集》，下册第 687—688 页。

就是唐以前佛教著述中也未见①。

澄观《大方广佛华严经随疏演义钞》卷四一"借外典语。《晋书》中说，王献之好竹，到处即皆树之。人问其故，答云：'人生不得一日无此君耳。'意在虚心贞节岁寒不移。今明万行不得暂时而无般若。"②可见澄观其时已有"翠竹是般若"的观念。澄观（737—838）于唐德宗兴元元年到德宗贞元三年间（784—787）撰《大方广佛华严经疏》二十卷，解释《华严经》③，后来又为弟子僧睿等百余人撰《大方广佛华严经随疏演义钞》九十卷，解释疏文。《祖堂集》卷六又是另一种相似说法：

图49　罗汉竹。周洪义摄于陕西西安园博园。（图片引自中国植物图像库。网址：http://www.plantphoto.cn/tu/1525089）

> 问："古人有言：'青青翠竹，尽是真如；郁郁黄花，无非般苦。'此意如何？"师曰："不遍色。"僧曰："为什摩不遍色？"师曰："不是真如，亦无般若。"④

此处说"青青翠竹，尽是真如"，又与他处不同。这既可见该话头形成过程中的不确定，也

---

① 虽然今存文献无法证明僧肇首先提出"翠竹黄花"，但还是为有些学者所接受，主要依据是《祖堂集》。如朱良志《禅门"青青翠竹总是法身"辨义》，《江西社会科学》2005年第4期。
② 《大正藏》第36册，314b。
③ 参见陈扬炯《澄观评传》，《五台山研究》1987年第3期，第11页左。澄观生卒年亦从陈扬炯说。
④ 《祖堂集》，上册第308页。

可看作具有互文性。"翠竹黄花"话头至唐末五代才载于佛教著作，又多传为"古德"所说，其说法也未定型，可见此前有一段口头流传的过程。

印顺说："'青青翠竹，总是法身；郁郁黄花，无非般若'，是（源出三论宗）牛头禅的成语。传为僧肇说(《祖堂集》一五归宗章)，道生说(《祖庭事苑》卷五)，都不过远推古人而已。牛头禅的这一见地，为曹溪下的神会、怀海、慧海所反对。唯一例外的，是传说为慧能弟子的南阳慧忠（约 676—775）。《传灯录》卷二八所载'南阳慧忠国师语'，主张'无情有佛性'，'无情说法'。慧忠是'越州诸暨人'（今浙江诸暨县），也许深受江东佛法的熏陶而不自觉吧！后来拈起'无情说法'公案而悟入的洞山良价，也是浙江会稽人。区域文化的熏染，确是很有关系的。"① 印顺从区域文化传承的角度来看，以为与"无情有性说"的盛行有关，确为洞见。考虑到佛教文化的传承有超越地域的因素，如果

图50　[明]王毂祥《翠竹黄花图》。（立轴，纸本，水墨。纵 68.1 厘米，横 34.1 厘米。上海博物馆藏。此图以墨彩写竹、菊二君。勾花点叶以成菊、浓墨撇写以成竹。王毂祥（1501—1568），字禄之，号酉室，江苏苏州人）

---

① 印顺著《中国禅宗史》，上海书店 1992 年版，第 124 页。

将眼光从佛教文化的内部考察稍微扩展开来，则佛教"法身说"以及竹子和菊花在生活和文化层面的传统影响也不可低估。

《祖堂集》是南唐保大十年(952)由泉州招庆寺静、筠二位禅僧编撰,《祖庭事苑》则是宋朝睦庵善卿所编佛学辞典。"翠竹黄花"又见于文偃（864—949）编《云门匡真禅师广录》卷中及《景德传灯录》（成书于宋真宗景德年间）等。在此之前，司空曙《寄卫明府常见短靴褐裘又务持诵是以有末句之赠》已云："翠竹黄花皆佛性，莫教尘境误相侵。"司空曙约卒于贞元六年（790）以后[1]。这是今知"翠竹黄花"一语的最早文献记载，可证"翠竹黄花"话头唐代已广泛流行。

二、"翠竹黄花"与佛教"法身说"

"翠竹黄花"是禅宗话头，考察竹、菊从印度佛教到中国禅宗的象征意义转换，佛教"法身"说、禅宗"无情有佛性"说都值得注意。

法身是梵语意译，谓证得清净自性，成就一切功德之身。"法身"不生不灭，无形而随处现形，也称为佛身。各乘诸宗所说不一。竹子在佛经中最初只是用来形容佛的化身而已。"从东汉大乘佛经一传播进来，同时就有'佛身'的思想。"[2]杜继文主编《佛教史》云：

> 与"法身"相对，佛的"生身"被称作"色身"。"色身"是"法身"的幻化，是为满足众生信仰需要的一种示现，亦称"化身"。"化身"随民俗不同，众生构想不同，形象各异，差别很大，但大都认为他们具有"十力""四无所畏""十八不共法"等

---

① 傅璇琮考证："从司空曙的行迹中，由符载的文章，知道贞元四年司空曙尚在剑南西川韦皋幕，后又为虞部郎中，则其卒应当还有几年的时间。闻一多先生《唐诗大系》以司空曙之卒年为790（？），即贞元六年左右。虽然因材料所限，司空曙的卒年不可确考，但贞元六—十年前后大致是不差的。"（傅璇琮著《唐代诗人丛考》，中华书局1980年版，第513页）

② 任继愈主编《中国佛教史》第二卷,中国社会科学出版社1985年版,第51页。

超人的能力，和"三十二相""八十种好"等超人的身形。此类"化身"，遍布三世十方，其密集的程度，犹如甘蔗、竹芦、稻麻。①

可见竹子最初只是与甘蔗、芦苇、稻麻等用以形容佛的色身的数量之多。这在佛经中有大量例证，如《维摩诘所说经》："三千大千世界，如来满中，譬如甘蔗竹苇，稻麻丛林。"②此处"甘蔗竹苇"仅是譬喻如来之多。竹子也用于形容佛身之美，如元魏菩提留支译《大萨遮尼干子所说经》卷六"如来无过功德品第八之一"："地主听我说，如来八十好。以是诸相好，庄严瞿昙身。瞿昙甲圆好，形如半竹筒。美艳赤铜色，光泽如油涂。"③以竹筒形容如来之身，这种比拟符合佛教植物拟人传统④。竹子在佛经中也用以形容普通人之多，如晋竺法护译《正法华经》卷一"正法华经善权品第二"："假使十方，悉满中人。譬如甘蔗，若竹芦苇。悉俱合会，而共思惟。"⑤甚至用以形容恶鬼等，如《鞞婆沙论》卷一一云："尔时一切众生地狱饿鬼畜生炽燃，如甘蔗竹苇稻麻，丛林炽燃。"⑥北凉昙无谶译《悲华经》卷八："尔时世界诸大菩萨、修习大乘及发缘觉声闻乘者、天龙鬼神摩睺罗伽，如是等类，其数无量，

---

① 杜继文主编《佛教史》，江苏人民出版社 2006 年版，第 89—90 页。
② ［后秦］鸠摩罗什译、［后秦］僧肇注、常净校点《维摩诘所说经》卷一三，黑龙江人民出版社 1994 年版，第 150 页。
③ 《大正藏》第 9 册，345a。
④ 苾刍亦作"苾蒭"，即比丘，本西域草名，梵语以喻出家的佛弟子。为受具足戒者之通称。唐玄奘《大唐西域记·僧诃补罗国》："大者谓苾刍，小者称沙弥。"
⑤ 《大正藏》第 9 册，68b。
⑥ 阿罗汉尸陀盘尼撰、符秦罽宾三藏僧伽跋澄译《鞞婆沙论》卷一一"四等处第三十四"，《大正藏》第 28 册，496c。

不可称计，譬如苷蔗竹苇稻麻丛林，遍满其国。"①可知竹子在印度佛教不过是宣扬佛法时引为譬喻的植物而已。

　　用以比拟法身，可能由于两方面的联系：一是长存不变易。《大般泥洹经·如来性品》："知如来法身，长存不变易。"②法身长存不变易，竹子也是四季常青，经年不变。二是性空。玄奘《大唐西域记·劫比他国》："尝闻佛说，知诸法空，体诸法性。是则以慧眼观法身也。"③诸法性空，法身也是如此。如《杂阿毗昙心论》卷八云："彼修行者于出入息作一想。观身如竹筒，观息如穿珠，出入息不动，于身不发身识，是名安般念成。"④观身如竹筒之空，故云"不发身识"。竹子与佛身的关系还缘于传说，婆罗门曾"以丈六竹杖，欲量佛身"⑤。

　　竹子在中土演化为法身之象，竺法护、僧肇起到重要作用。竺法护使法身变成客观实在⑥。僧肇则云："法身无生而无不生。无生，故恶趣门闭；无不生，故现身五道也。"⑦又云："法身者，虚空身也。"⑧正如任继愈主编《中国佛教史》第二卷所指出的：

　　　　"虚空"一经被神秘化而为"法身"，同时也具有了"无

① 《大正藏》第 3 册，216c。
② ［晋］法显译《大般泥洹经》卷五"如来性品第十三"，《大正藏》第 12 册，886a。
③ 《大唐西域记校注》卷四，第 420 页。
④ 尊者法救造、宋天竺三藏僧伽跋摩等译《杂阿毗昙心论》卷八"修多罗品第八"，《大正藏》第 28 册，934b。
⑤ 《大唐西域记校注》卷九"摩揭陀国下"，第 711 页。
⑥ 参见任继愈主编《中国佛教史》第二卷，第 52—53 页。
⑦ 僧肇《维摩诘所说经注》卷一《佛国品》，转引自任继愈主编《中国佛教史》第二卷，第 515—516 页。
⑧ 僧肇《维摩诘所说经注》卷二《方便品》，转引自任继愈主编《中国佛教史》第二卷，第 517 页。

生而无不生，无形而无不形"的神通，它能够"在天而天，在人而人"。随着无限众生的需要而神通变化。再联系到《物不迁》中的"不迁"、《不真空》中的"空"、《般若无知》中的"无知"，以及作为成佛之道的"菩提"等等，都成了这种"法身"所固有的属性：既可以作为真谛存在，成为般若、菩提的对象，又可以作为般若、菩提的化身，成为无所不为的主体；既是湛然不动的彼岸世界，又是唯有通过此岸世界才能得以表现的存在。[1]

也许因为僧肇"法身者，虚空身也"的观点，后人才将"翠竹黄花"附会于他身上。后来翠竹是真如的观念也许与此有关[2]。

"翠竹尽是法身"说法的形成还与佛教化身观念有关。据王立研究，"一以化多"母题早在西晋时期已被中土道教所关注和吸收[3]。如果我们只关注其中与法身有关的内容，也不乏其例。任继愈主编《中国佛教史》："《牟子》的描述中也有中国以往没有的东西，例如说佛能'分身散体'等，这来自大乘佛教的法身、应身说。按照这种说法，佛的法身长存，但应身（化身）无限，可随时随地应机现身说法，而释迦牟尼

---

[1] 任继愈主编《中国佛教史》第二卷，第517页。标点有所改动。原书作"不真空"，加双引号，僧肇《肇论》主要由四篇论文《物不迁论》《不真空论》《般若无知论》《涅槃无名论》组成，联系前后文，知是排版之误。又"空"字后本为逗号，据文意应为顿号，引文也已改为顿号。

[2] 《成唯识论》进一步解释说："真谓真实，显非虚妄；如谓如常，表无变易。谓此真实，于一切位，常如其性，故曰真如。"可见真如是佛教中与实相、法界等同义的概念。

[3] 王立著《中国古代文学主题学思想研究》，天津教育出版社2008年版，第254页。

只不过是佛的一个化身。"①后魏南岳慧思偈云:"顿悟心源开宝藏,隐显灵通见真相。独行独坐常巍巍,百亿化身无数量。纵令逼塞满虚空,看时不见微尘相。可笑物兮无比况,口吐明珠光晃晃。寻常见说不思议,一语标名言下当!"②

这种化身思想还体现于话头和偈语,如"佛真法身,犹如虚空。应物现形,如水中月"③,"灯分千室,元是一光;潮应万波,本来一水"④。再如元代普度编《庐山莲宗宝鉴念佛正教》卷二"慈照宗主圆融四土选佛图序":"禅云,黄花翠竹总是真如。教云,一色一香无非中道。"⑤"一色一香"即植物,从植物而言是"中道",从教义而言,是佛的化身。"翠竹黄花"无疑也是这种思想的体现。法身还指高僧之身。如唐卢简求《杭州盐官县海昌院禅门大师塔碑》:"法身魁岸,相好庄严,眉毛绀垂,颅骨圆耸。"⑥

竹子既用以比拟普通僧人及佛身,禅师圆寂示现因此也多涉及竹子,如:

> 长安二年(702)九月五日,(释法持)终于延祚寺,遗嘱令露骸松下,饲诸禽兽,令得饮食血肉者发菩提心。其日空中有神幡数首从西而来,绕山数转,众人咸见。先居幽栖

---

① 任继愈主编《中国佛教史》第一卷,中国社会科学出版社 1985 年版,第 207 页。
② 转引自[日]忽滑谷快天撰、朱谦之译《中国禅学思想史》,上海古籍出版社 2002 年版,第 106—107 页。
③ [北凉]昙无谶译《金光明经》卷二"四天王品第六",《大正藏》第 16 册,第 344b。
④ 《祖堂集》卷一七,下册第 777 页。
⑤ 《大正藏》第 47 册,315c。
⑥ 《全唐文》卷七三三,第 8 册第 7569 页下栏左。

故院，竹林变白。①

（杭州文喜禅师）光化三年（900）示疾。十月二十七日夜子时，告众曰："三界心尽即是涅槃。"言讫跏趺而终。寿八十，腊六十。终时方丈发白光，竹树同色。②

（齐安禅师）以会昌二年（842）壬戌十二月二十二日泊然宴坐，俄尔示灭。先时竹柏尽死，至是精彩益振。爰有清响叩户，祥光满室，如环佩之锵鸣，若剑戟之交射。瑞相尤繁，事形别录。③

三位禅师圆寂都通过竹树变白来示现。可见竹子成为牛头禅的话头是从一开始就有迹象的。

更早的，如"呜呼法师，何时复还，风啸竹柏，云霭岩峰，川壑如泣，山林改容"（谢灵运《庐山慧远法师诔》）④、"呜呼哀哉，山泉同罢，松竹衰凉，秋朝霜露，寒夜严长"（张畅《若耶山敬法师诔》）⑤，竹子都仅是借景渲染悲情的植物之一。《高僧传》卷八："汝南周颙目之曰：'隆公（引者按，指释慧隆）萧散森疏，若霜下之松竹。'"⑥已经是以竹拟人，这显然渊源于魏晋时代人物品藻的风气以及自先秦以来的人格比德传统。

以竹子比佛身、比高僧的情况无疑对"翠竹是法身"观念的形成有重要影响。《洛阳伽蓝记》透露了这种意识的重要来源，云："有沙

---

① 《宋高僧传》卷八《唐金陵延祚寺法持传》，上册第 182 页。
② 《景德传灯录》卷一二，《大正藏》第 51 册，294a。
③ 《宋高僧传》卷一一《唐杭州盐官海昌院齐安传》，上册第 262 页。
④ 《全上古三代秦汉三国六朝文》全宋文卷三三，第 3 册第 2619 页下栏左。
⑤ 《全上古三代秦汉三国六朝文》全宋文卷四九，第 3 册第 2702 页上栏左。
⑥ 《高僧传》卷八"齐京师何园寺释慧隆"条，第 327 页。

门宝公者，不知何处人也。形貌丑陋，心识通达，过去未来，预睹三世。发言似谶，不可得解，事过之后，始验其实……时亦有洛阳人赵法和请占早晚当有爵否。宝公曰：'大竹箭，不须羽，东厢屋，急手作。'时人不晓其意。经十余日，法和父丧。大竹箭者，苴杖。东厢屋者，倚庐。"①竹为苴杖载于《周礼》，是丧礼所用。但这显然不是"竹林变白"示现现象的源头，其源头在佛经。《大般涅槃经》中，世尊于印度拘尸那揭罗城跋提河畔入灭后，河畔娑罗树林变白，犹如白鹤，故称白鹤林、白林、鹄林。②高僧示寂，竹林变白，也可能影响到"翠竹是法身"的观念。

三、"翠竹黄花"与佛教"无情有性说"

苏轼曾戏说："瓦砾犹能说，此君那不知。"③可见"翠竹黄花"还与无情有性说有关。晋宋之际，竺道生倡众生有性说，而无情有性说的出现，使成佛理论更为圆融全面。无情有佛性说的思想渊源几乎与众生有性的思想一样悠久。赖永海论述道：

> 竺道生的众生有性说，是以理佛性、真理自然为根据的，此外，在道生许多著作中，法、实相、佛、佛性都是名异而实同的，
>
> 这实际上已经包含着一切诸法悉有佛性的思想。天台智者以实相说为基础，倡"一色一香，无非中道"，无情有性思想亦是题中应有之义。华严宗主净心缘起，把一切诸法归结

---

① 《洛阳伽蓝记校释今译》，第 120 页。
② 参考全佛编辑部编《佛教的动物》，中国社会科学出版社 2003 年版，第 270 页。
③ 苏轼《器之好谈禅，不喜游山。山中笋出，戏语器之，可同参玉版长老，作此诗》，《全宋诗》第 14 册第 9585 页。

于一如来藏自性清净心，倡一花一世界，一叶一如来，也没有把无情物排除在佛性之外。三论宗的嘉祥大师，更是明言"于无所得人，不但空为佛性，一切草木是佛性也"。他以《涅槃经》的"一切诸法中，悉有安乐性"等经文为根据，指出，依通门义，一切众生悉有佛性，草木亦耳。可见，无情有性的思想，历史上早已有之，并非湛然发明，湛然的作用是把那些题中应有之义点示出来罢了。①

而"草木有佛性"早见于隋代吉藏（549—623）的论述②。其后牛头禅初祖法融（594—657）《绝观论》也说："道者，独在于形器之中耶？亦在草木之中耶？""道，无所不遍也。"故可说："草木久来合道。"③

追溯"翠竹黄花"话头的形成，还不能不提及湛然（711—782）的"无情有性"说。湛然主张木石等无情之物亦有佛性，在《大涅槃经疏》中，湛然说："章安（灌顶）依经具知佛性遍一切处，而未肯彰言，以为时人尚未信有，安示其遍。佛性既具空等三义，即三谛，是则一切诸法无非三谛，无非佛性。若不尔者，如何得云众生身中有于虚空。众生既有，余处岂无。余处若无，不名虚空。思之思之。"④湛然提出"无情有性"思想是有针对性的，有学者以为针对法相宗末流⑤，也有学者

---

① 赖永海著《中国佛性论》，中国青年出版社 1999 年版，第 219 页。关于"无情有性"说的思想渊源，可参看俞学明《湛然研究——以唐代天台宗中兴问题为线索》第 198—200 页。
② 参见赖永海著《中国佛性论》，第 225—226 页。
③ ［唐］法融《绝观论》，转引自方立天著《中国佛教哲学要义》上卷，中国人民大学出版社 2002 年版，第 393 页。
④ 《大正藏》第 38 册，184a。
⑤ 周叔迦《无情有佛性》，《佛教文化》1999 年 4 月。

以为针对华严宗①。

湛然的"无情有性"说，其含义是："一一有情，心遍性遍，心具性具，犹如虚空。彼彼无碍，彼彼各遍，身土因果，无所增减。故《法华》云：世间相常住。世间之言，凡圣因果，依正摄尽。"②俞学明认为，"此'无情有性'，是从性具的角度说，而不能从实在的'性佛'的角度去理解，否则便是偏失"③，"湛然认为，'佛性'之名，是以'因'说真如。讨论众生是否有佛性是因为众生实未成佛、得理、证果。'无情有性'，是就因中，从果性、从悟性而言"④，"若以'果'论，则唯佛有果性；非但草木，连一切众生都无有佛性"⑤。自湛然点示揭明"无情有性"之说，"木石有性"才更深入人心，也成为天台宗宣传教义及禅门不同宗派论难的话头。

印顺法师在《中国禅宗史》中指出：

> 牛头禅的"无情有性""无情成佛"（"无情说法"），是继承三论与天台的成说，为"大道不二"的结论。然在曹溪门下，是不赞同这一见解的，如慧能弟子神会……南岳门下道一（俗称马祖）弟子慧海……道一大弟子百丈……⑥

南宗禅的创立者慧能明确提倡"无情无佛种"，其弟子神会（666—760）坚持师说，在答牛头山袁禅师询问时，指出"佛性遍一切有情，不遍一切无情"，故而主张"岂将青青翠竹同于功德法身，岂将郁郁

---

① 俞学明著《湛然研究——以唐代天台宗中兴问题为线索》，第182页。
② 《金刚錍》，《大正藏》第46册，第784页中、下。
③ 俞学明著《湛然研究——以唐代天台宗中兴问题为线索》，第185页。
④ 俞学明著《湛然研究——以唐代天台宗中兴问题为线索》，第186页。
⑤ 俞学明著《湛然研究——以唐代天台宗中兴问题为线索》，第185页。
⑥ 印顺著《中国禅宗史》，第123页。

黄花等于般若之智"，"若是将青竹黄花同于法身般若者，此即外道说也"①。

马祖道一的弟子大珠慧海反对法融的"无情成佛"说，他说："黄华若是般若，般若即同无情。翠竹若是法身，法身即同草木。如人吃笋，应总吃法身也。"②但慧海对"翠竹黄花"并不全盘否定，《景德传灯录》载大珠和尚的问答：

> 座主问："禅师何故不许'青青翠竹尽是法身、郁郁黄华无非般若'？"师曰："法身无象，应翠竹以成形；般若无知，对黄华而显相。非彼黄华翠竹而有般若法身。故经云：佛真法身，犹若虚空；应物现形，如水中月。黄华若是般若，般若即同无情；翠竹若是法身，翠竹还能应用……若见性人，道是亦得，道不是亦得。随用而说，不滞是非。若不见性人，说翠竹著翠竹，说黄花著黄花，说法身滞法身，说般若不识般若，所以皆成争论。"③

他的着眼点在于是否悟见真如本性，而不是草木是否体现佛性。《佛果圜悟禅师碧岩录》卷一〇对此有很详细的说明："大珠和尚云：向空屋里堆数函经看，他放光么？只以自家一念发底心是功德。何故？万法皆出于自心。一念是灵，既灵即通，既通即变。古人道：'青青翠竹尽是真如，郁郁黄花无非般若。'若见得彻去，即是真如。忽未见得，且道作么生唤作真如。《华严经》云：若人欲了知三世一切佛，应观法

---

① 〔唐〕神会《南阳和尚问答杂征义》，杨曾文编校《神会和尚禅话录》，中华书局 1996 年版，第 86—87 页。
② 《五灯会元》卷三"大珠慧海禅师"，上册第 157 页。
③ 《景德传灯录》卷二八，《大正藏》第 51 册，441b—441c。

界性一切唯心造。尔若识得去，逢境遇缘，为主为宗。若未能明得，且伏听处分。"①可见关键在于自性是否觉悟，心中觉悟，翠竹唤作真如亦无不可，如未觉悟，自然难以理解。

马祖弟子百丈怀海（720—814）指出："从人至佛，是圣情执；从人至地狱，是凡情执。只如今但于凡、圣二境有染爱心，是名有情无佛性。只如今但于凡、圣二境及一切有无诸法都无取舍心，亦无无取舍知解，是名无情有佛性。只是无情有系，不同木石太虚、黄花翠竹之无情。将为（无情）有佛性，若言有者，何故经中不见受记而得成佛者？只如今鉴觉，但不被有情改变，喻如翠竹；无不应机，无不知时，喻如黄华。"②他"说的是有情众生悟解即有佛性，属于有情修行之列，与佛性的普遍性问题无关"③。"法身无象，应物现形。"④故方立天指出"洪州宗人（引者按，指马祖道一的门派）正是以法身随时随处显现的见解，反对把法身的显现局限于翠竹黄花的观点"⑤，所谓"不堕黄花翠竹间"（仲并《次韵答友人四首》其二）⑥。

大珠慧海说："《华严经》云：'佛身充满于法界，普现一切群生前。随缘赴感靡不周，而恒处此菩提座。'翠竹既不出于法界，岂非法身乎？又《般若经》云：'色无边故般若亦无边。'黄花既不越于色，岂非般若乎？"⑦这种引经据典的解释，足以说明"翠竹黄花"缘起与佛教

---

① 《大正藏》第 48 册，220c。
② ［宋］赜藏主编集《古尊宿语录》上，中华书局 1994 年版，第 18—19 页。
③ 俞学明著《湛然研究——以唐代天台宗中兴问题为线索》，第 202 页。
④ 《五灯会元》卷三"大珠慧海禅师"，上册第 157 页。
⑤ 方立天著《寻觅性灵：从文化到禅宗》，北京师范大学出版社 2007 年版，第 414 页。
⑥ 《全宋诗》第 34 册第 21550 页。
⑦ 《大慧普觉禅师语录》卷一五，《大正藏》第 47 册，875a。

色空观有关。

翠竹、黄花在此处其实具有互文性，都不越于色，都是般若、真如。佛教主张通过色相去把握实相（真如）。《心经》："色不异空，空不异色；色即是空，空即是色。"因为"虚空为道本"①，虚空在本质上是无所不在的圆满（真如），故黄檗希运说"不用求真，唯须息见"②，停止各种妄念，"真"不求自至，就能领悟到佛法一切现成，山水草木都呈露着真如。正是在这个意义上，法演和尚说："山河大地是佛，草木丛林是佛。"③百丈怀海也说："一切色是佛色，一切声是佛声。"（《古尊宿语录》卷二《百丈怀海大智禅师语录之余》）故"万类之中，个个是佛"④。

色相是所见假象，最终要回到人对实相（真如）的觉悟。《宝藏论》说："譬如有人，于金器藏中，常观于金体，不睹众相。虽睹众相，亦是一金。既不为相所惑，即离分别。常观金体，无有虚谬。喻彼真人，亦复如是。"⑤意思是说，有人在贮藏金器的宝库中见到各种形状的金器，但是他未被不同形状所迷惑，他见到的是金子的本质。这个比喻说明真人的觉悟应如此人看待金子，虽然见到的是现象世界，但悟到的是佛性。故释遁伦集撰《瑜伽论记》："复云言说之道，但说诸法通相。自性离言，不可说如此。如言青色虽简黄赤白，然青名通目法界，一切青竹根茎枝叶皆青故。"⑥竹子的根茎枝叶各不相同，这是现象，但

---

① 延寿编集《宗镜录》卷七七引法融语，《大正藏》第 48 册，842b。

② 《黄檗断际禅师宛陵录》，《大正藏》第 48 册，385a。

③ 《法演禅师语录》卷上，《大正藏》第 47 册，652b。

④ 《黄檗断际禅师宛陵录》，《大正藏》第 48 册，386a。

⑤ 释僧肇著《宝藏论》"本际虚玄品第三"，《大正藏》第 45 册，149b。

⑥ ［唐］释遁伦集撰《瑜伽论记》卷一九"论本第七十三"，《大正藏》第 42 册，751b。

根茎枝叶都是青色，这是本质。马祖道一："凡所见色，皆是见心。心不自心，因色故有。"①故"闻声悟道，见色明心"②。

从禅宗思想史来看，较早从理论上论述色空相即的般若空观，是传为僧肇所作的《宝藏论》③。鸠摩罗什赞叹："秦人解空第一者，僧肇其人也。"④这也许是后人将"翠竹黄花"说远推至僧肇的重要原因。

我们看佛教史上对于"翠竹是法身"的诸多争论，主要在于无情是否有佛性，也涉及禅悟方式等。一方面，禅宗

图51　四川青神县中岩寺竹树掩映下的一景。图片由网友提供。

认为声色世界均是虚妄的，只有内心的佛性才是真实的，因此有"不

① 张节末著《禅宗美学》，第 161 页。
② 《云门匡真禅师广录》卷中"室中语要"引古禅语，《大正藏》第 47 册，554a。
③ 参见吴言生著《禅宗思想渊源》，中华书局 2001 年版，第 78 页。
④ 《净名玄论》卷六"十一得失门·第一性假门"，《大正藏》第 38 册，892a。

说破"的原则，"说似一物即不中"①，"唤作竹篦则触，不唤作竹篦则背"②。按照《楞伽经》的说法："第一义者，圣智自觉所得，非言说妄想觉境界。"③故禅宗多采用直观启悟的方式来布道传教。另一方面，禅宗认为见闻觉知也是佛性，道"无所不在"(《庄子·知北游》)，故多借助象征物传教，指示佛法真谛。如马祖曾说："今见闻觉知元是汝本性，亦名本心。更不离此心别有佛。"④故灵云志勤禅师见桃花也能悟道 (《五灯会元》卷四《灵云志勤禅师》)。

因此，禅宗对无情是否有佛性的争论是必然的。对"翠竹黄花"的记载常常就是争论的记录。如《祖堂集》卷一七："师《诫斫松竹人偈》曰：千年竹，万年松，枝枝叶叶尽皆同。为报四方参学者，动手无非触祖翁。"⑤从"翠竹是法身"的角度来理解，可以尊崇竹子是"祖翁"，而从反对者的眼光来看，吃笋又被说成"吃法身"。这又涉及禅宗解除执著的思想以及对传教象征物的理解。

翠竹黄花象征佛法，但不等于佛法；翠竹黄花之于佛法，只是权宜之计；借筏可以登岸，见翠竹黄花可以悟道，但登岸之后应当舍筏，悟道之后不应执著于"翠竹黄花"。正如《楞严经》所说："如人以手指月示人，彼人因指当应看月，若复观指，以为月体，此人岂唯亡失月轮，亦亡其指。"⑥种种争论客观上使"翠竹黄花"话头扩大了影响。

---

① 《坛经·机缘品》，转引自周裕锴著《百僧一案：参悟禅门的玄机》，第26页。
② 《大慧普觉禅师语录》卷一六《普说》，转引自周裕锴著《百僧一案：参悟禅门的玄机》，第200页。
③ ［南朝宋］求那跋陀罗译《楞伽阿跋多罗宝经》卷二"一切佛语心品之二"，《大正藏》第16册，490c。
④ 《宗镜录》卷一四，《大正藏》第48册，492a。
⑤ 《祖堂集》，下册第770页。
⑥ 《楞严经》，《大正藏》第19册，111a。

一花一世界，一叶一如来，竹子只不过是体现佛性的众多佛教植物之一，实质是以形象直觉的方式传达难以言说的教义。真如本体和现象世界，二者之间是体与用、一般与个别的关系。正是基于"无情有佛性"的观念，才会出现翠竹体现真如的说法。如张镃《桂隐纪咏》"翠竹是真如"[①]、谢逸《送曹圣延刘济道归宜春》其二"门前翠竹尽真如"[②]等，都是以竹子四季常青的本性比喻自性圆满具足。

四、"翠竹黄花"话头的形成与竹、菊并美连誉的传统

禅宗思想除渊源于佛教经典，还接受传统文化的影响。"翠竹黄花"显然是中土形成的佛教话头，因此还得从传统文化来寻源。"翠竹黄花"以竹、菊宣扬佛教义理，佛教推崇的植物很多，为何单单拈出竹、菊？应是竹、菊这种物物组合有某种特殊内涵，而且已经深入人心易于为人接受。

首先，竹、菊的佛教因缘有不同发展过程。其中竹子与佛教的因缘较深。竹子是西域与中土共有的植物。《法显传》："自葱岭已前，草木果实皆异，唯竹及安石留、甘蔗三物，与汉地同耳。"[③]佛教传入，也渐渐吸收融入中国本土竹文化。佛教文化艺术的一些重要方面，如寺庙周围植竹，寺庙称竹林寺或竹园寺，观音道场在紫竹林，甚至佛像雕塑、壁画中也有竹子，佛教传说中有关竹子的也越来越多，这些都进入社会生活与意识形态。

菊花与竹子不同，它一开始并未与佛教结缘。印度佛教不崇拜菊花，

---

① 《全宋诗》，第 50 册第 31628 页。
② 《全宋诗》，第 22 册第 14852 页。
③ ［晋］释法显撰、章巽校注《法显传校注》所记之"竭叉国"，上海古籍出版社 1985 年版，第 21 页。

但崇尚黄色①。黄色在佛教徒的修行中起着举足轻重的作用，所谓"修黄一切入"②。佛教崇尚黄色，黄花自然受到尊崇。西域黄花树，或称瞻卜、詹波、瞻博迦③。黄花也能表示法身，如法贤译《佛说妙吉祥最胜根本大教经》卷中记幻化之法："若涂黄花掷于空中，能现千数大阿罗汉。"④

佛教崇尚黄色的观念很早就传入中土，如《后汉书·西域传》载："世传明帝梦见金人，长大，顶有光明，以问群臣。或曰：'西方有神，名曰佛，其形长丈六尺而黄金色。'帝于是遣使天竺，问佛道法，遂于中国图画形象焉。"⑤菊花也称黄花。《吕氏春秋·十二纪》和《礼记·月令篇》均记载："季秋之月，菊有黄华。"《史氏菊谱》说："菊，草属也，以黄为正，所以概称黄花。"⑥菊称"黄花"，与佛经"黄花"易于引起联想。菊花这样"以假乱真"地进入佛教，僧徒们诵经参悟的时候，不再是经中心中有黄花而眼前无黄花。菊花以这样一种形式进入佛教，因缘凑泊，为"翠竹黄花"的形成奠定了基础。

其次，竹、菊连称并举有多方面因素的促进和逐渐形成的过程。

---

① 参考杨健吾《佛教的色彩观念和习俗》，《西藏艺术研究》2005 年第 2 期，第 66—67 页。
② 阿罗汉优波底沙梁言大光造、梁扶南三藏僧伽婆罗译《解脱道论》卷五"行门品之二"，《大正藏》第 32 册，423b。
③ ［宋］释元照撰《四分律行事钞资持记》上三"释受戒篇"："瞻卜此云黄花，花小而香。西土所贵，故多举之。"翻经沙门慧琳撰《一切经音义》卷一三"大宝积经第三十七卷"："瞻博迦（旧曰旃簸迦，或作詹波，亦曰瞻卜，又作占波花，皆方夏言音之差耳，此云金色花。大论云，黄花树形高大，花亦甚香，其气逐风甚远）。"
④ 《大正藏》第 21 册，87b。
⑤ 《后汉书》卷八八，第 10 册第 2922 页。
⑥ ［宋］史正志撰《史氏菊谱》，《影印文渊阁四库全书》第 845 册第 29 页上栏右。

就自然物性来讲，秋冬万物凋零，而"翠竹黄花最耐秋"（周孚《次韵安民》）①，易于引人注目。就文化因素来讲，一方面与道教长生有关，另一方面又都涉及隐逸与比德。

在追求长生的道教者看来，竹实、竹汁和菊花同是长生之药。如吴均《与顾章书》曰："有石门山者……既素重幽居，遂葺宇其上，幸富菊花，偏饶竹实，山谷所资，于斯已办，仁智所乐，岂徒语哉。"②可见以竹实与菊花服食。竹与菊相关联还因为同是酒名，如"竹叶于人既无分，菊花从此不须开"（杜甫《九日五首》）。

竹子凌寒不凋，早在先秦就成为坚贞的象征。菊花也是如此，"菊尤为人所重者，花只草本，而有晚节之名"③。这种感物触兴的联想，与禅宗借境悟心的思维模式有类似之处。物又以人贵，王子猷之于竹，陶渊明之于菊，自东晋以来传为佳话。魏晋以来隐逸思想盛行，隐居山林，尊慕竹林七贤和陶渊明，这也是竹、菊并美连誉的重要原因。繁荣于百花众草凋零之时，同是气节和隐逸的象征，竹、菊因此获得了联姻的条件。

竹、菊并举的传统早在唐前已出现。庾信《暮秋野兴赋得倾壶酒诗》："刘伶正捉酒，中散欲弹琴。但使逢秋菊，何须就竹林。"④可见竹、菊并提的道教及隐逸内涵。南朝宋范泰《九月九日诗》："劲风肃林阿。鸣雁惊时候。篱菊熙寒藂，竹枝不改茂。"⑤也可见对凌寒气节的赏美。

---

① 《全宋诗》第 46 册，第 28739 页。
② 《全上古三代秦汉三国六朝文》全梁文卷六〇，第 4 册第 3306 页上栏右。
③ 陈衍《石遗室诗话》卷二四，张寅彭主编《民国诗话丛编》，上海书店出版社 2002 年版，第 1 册第 327 页。
④ 《先秦汉魏晋南北朝诗》北周诗卷四，下册第 2405 页。
⑤ 《先秦汉魏晋南北朝诗》宋诗卷一，中册第 1144 页。

再如沈约《郊居赋》："风骚屑于园树，月笼连于池竹。蔓长柯于檀桂，发黄华于庭菊。"①则是对物色之美的欣赏。

到唐代，竹、菊并提更为普遍。《全唐诗》中，"竹""菊"在一首诗中同时出现的情况已经很多，不下十几例②，说明人们观念中将其相提并论的倾向更为明显。如"人追竹林会，酒献菊花秋"（李峤《饯骆四二首》）、"东篱摘芳菊，想见竹林游"（储光羲《仲夏饯魏四河北觐叔》）等，都可见"竹""菊"并提渊源于魏晋风流。更多的还是作为诗中并列的景物出现，如"屈原江上婵娟竹，陶潜篱下芳菲菊"（徐光溥《题黄居寀秋山图》）、"篱菊黄金合，窗筠绿玉稠"（白居易《履道新居二十韵》）、"晴攀翠竹题诗滑，秋摘黄花酿酒浓"（许浑《寄题华严韦秀才院》），也有浓缩于一句之中如"风篁雨菊低离披"（郑嵎《津阳门诗》），这样就使竹、菊在更广泛的意义上并提共举，可知竹、菊已逐渐融入生活与意识。

总之，"竹""菊"并提已经越来越普遍，在人们的观念中，"竹""菊"有着共同的特质，或关乎魏晋风流，或关乎隐逸内涵。当"竹""菊"并提成为时尚，其进入僧徒眼界进而成为话头，也就为期不远而且不难理解了。

---

① 《全上古三代秦汉三国六朝文》全梁文卷二五，第 3 册第 3099 页下栏左。
② 这里所统计的情况主要指"竹""菊"在同一首诗中有一定联系，或竹菊并提，或在几句中，但作为景物并列。毫无有机关系的诗不计。

第四节 观音与竹结缘考论

晋武帝泰始年间（265—274），竺法护译出《正法华经》，观世音进入中土。观音是大乘佛教十分崇奉的菩萨，最初译名为"观世音"，后略称"观音"①。

一、观音与竹结缘的时间及原因

观音与竹结缘早在南北朝。梁释慧皎《高僧传》卷一三《昙颖传》载：

> 颖尝患癣疮，积治不除，房内恒供养一观世音像，晨夕礼拜，求差此疾。异时忽见一蛇从像后缘壁上屋，须臾有一鼠子从屋脱地，涎涎沐身，状如已死。颖候之，犹似可活，即取竹刮除涎涎。又闻蛇所吞鼠，能疗疮疾，即刮取涎涎，以傅癣上。所傅既遍，鼠亦还活。信宿之间，疮痍顿尽。方悟蛇之与鼠，皆是祈请所致。②

"取竹刮除涎涎"，竹子仅是其中昙花一现微不足道的道具，显然还不能说是竹子与观音结缘。再如《高僧传》卷三载：

> 元嘉将末，谯王屡有怪梦，跋陀答云："京都将有祸乱。"未及一年，元凶构逆。及孝建（公元四五四至四五六年）之初，谯王阴谋逆节，跋陀颜容忧惨，未及发言，谯王问其故，跋陀谏争恳切，乃流涕而出曰："必无所冀，贫道不容扈从。"

---

① 有学者以为避唐太宗李世民之讳而改称"观音"。参考罗伟国著《话说观音》，上海书店 1992 年版，第 4 页。但也有学者持异议。
② 《高僧传》卷一三"宋长干寺释昙颖"条，第 511 页。

谯王以其物情所信，乃逼与俱下。梁山之败，大舰转迫，去岸悬远，判无全济，唯一心称观世音，手捉邛竹杖，投身江中，水齐至膝，以杖刺水，水流深驶，见一童子寻后而至，以手牵之，顾谓童子："汝小儿何能度我。"恍忽之间，觉行十余步，仍得上岸，即脱纳衣欲偿童子，顾觅不见，举身毛竖，方知神力焉。①

在这则传说中，竹子是作为观音神通法力的体现而显灵的，宣扬的是因果报应观念。这一则传说放到南北朝众多果报神通故事中，无甚特色，也显示不出与观音结缘的特殊含义。竹与观音真正意义上的结缘还要等到唐代，因为唐代观音宝相多以竹为背景，又出现紫竹林道场。

观音为何与竹结下不解之缘？可能有以下原因：

首先，观音与竹的关系源自佛经。唐代，竹子作为佛的法身象征广泛流行，"青青翠竹尽是法身"成为僧人时尚的话头，也波及民间。翠竹也演变为观音真如之体。如义远编《天童山景德寺如净禅师续语录》"念念勿生疑，碧波江上静。观世音净圣，翠竹真如体。于苦恼死厄，曾锦纹添花。能为作依怙，山色春犹香。毕竟如何。世界无心尘不染，山河不尽意无巧。"②竹林清净无尘，翠竹体现真如法身，这可能是观音化身示现与竹结缘的重要原因。

白化文指出："观音可以示现种种身份说法。《法华经·观世音菩萨普门品》说有'三十三身'，《楞严经》说有'三十二应'。二者大同小异。"③正如白化文所说，观音形象"虽说源自《普门品》，但经典

① 《高僧传》卷三"宋京师中兴寺求那跋陀罗"条，第132页。
② 《大正藏》第48册，134c—135a。
③ 白化文《观世音菩萨》，见氏著《汉化佛教与佛寺》，北京出版社2003年版，第156页。

依据不多，而是在创造中加以定型"①。如果仅就观音三十三形象而言，此论无疑是正确的。但若就观音与竹的因缘而言，还有可商之处。

我们试从佛经寻找线索。唐天竺三藏阿地瞿多译《佛说陀罗尼集经》载，观世音菩萨说七日供养坛法，"次于坛四角各竖一竿，西门两个竹竿，以绳绕系四角竿上"，"次取水罐一十三口，各授一升许，满盛净水。于中少少盛著五谷，并著小小龙脑香、郁金香等及石榴黄，共前五宝。裹中盛已，

图　５２
［近代］高剑父《竹月图》。
（纸本，设色。纵 118 厘米，横 32 厘米。40 年代作。私人收藏。高剑父（1879—1951），名伦，字剑父，后以字行，广东番禺人）

著于罐内。其罐口上以柳柏枝并叶竹枝塞头从竖，各以白绢束令不散。次咒水罐一百八遍，用十一面观世音咒咒罐如是一百八遍"，"次于坛中心著一香炉，四方八门各一香炉。总烧香竟，然后阿阇梨把一香炉烧种种香。从坛外边右绕一匝。行道已竟后，放著香炉，当于西水罐边，次取西门水罐之上五色线一头，将右转绕于坛外边竹竿之上"②。可知竹子应用于观音坛法，其用途不止一处，既作为竹枝与柳柏枝塞于盛

① 白化文《观世音菩萨》，见氏著《汉化佛教与佛寺》，第 156 页。
② ［唐］阿地瞿多译《佛说陀罗尼集经》卷四《十一面观世音神咒经》，《大正藏》第 18 册，814b、815b、815c。

净水的罐口，又作为竹竿竖立于坛四角及西门。后来的观音宝相有净瓶柳枝而无竹枝，是民间流传发展变化所致。

我们再看中土的观世音形象。《观世音持验记》卷二"宋溧水俞集"条载：

> 宣和中，赴任兴化尉。挈家舟行，淮上多蚌蛤，舟人日买食之。集见，辄买放诸江。偶见一筐甚重，众欲烹食，集倍价偿之不可。遂置诸釜中，忽大声从釜起，光焰上腾。舟人恐，启视之，一大蚌裂开，壳间现观世音像，傍有竹两竿，相好端严，衣冠璎珞及竹叶枝干，皆细珠缀成。集令舟中皆诵佛悔罪，取壳归家供奉焉。（出感应篇传）[1]

观音像旁"有竹两竿"，与佛经正相合。

其次，观音与竹子结缘也因为竹子的神通与佛性。佛教为宣扬佛法，常借助神通情节宣传果报思想。如上引《高僧传》卷三所载竹杖渡人的传说。在儒释道三教融合的背景下，关于竹子的神通也有来自道教的影响。道教对竹子的崇拜使其逐渐仙化，竹子已成仙境象征植物，如扫坛竹等。如《云笈七签》卷一一六"王奉仙"条：

> 王奉仙者，宣州当涂县民家之女也。家贫，父母以纺绩自给。而奉仙年十三四因田中饷饭，忽见少年女十余人，与之嬉戏，久之散去。他日复见如初，自是每到田中饷饭，即聚戏为常矣……一日将夕，母氏见其自庭际竹杪坠身于地。母益为忧恳，问其故，遂以所遇之事言之，父母竟未谕其本末。诸女剪奉仙之发，前露眉，后垂至肩。自此数年，发竟不长。

---

① 《观世音持验记》卷二，藏经书院编《卍续藏经》，新文丰出版公司1993年版，第78册100b。

不食岁余，肌肤丰莹，洁若冰雪，蝼首蛴领，皓质明眸，貌若天人，智辩明晤，江左之人谓之观音焉……奉仙曰："某所遇者道也，所得者仙也，嗤俗之徒加我以观音之号耳。"[①]

奉仙"自庭际竹杪坠身于地"是道教法术，体现竹子沟通

图 53　法国吉美博物馆藏敦煌绢本水月观音像。（参见王惠民《敦煌水月观音像》图版，《敦煌研究》1987 年第 1 期）

仙凡的神化功能。奉仙经年不食仍年轻貌美的秘诀在于得遇仙人，江左之人不知就里，谓之观音，因此招来奉仙不满。这则小说透露了当时人们的潜意识，即观音形象的塑造曾部分地受到女仙形象的影响。佛、道融合的情况也会融入观音形象的塑造，如宋人徐道《历代神仙通鉴》载："普陀洛迦岩潮音洞中有一女真，相传商王时（《普陀山志·灵异》谓"周宣王"时），修道于此，已得神通三昧，发愿欲普渡世间男女。

① 《云笈七签》卷一一六"王奉仙"条，《影印文渊阁四库全书》第 1061 册第358 页。

尝以丹药及甘露水济人，南海人称之曰慈航大士。"①这也许某种程度上可以解释与女仙结缘的竹子转化为观音宝相一部分的原因。

再次，观音与竹结缘还因为竹子的生殖崇拜内涵。这表现在两方面：

一是观音在传播中逐渐变为女性。"观世音为女身，其事见于南北朝"②。王青论述道："北魏时期，女性佛教信仰者急剧增多，而在众多佛教神祇中，观音成为女性欢迎的神祇，这也是观音后来女性化的一个重要原因。"③"观音女性化的主要依据应当在经文中，《观世音菩萨普门品》当中观世音以三十三身化身示现的人物中有比丘尼、优婆夷、长者妇女、居士妇女、宰官妇女、婆罗门妇女、童女七种人物是明显的女性形象。这就为中土观音女性化提供了依据。"④赵克尧认为："概括前人见解，观音变相的时代有以下几种看法。清赵翼《陔余丛考》主张六朝时已变女相，清黄艾庵《见道集》认为在唐末，明胡庆（引者按，"庆"当是"应"字之误）麟及王世贞又主元明间，三说变相时间虽有先后不同，但忽视渐变过程却是共同的。拙以为观音变相不是一蹴而就的，因此应作历史的过程性考察，大体说来，经历了三个阶段：始于东晋南北朝，发展于唐，定型于宋，沿习至今。"⑤自东晋到唐宋，观音完成了由男性到女性的转变。而竹子在南北朝也是女性象征逐渐形成的时期，在民间主要表现为湘妃竹、临窗竹等女性象征。唐代观

---

① 转引自贝逸文《普陀紫竹观音及其东传考略》，《浙江海洋学院学报（人文科学版）》2002 年第 1 期，第 15 页。

② ［清］俞正燮撰《癸巳类稿》，辽宁教育出版社 2001 年版，第 513 页。

③ 王青著《魏晋南北朝时期的佛教信仰与神话》，中国社会科学出版社 2001 年版，第 154 页。

④ 王青著《魏晋南北朝时期的佛教信仰与神话》，第 156 页。

⑤ 赵克尧《从观音的变性看佛教的中国化》，《东南文化》1990 年第 4 期，第 240 页右。

音宝相涉及竹子的主要有水月观音、紫竹观音等，而普陀山紫竹道场更是影响广泛。

二是民间竹生殖崇拜视竹为具有生殖功能的灵物，而观音在民间也逐渐形成送子功能。竹生殖崇拜自先秦即有，南北朝时期经道教宣传，在民间与贵族间大为流行，甚至唐代还有祭祀竹林神求子的风俗。竹生殖崇拜观念又与观音送子职能相结合。贝逸文认为："关于观音送子的职能，亦可在古印度典籍《梨俱吠陀经》中找出原型，经文说观音能使'不孕者生子'。《法苑珠林》记有晋代居士孙道德求子如愿的故事。史载唐代高僧万回由'母祈于观音像而妊'；宋代海神妈祖林默，为其母梦观音赐药遂怀妊生之。"① 赵克尧认为："女相观音发展为送子观音的出现，并不是阴错阳差的表现，而是纳孝于释进入人们日常世俗生活的深刻反映。"② 当然，也有经典依据。《妙法莲华经》卷七："若有女人设欲求男，礼拜供养观世音菩萨，便生福德智慧之男。设欲求女，便生端正有相之女，宿殖德本，众人敬爱。"③

二、水月观音与竹

佛教尊像画一般只画佛像本身而少画背景，水月观音像的构图不仅有背景，还多有竹子。松本荣一认为"水月观音图"及其特点与周昉创制的"水月之体"有密切关系，并总结了"水月观音图"的六个

---

① 贝逸文《普陀紫竹观音及其东传考略》，《浙江海洋学院学报（人文科学版）》2002 年第 1 期，第 16 页。
② 赵克尧《从观音的变性看佛教的中国化》，《东南文化》1990 年第 4 期，第 243 页左。
③ ［后秦］鸠摩罗什译《妙法莲华经》卷七"观世音菩萨普门品第二十五"，《大正藏》第 9 册，57a。

特点,其中之一是"菩萨背后描画了竹或棕榈"①。《历代名画记》卷三:"(胜光寺)塔东南院,周昉画水月观自在菩萨、掩障菩萨、圆光及竹,并是刘整成色。"②可见周昉水月观音图有竹子。敦煌绘画中水月观音宝相也有竹子。斯坦因从藏经洞盗走的文物中有两幅水月观音像,一纸本一绢本,皆坐岩石上,纸本观音身边有三竹二笋,绢本观音身旁两侧各有竹三株。伯希和从藏经洞盗走的文物也有两幅水月观音像,也是一纸本一绢本,纸本观音身旁有二笋一竹,绢本观音背后有三竹二笋。不仅纸绢画,敦煌壁画中也多有竹子③。水月观音传至邻国日本和朝鲜,也以竹林为背景。《李相国集》载:"幻长老以墨画观音像求予赞,曰:'观音大师,观世音子,白衣净相,如月映水;卷叶双根,闻薰所自,宴坐竹林,虚心是寄。'"④

观音宴坐石上,源自佛经。唐实叉难陀译《八十华严》卷六八:"西面岩谷之中,泉流萦映,树林蓊郁,香草柔软,右旋布地。观自在菩萨于金刚石上,结跏趺坐,无量菩萨皆坐宝石,恭敬围绕,而为宣说大慈悲法,令其摄受一切众生。"⑤这与佛祖修行方式没有不同。《大唐西域记》卷九载:

孤山东北四五里,有小孤山,山壁石室,广袤可坐千

余人矣。如来在昔于此三月说法。石室上有大磐石,帝释、

---

① 说见姜伯勤著《敦煌艺术宗教与礼乐文明》,中国社会科学出版社 1996 年版,第 48 页。
② [唐]张彦远著、肖剑华注释《历代名画记》卷三,江苏美术出版社 2007 年版,第 80 页。
③ 参考王惠民《敦煌水月观音像》,《敦煌研究》1987 年第 1 期,第 33—36 页。
④ 转引自王惠民《敦煌水月观音像》,《敦煌研究》1987 年第 1 期,第 32 页。
⑤ [唐]实叉难陀译《八十华严》卷六八《入法界品》之九,《大正藏》第 10 册,366c。

梵王摩牛头旃檀涂饰佛身，石上余香，于今郁烈。①

　　精舍东北石涧中，有大磐石，是如来晒袈裟之处，衣
文明彻，皎如雕刻。其傍石上有佛脚迹，轮文虽暗，规模
可察。②

可见宴坐石上是诸佛菩萨修行的普遍方式。

水月观音为何以水月澄明、竹树葱茏为背景环境？从宗教文化角
度而言，是体现和宣传教义。白化文解释，水月观音"作观水中月影状。
水中月，喻诸法无实体。此像具哲理性，受知识界崇敬"③。王惠民指
出："水月观音，就是'世间所绘观水中月之观音'，是佛教三十三观
音之一。而三十三观音中，只有白衣、叶衣、青颈、延命、多罗尊和
阿么提等少数几个观音见诸汉译密教经典，余为中国、日本和朝鲜在
唐及以后民间流传、信奉的观音，没有经典依据。如马郎妇观音就是
唐朝元和十二年（817）观音在陕右的化身，以后就列为三十三观音之
一。"④二位先生未能提供水月观音涉及竹子的佛教经典依据。李翎《水
月观音与藏传佛教观音像之关系》作了进一步论述：

　　从设计思想上分析，周昉的"水月观音"来自大乘般若
的空性理论，"水""月"是这一身形观音代表的主题……"空
性"是"水月观音"表达的主旨，唯识学、《了本生死经》《般
若心经》是"水月观音"设计思想的经典出处。⑤

<hr>

① ［唐］玄奘、辩机原著，季羡林等校注《大唐西域记校注》，第715页。原注：
"餙为饰之俗字。"
② ［唐］玄奘、辩机原著，季羡林等校注《大唐西域记校注》，第728页。
③ 白化文《观世音菩萨》，见氏著《汉化佛教与佛寺》，第157页。
④ 王惠民《敦煌水月观音像》，《敦煌研究》1987年第1期，第31页。
⑤ 李翎《水月观音与藏传佛教观音像之关系》，《美术》2002年第11期，第51页。

图54 ［宋］张月湖《白衣观音菩萨》。（参见徐建融编著《观音宝相》，上海人民美术出版社1998年版，第116页）

其所论水月观音形象的经典出处主要从"水""月"着眼，认为"水""月"体现"空性"，这无疑是正确的。水月观音身后的竹子当也与此有关，也有佛经依据。佛教多记佛祖和僧徒于树林或竹林修行成道。唐天竺三藏阿地瞿多译《佛说陀罗尼集经》卷四"阿咤印咒第五"："是法印咒。若居聚落，若在山中，离杂声处。有华果树竹林，水池中央，起舍。日日洗浴入于道场。先作护身结界印竟，请观世音菩萨。作华座印安置座上，然三盏灯。种种香华供养礼拜赞叹毕已，捻珠一心，念观世音菩萨名字。若人日日作此咒法，满十万遍即得见观世音菩萨。"①不仅有水池，也有竹林，这可能就是观音道场在竹林的佛典依据。

从美感角度而言，水边月下的环境具有清净的象征意义，如水月观音、南海观音等都取为背景。关于"水""月"意象的文化意蕴，程杰已有论述：

"水""月"在中国文学中是两个特殊的意象，在漫长的

---

① 《大正藏》第18册，817b。

296

历史过程中尤其是入唐以来积淀了丰富的意蕴……"水"不只是一个植物生长环境,"月"的作用也远不是一种光色气氛的拟似词,而是一个比雪、霜、冰、玉等都更具文化积淀的境象。①

竹与水月的风景组合很早就有,到唐代更是普遍。五代南唐诗人江为诗句"竹影横斜水清浅,桂香浮动月黄昏",甚至影响到梅花与水、月的组合象征②。稍后出现的杨枝观音也多以水、月、竹为背景,因此是水月观音的变体。自唐五代形成竹石组合的背景环境,宋元以后水月观音像传承延续这一传统。《冷斋夜话》:"邹志完南迁,自号道乡居士。在昭州江上为居室,近崇宁寺,因阅《华严经》于观音像前,有修竹三根生像之后,志完揭茅出之,不可,乃垂枝覆像,有如今世画宝陀山岩竹,今犹在。昭人扃锁之,以俟过客游观。"③释志磐记:"淳祐元年(1241),上梦观音大士坐竹石间,及觉,命图形刻石。"④可见观音坐于竹石间的形象在宋代已经深入人心。

三、紫竹林道场的形成

道场,原指佛成道之所。梵文 Bodhimanda 的意译,音译为菩提曼拏罗。如《大唐西域记》卷八称释迦牟尼成道之处为道场。后借指供佛祭祀或修行学道的处所。关于观音的道场,《华严经·入法界品》载:

---

① 程杰《梅与水、月——一个咏梅模式的发展》,《江苏社会科学》2000 年第 4 期,第 113 页右。

② 参考程杰《梅与水、月——一个咏梅模式的发展》,《江苏社会科学》2000年第 4 期,第 113 页右。

③ [宋] 释惠洪撰、陈新点校《冷斋夜话》卷二"昭州崇宁寺观音竹永州澹山狐"条,中华书局 1988 年版,第 23 页。

④ [宋] 释志磐撰《佛祖统记》卷四八《法运通塞》,转引自汪圣铎著《宋代社会生活研究》,人民出版社 2007 年版,第 74—75 页。

于此南方，有名补怛洛迦，彼有菩萨，名观自在……其
西面岩谷之中，泉滚莹映，树林蓊葱，香草柔软，右旋布地，
观自在菩萨于金刚宝石上，结跏趺坐，无量菩萨，皆坐宝石，
恭敬围绕，而为宣说大慈悲法，今其摄受一切众生。①

"补怛洛迦又作布旦怛洛迦、普陀怛洛伽等，都是梵语 Potalaka
的音译，简化则可为逋多罗、宝陀罗等。意为小白华、小花树、小树鬘、
光明等，至于其具体方位，大约在南印度海岸地区。"②观音信仰传
入中土后，浙江舟山群岛的普陀山建造道场始于唐宣宗初年。元代盛
熙明《普陀洛迦山传》载："宣宗大中元年（847），有梵僧来潮音洞前，
焚十指，指尽，亲见大士说法，授以七色宝石。灵感遂起，始诛茅建
屋焉。"③一般以此为普陀建寺之始。《华严经》体现的是佛教经典，
《普陀洛迦山传》更多地代表民间视角，其中都没有竹子，可见一种
观念和意识的形成需要经过漫长时间的不断改造和磨合。

竹与印度补陀山的联系在佛经中多有，可能因此附会于浙江普陀
洛迦山观音。"宋郭彖《睽车志》云：绍兴时，四明巨商泛海十余日，
抵一山，饭僧，得丹竹一茎，前至一国，有老叟见其竹，曰：补陀洛
伽山观音坐后旃檀林紫竹也，后遂于此立刹，亦谓之南海。"④《睽车志》
所载传说中旃檀紫竹还能治病，"有久病医药无效者，取竹煎汤饮之辄

---

① 转引自张鸿勋《敦煌本〈观音证验赋〉与敦煌观音信仰》，见氏著《敦煌俗
文学研究》，第 344 页。
② 张鸿勋《敦煌本〈观音证验赋〉与敦煌观音信仰》，见氏著《敦煌俗文学研究》，
第 344 页。
③ 转引自孙昌武著《中国文学中的维摩与观音》，高等教育出版社 1996 年版，
第 296 页。
④ ［清］俞正燮撰《癸巳类稿》卷一五"观世音菩萨传略跋"条，第 514—515 页。

愈"①。宋理宗在给上天竺广大灵感观音殿撰写的记文中云："我闻补陀山，宛在海中岛，是为菩萨现化之地，距杭之天竺一潮耳。故神通威力，每于天竺见之。"②汪圣铎指出："他讲距杭州天竺一潮之远的补陀山，显然不是远在印度的补陀山，而是明州补陀山。皇帝亲自讲明州补陀山是观音现化之地，表示朝廷已正式承认明州补陀山观音道场的地位。"③宋末黄震《绍兴府重修圆通寺记》："盖闻四明大海中有山曰补陁，世称为观音之居。凡焚香而往航海而求者，率见紫竹旃檀，见净瓶岩石，见真珠璎珞，往往与世之祠其像者巧相合，是大海为百川之宗，观音为大海神异之宗。宜雨欤？翻溟渤雨下土。宜旸欤？卷浮云归太虚。灵变应祷，理势则然。谁谓雨旸非山川之事而鬼神非造化之迹乎！"④元冯福京等编《昌国州图志》卷七："宝陀寺在州之东海梅岑山，佛书所谓东大洋海西紫竹旃檀林者是也。"⑤宋代俗文学作品《香山宝卷》载观音三十二相中也出现"或现紫竹绿柳"⑥。

　　"度众生在白莲台上，挽浩劫于紫竹林中。"⑦观音形象为人所熟知在于其紫竹林道场。紫竹唐末才见于记载，《全唐诗》仅三例。如陈陶《题僧院紫竹》："青葱太子树，洒落观音目。法雨每沾濡，玉毫时

① 《天中记》卷五三引《晬车志》，《影印文渊阁四库全书》第967册第544页下栏右。
② 转引自汪圣铎著《宋代社会生活研究》，第83页。
③ 汪圣铎著《宋代社会生活研究》，第83页。
④ ［宋］黄震撰《黄氏日抄》卷八七，《影印文渊阁四库全书》第708册第925页上栏。
⑤ ［元］冯福京等编《昌国州图志》卷七，转引自汪圣铎著《宋代社会生活研究》，第78页。
⑥ 《香山宝卷》卷下，转引自张静二《论观音与西游故事》，载《政治大学学报》第48期，1983年2月出版，第156页。
⑦ 岳晨曦书扬州观音山联，转引自罗伟国著《话说观音》，第132页。

照烛。"贯休《赠景和尚院》:"貌古眉如雪,看经二十霜。寻常对诗客,只劝疗心疮。炭火邕湖滢,山晴紫竹凉。怡然无一事,流水自汤汤。"邕湖即南湖①。刘言史《葛巾歌》:"十年紫竹溪南住,迹同玄豹依深雾。"前两例显与佛教有关,第一例"洒落观音目"可见已涉及观音。

图 55　浙江普陀山紫竹林。图片由网友提供。

观音紫竹林道场逐步扩大影响,波及其他地方。四川安岳县石羊场外毗卢山上有紫竹观音像,主尊水月观音高3米,游戏坐,身后壁刻圆形头光和青竹。岩右刻明万历三十九年碑云:"阅自唐代,有西人柳本尊者,为诸众生开示觉悟梯航。勒大士像于毗卢山之右。紫竹飞凰,

---

① 南湖古称邕湖。《岳阳风土记》载:"邕湖在洲南,亦称南湖,春冬水涸,秋夏水涨,即渺弥胜千石舟。"古谓水倒流为邕,因洞庭湖纳湘、资、沅、澧四水,流经此处注入长江时,有一湖汊,向南回拐,因名邕湖。又因其位于岳阳城南,故又称南湖。

有风晴雨露之态。"①王家祐认为"据此知主像创自唐末"②，曾德仁则以为北宋中后期所作③。

四、观音与竹结缘的影响

观音与竹结缘，对于民俗文化及文学艺术的影响是明显的。其影响于民俗方面，如求子、祈雨等，延续和强化了竹子生殖崇拜在民间的流传。如祈雨，据汪圣铎研究，"仔细考察北宋时期皇帝或朝廷直接开启的佛教祈雨祈晴道场，不难发现，记载尽管数量可观，却没有一例是专门向观音祈雨祈晴的"④。而地方举办的向观音祈雨祈晴的活动却有记载，如《吴郡志》："光福寺，在吴县西南七十里。旧有铜像观音，岁有水旱，郡辄具礼迎奉入城，祈祷必应……元祐中，建安黄公颉《铜观音像记》：'光福寺距城六十里，有铜像观音，其始作者与其岁月予不得知也。康定改元六月，志里张氏于庙傍之泥中睹焉，时久旱弗雨，相与言曰：观音示现，殆有谓乎。乃具梵仪祷焉。实时雨降。以是凡有祷而弗获者，州人必请命于刺史而致敬，无不得其感报。'"⑤民间较早接受观音与竹子的联系，竹子也具有祈雨功能，可能与此有关。

影响于艺术方面，以观音画像为例，徐建融编著《观音宝相》⑥收录的观音宝相，画中有竹子的，如南宋张月湖画《白衣观音菩萨》（第

---

① 引自王家祐《安岳（县）毘卢洞造像》，《宗教学研究》1985 年第 s1 期，第 44 页。

② 引自王家祐《安岳（县）毘卢洞造像》，《宗教学研究》1985 年第 s1 期，第 44 页。

③ 曾德仁《四川安岳石窟的年代与分期》，《四川文物》2001 年第 2 期，第 58 页左。

④ 汪圣铎《南宋王朝与观音崇拜》，见氏著《宋代社会生活研究》，第 65 页。

⑤ ［宋］范成大《吴郡志》卷三三，《影印文渊阁四库全书》第 485 册第 252 页下栏右。

⑥ 徐建融编著《观音宝相》，上海人民美术出版社 1998 年版。

116 页)、宋元丰五年刻《送子观音菩萨》石刻线画（第 117 页）、元赵奕画《观音大士像》（第 187 页）、元赵雍画《观音菩萨像》（第 190 页）、元代石刻线画《送子观音菩萨像》（第 191 页）、明唐寅画《竹林观音菩萨》石刻线画（第 211 页）、明吴彬画《南海观音菩萨像》（第 228 页）、清秦大士画《观音菩萨与善财、龙女》（第 244 页）、清戴熙画《竹林观音菩萨》（第 246 页）、清郭元举画《白衣观音菩萨》（第 247 页）、清王自英画《岩洞观音菩萨》石刻线画（第 257 页）、近代《抱子观音菩萨寿山石雕像》（第 310 页）、张大千画《观音菩萨像》（第 312 页）、张大千画《白衣观音菩萨》（第 313 页）、张大千画《观音大士像》（第 314 页）、张大千摹敦煌壁画《竹林观音菩萨像》（第 315 页）、近代金业画《白衣观音菩萨》（第 318 页）等。

影响于文学创作，如明传奇《观世音修行香山记》"叙述妙庄王三女妙善本为正法明王，偶因过犯，谪在阳间，不慕荣华，不乐婚配，深乐佛法修行，以拒绝父王成婚之命，受到责罚磨难，至被处死，还魂到香山寺紫竹林修行；时妙庄王以业报得恶疾，求医不救，妙善施以手眼，始得痊愈；佛陀金旨宣讲缘起，封妙善为大慈大悲救苦救难灵感观世音菩萨"①。

再如《西游记》第四十九回《三藏有灾沉水底，观音救难现鱼篮》中，观音清早在紫竹林中做鱼篮。再如孙悟空参见观世音菩萨的情形，见观音紫竹林景象，"汪洋海远，水势连天。祥光笼宇宙，瑞气照山川……观音殿瓦盖琉璃，潮音洞门铺玳瑁。绿杨影里语鹦歌，紫竹

---

① 孙昌武《观音信仰与观音传说》，孙昌武著《文坛佛影》，中华书局 2001 年版，第 83 页。

林中啼孔雀"①。

也影响到民间文学创作。民歌唱道："阳山头上竹叶青，新做媳妇像观音。"顾颉刚说："新做媳妇的好，并不在于阳山顶上竹叶的发青；而新做媳妇的难，也不在于阳山顶上有一只花小篮。它们所以会得这样成为无意义的联合，只因'青'与'音'是同韵，'篮'与'难'是同韵；若开首就唱'新做媳妇像观音'，觉得太突兀，站不住，不如先唱了一句'阳山头上竹

图56 紫竹。吴棣飞摄于浙江温州。(图片引自中国植物图像库。网址：http://www.plantphoto.cn/tu/2816093)

叶青'，于是得了陪衬，有了起势了。"②周英雄指出："兴无所取义，只限于某一程度。事实上，凡是好的诗歌，韵脚或多或少都孕含有语义的价值。就以'青''音'相押而论，我们大可把'竹叶青'与'像观音'视为对等的单位：观音身居紫竹林，与阳山的竹林似乎是不谋

① ［明］吴承恩著、曹松校点《西游记》第十七回，上海古籍出版社 2004 年版，第 136—137 页。
② 顾颉刚《写歌杂记·起兴》，载顾颉刚等辑《吴歌·吴歌小史》，第 135 页。

而合；可是相反的，观音身心闲适，普渡世人，与新媳妇初至夫家那种临渊履薄的心情，恰成一强烈的对比。"①所论诚然有理，似乎还有未尽之义。如果明了竹叶的生殖崇拜内涵，则更可发现"竹叶青"与"像观音"之间内在的联系，观音送子与竹叶青青所蕴含的子嗣繁荣的内涵也相对应。

第五节　"三生石"考

自东汉以来，佛教传入中土，三生果报观念也随之而来，魏晋到隋唐时期产生了许多生命轮回故事，"三生石"传说即产生于这一文化背景。唐代袁郊《甘泽谣·圆观》在"三生石"传说中影响最大。清代古吴墨浪子《西湖佳话》中《三生石迹》一篇，即据此敷衍而成。《红楼梦》木石前盟的构思亦源于"三生石"。"三生石"的影响不限于小说，它也是诗文中的常见意象，还成为绘画题材，又多被附会成名胜景点②。可见"三生石"名目虽小，却是一个具有多方面内涵的文化意象。

一、"三生石"语源

袁郊《甘泽谣》载，李源与僧圆观友好，约定死后十二年相见于杭州天竺寺。十二年后李源赴杭，遇牧童歌《竹枝词》云："三生石上

---

① 周英雄《赋比兴的语言结构》，见《结构主义与中国文学》，台湾东大图书公司 1983 年版，第 146 页。转引自叶舒宪《诗经的文化阐释——中国诗歌的发生研究》，第 400 页。
② "三生石"成为绘画题材，如宋释居简有《书三生石画图》诗，厉鹗《南宋院画录》载《三生石畔李源图》、《三生后身图》等；"三生石"故事影响到各地景点的，仅浙江境内三生石景点就有杭州天竺寺、天童山、华盖山等地。

旧精魂，赏月吟风不要论；惭愧情人远相访，此生虽异性长存。"①牧童即圆观所化。一般认为这就是广为人知的"三生石"的出处②。

图 57　[宋]刘松年《圆泽三生图》（局部）。（绢本，水墨。

高 24 厘米，宽 100 厘米。大英博物馆藏。刘松年，生卒年不详，钱塘（今
浙江杭州）人。南宋画家。图中所画为一穿过树林的骑牛牧童）

　　关于"三生石"的成词时间，除源于《甘泽谣》之说，尚有晋代说。如钟毓龙认为："考刘宋时，谢灵运已有'三生石'诗。则《太平广记》所载李源事，殆因此三生石而演成神话耳。"③谢灵运并未作"三生石"诗，仅《石壁立招提精舍诗》云"四城有顿踬，三世无极已"，虽言及"三世"，与"石"的关系却很模糊，还不是严格意义上的"三生石"。唐前似未形成"三生石"一词或相关表述。

---

① 袁闾琨、薛洪勣主编《唐宋传奇总集·唐五代》，河南人民出版社 2001 年版，下册第 754 页。

② 如《辞源》云："（圆观故事）本来是宣扬佛教轮回宿命的故事，后来又有人附会，把杭州天竺寺后面的山石指为三生石，说是李源和圆观相会的地方。"见《辞源》（修订本），商务印书馆 1988 年合订本，第 24 页。

③ 钟毓龙著《说杭州》，浙江人民出版社 1983 年版，第 89 页。

袁郊生卒年不详，但《甘泽谣》成于咸通九年（868）可以肯定①。《全唐诗》提到"三生石"或类似表述的，如皎然《送胜云小师》："昨日雪山记尔名，吾今坐石已三生。"贯休《酬张相公见寄》："感通未合三生石，骚雅欢擎九转金。"齐己《荆渚感怀寄僧达禅弟三首》其三："自抛南岳三生石，长傍西山数片云。"修睦《三生石》："圣迹谁会得，每到亦徘徊。一尚不可得，三从何处来？清宵寒露滴，白昼野云隈。应是表灵异，凡情安可猜。"其中贯休（832—912）、齐己（860—约937）、修睦三诗时间大致与《甘泽谣》相后先，是否受《甘泽谣》影响尚难确定，至少能够说明其时"三生石"词汇及相关传说已流布较广。皎然生卒年不详，活动于大历（766—779）、贞元（785—805）年间，其《送胜云小师》一诗显然早于《甘泽谣》成书。

　　值得注意的还有李商隐（813—858）。其《唐梓州慧义精舍南禅院四证堂碑铭》云："三生聚石，九子垂铃。"②梓州在今四川绵阳。从"三生聚石"的表述可见三生轮回思想以石为象征物。据刘学锴、余恕诚二位先生考证，李商隐此文作于大中七年（853）③。

　　又李涉《题涧饮寺》："还似萧郎许玄度，再看庭石悟前生。"许玄度即东晋许询，他深受佛学影响。据《资治通鉴·梁纪十九》，武昌有涧饮寺。"庭石""前生"云云，应与"三生石"有关。据傅璇琮主编《唐才子传校笺》，李涉生于大历四、五年（769 或 770），卒年不可考，或

---

① ［宋］陈振孙撰《直斋书录解题》卷一一："《甘泽谣》一卷，唐刑部郎中袁郊撰。所记凡九条，咸通戊子自序，以其春雨泽应，故有甘泽成谣之语，遂以名其书。"故知作于咸通九年。

② 《全唐文》卷七八〇，第 8 册第 8143 页下栏左。

③ 刘学锴、余恕诚著《李商隐文编年校注》，中华书局 2002 年版，第 2069 页。

当在大和中（827—835）^①，故其诗《题涧饮寺》也早于《甘泽谣》。

李商隐与李涉都不是方外之人，其诗文中的石意象都体现了三生轮回思想，可见在《甘泽谣》之前石头与转世观念之间已经建立了联系，且已对文人创作产生影响。因此可以得出初步结论，石头与三生轮回观念发生联系是晚唐间事，"三生石"成词则在《甘泽谣》成书前后，且已相当流行。

二、石与"三生石"故事渊源

上面所举唐代几则涉及"三生石"的诗文，其中标明的地点有南岳、武昌和梓州，这些诗文在时间上都早于《甘泽谣》，可见《甘泽谣》成书前"三生石"传说已经流传较广。循此搜讨，我们也发现了关于"三生石"早期传说的一些碎片。

（一）坐禅之石

圆观传说另一版本中的"三生石"在湘西岳麓寺。北宋释惠洪《冷斋夜话》卷一〇《三生为比丘》叙其始末云：

> 唐《忠义传》李澄之子源，自以父死王难不仕，隐洛阳惠林寺，年八十余。与道人圆观游甚密。老而约自峡路入蜀，源曰："予久不入繁华之域。"于是许之。观见锦裆女子浣，泣曰："所以不欲自此来者，以此女也。然业影不可逃。明年某日君自蜀还，可相临，以一笑为信。吾已三生为比丘，居湘西岳麓寺。寺有巨石林间，尝习禅其上。"遂不复言。已而观死。明年，如期至锦裆家，则儿生始三日。源抱临明檐，儿果一笑。却后十二年，至钱塘孤山。月下闻扣牛角而歌者，曰："三生

① 傅璇琮主编《唐才子传校笺》卷五"李涉"条，中华书局1989年版，第2册第298页、308页。

石上旧精魂，赏月吟风不要论。惭愧情人远相访，此身虽坏性常存。"东坡删削其传而曰"圆泽"，而不书岳麓三生石上事。赞宁所录为"圆观"，东坡何以书为"泽"，必有据，见叔党当问之。①

惠洪所记，显然得于传闻，而非袭自袁郊所记。《冷斋夜话》所载情事与《甘泽谣》颇有不同，圆观在《甘泽谣》中为寺僧，在《冷斋夜话》中却是道人。更重要的是，《冷斋夜话》不仅明确提到"三生石"地点在湘西岳麓寺，也照应到圆观三世为僧、习禅石上的经历，以扣合"三生石"。所谓"三生石上旧精魂"，说的就是坐禅于石上的经历。"寺有巨石林间"，似指一块石头，当即"三生石"。在这个传说中，"三生石"是故事情节的有机组成部分，而《甘泽谣》所载"三生石"仅是牧童歌中的临时象征物，诗中"三生石"意象出现得有些突兀，也没有进一步的交代。相较之下，惠洪所记可能更多地保留了圆观传说的原貌或早期痕迹。

而且，坐禅诵经于林中石上在唐代是普遍现象。如修雅《闻诵〈法华经〉歌》："山色沉沉，松烟幂幂。空林之下，盘陀之石。石上有僧，结跏横膝。诵白莲经，从旦至夕。左之右之，虎迹狼迹。十片五片，异花狼藉。偶然相见，未深相识。知是古之人，今之人？是昙彦，是昙翼？我闻此经有深旨，觉帝称之有妙义……"所描写的深林之中巨石盘陀、跏趺横膝吟诵《法华经》的高僧形象，与《冷斋夜话》中圆观极为相似，而且对于高僧是古人还是今人的疑问，颇有前世今生的幻觉，也暗合《冷斋夜话》中圆观"三生为比丘"的经历。上文已提

----

① 《冷斋夜话》卷一〇"三生为比丘"条，第75—76页。

到修睦曾写《三生石》诗,故《闻诵〈法华经〉歌》中巨石可能即是"三生石"。

再看姚合(约781—?)[1]《送僧栖真归杭州天竺寺》:"吏事日纷然,无因到佛前。劳师相借问,知我亦通禅。古寺杉松出,残阳钟磬连。草庵盘石上,归此是因缘。""草庵"两句似乎暗示了轮回思想,所归之处是"草庵盘石","三生石"也呼之欲出,而且该石已是杭州天竺寺的风物。

唐诗中其他相关表述,还有"坐见三生事"(张祜《赠禅师》)、"吾今坐石已三生"(皎然《送胜云小师》)等。再如宋代释德洪《次韵游南岳》诗云:"只今般若台前路,过者拳拳加敬庄。我寻遗迹恍自失,譬如一苇航渺茫。三生为扫坐禅石,往事令人思建康。"[2]更明确说"三生为扫坐禅石"。由此可知,"三生石"早期传说与坐禅之石有关,且在不断传播。

(二)记事之石

《冷斋夜话》提到的湘西岳麓寺"三生石",向未引起学者重视,却是追溯"三生石"传说起源的重要材料。前引齐己诗云"南岳三生石"。岳麓寺"三生石"与南岳"三生石"当有渊源[3]。

南岳"三生石"源于慧思。慧思(515—577),俗姓李,武津(今河南上蔡县境)人。他十五岁出家,精进苦行,后感梦而"勤务更深,克念翘专,无弃昏晓,坐诵相寻,用为恒业。由此苦行,得见三生所

---

① 傅璇琮主编《唐才子传校笺》,中华书局1995年版,第5册第299页。
② 《全宋诗》第23册第15147页。
③ 岳麓山与南岳衡山本是两地,此处视为一体。自地理文化观之,"岳麓"即南岳衡山之足;就历史文化而言,岳麓山与南岳衡山同为一宗。

行道事，又梦弥勒弥陀说法开悟"（释道宣《慧思传》）[1]。这个传说已与三生轮回有关，但还未涉及"三生石"。

图 58　［宋］梁楷《八高僧故事图》之五。（绢本，水墨淡彩。纵 26.6 厘米，横 64 厘米。上海博物馆藏。本图是《八高僧故事图》第五幅，画的是李源圆泽系舟、女子行汲）

陈光大二年（568），慧思率弟子四十余人至南岳，创建福严寺，当时名叫般若禅林。慧思在南岳弘法前后十年，名满大江南北，被誉为南岳衡山的开山祖师。赴日唐僧释思托撰《上宫皇太子菩萨传》，叙南岳衡山梨树开花，慧思至该山修道，立石记其生；后梨树又开花，更立一石记其第二生将往东方无佛法处化人度物；唐开元间梨树又开花，慧思乃托生为日本皇太子。唐朝时人皆云"往南岳观思禅师三生石"[2]，可见影响之大。此"三生石"显系三块。释思托于日本天平胜宝六年（754）随唐僧鉴真赴日，其所叙慧思转世为日本皇太子，可

① 《续高僧传·慧思传》，《大正藏》第 50 册，562c。
② ［唐］释思托：《上宫皇太子菩萨传》，网址：http://miko.org/~uraki/kuon/furu/text/seitoku/bosatu.htm。另参考蓝吉富主编《中华佛教百科全书》第二册"上宫皇太子菩萨传"条，台南：中华佛教百科文献基金会，1994 年，第 541 页。

能出于弘法需要。但慧思"三生石"并非全是释思托杜撰。释道宣（596—667）《慧思传》已载慧思"得见三生所行道事"。关于慧思的传说可能是唐代广为流传的"南岳三生石"的源头。不过，"南岳三生石"是记事之石。

（三）石佛：三生圣迹

唐代类似的轮回传说很多，涉及"三生石"者，如《宋高僧传》卷第十四"唐京兆西明寺道宣（596—667）传"记载：

> 释道宣）母娠而梦月贯其怀，复梦梵僧语曰"汝所妊者即梁朝僧祐律师，祐则南齐剡溪隐岳寺僧护也。宜从出家，崇树释教"云。几十二月在胎，四月八日降诞。九岁能赋。十五厌俗，诵习诸经，依智頵律师受业……隋大业年中，从智首律师受具。武德中依首习律，才听一遍，方议修禅。頵师呵曰："夫适遐自迩，因微知章，修舍有时，功愿须满，未宜即去律也。"抑令听二十遍，已乃坐山林，行定慧，晦迹于终南仿掌之谷。所居乏水，神人指之，穿地尺余，其泉迸涌，时号为白泉寺。猛兽驯伏，每有所依，名花芬芳，奇草蔓延。[①]

道宣"坐山林，行定慧"是坐禅的修行方式，其中"十二月在胎"属异常之象，道宣母梦见梵僧说道宣的前身是僧护、僧祐，即所谓三生轮回。钱惟演撰《宋天圣五年（1027）重修宝相寺碑铭》亦云："至唐初道宣律师，家本长城，俗姓钱氏，戒行精洁。因接天神，且云：'尝为僧护、僧淑、僧祐者也。'故世谓此像是三生所立"，"睹石城百尺之

---

① 《宋高僧传》，上册第 327 页。

像，开宣公三生之说"。该寺弥勒石像开凿于齐永明四年（486），至梁天监十五年（516）完成，历时30年，赖护、淑、祐三僧之功。石像成后，刘勰为作《梁建安王造剡山石城寺碑》，详记其事，称赞它是大梁王朝的"不世之宝、无等之业""旷代之鸿作"。南宋释志磐《佛祖统记》转引《天人感应传》云；"唐道宣律师见天神，谓曰：'师即僧护、僧淑、僧祐后身。'故世称为三生石佛云。"①世称石佛为"三生圣迹"，来源于此。浙江新昌县大佛寺至今悬有"三生圣迹"匾额。

（四）其他传说

所谓"三生石佛"已与轮回有关。关于道宣的传说，还有涉及"石"的其他内涵者。《太平广记》卷九三"宣律师"条：

> 昔周穆之时，已有佛法，此山灵异，文殊所居。周穆于中造寺供养。及阿育王，亦依置塔。汉明之初，摩腾法师是阿罗汉天眼，亦见有塔，请帝立寺。其山形像似灵鹫山，名曰大孚，孚者信也。帝深信佛法，立寺劝人。元魏孝文，北台不远，常来礼谒，见人马行迹，石上分明，其事可验。岂唯五台独验，今终南、太白、太华、五岳名山，皆有圣人为住持佛法，令法久住。有人设供，感讣征应。②

所谓"石上分明，其事可验"，可见"石"的功能是记录并展示轮回事迹，有点类似慧思立石记三生的故事，也使人想到石上佛影的传说。我们似可据以推测，形诸文字之前的圆观故事或类似传说在唐代流传

---

① 钱惟演《宋天圣五年重修宝相寺碑铭》与《佛祖统记》皆转引自中国人民政治协商会议新昌县委员会文史资料工作委员会编《新昌文史资料》第5辑《石城、穿岩专辑》，出版社、出版年份不详，第79页。
② 《太平广记》，第2册第619页。

颇广，故事的主角可能不同。

图 59　杭州灵隐寺"三生石。（图片来自网络。网址：
http://www.bestvilla.com.cn/2010/0114/19724_2.html）

又，明曹学佺《蜀中广记》卷二三："碑目又云：'大云寺碑有唐
僧圆泽传，及元和间万州守李裁书圣业院碑，在周溪大江之滨，三生
石旁。藓封，可见者咸通三年壬子岁十一月建十余字耳。'按周溪在县
东四十里。"咸通三年（862）建碑，早于《甘泽谣》成书。此则材料晚出，
如果可信，则圆泽（圆观）传说在《甘泽谣》成书前已流行四川①。其
地也有"三生石"，未知何时出现。

综上所论，可知在《甘泽谣》圆观故事流行之前，唐代已有多种
涉及"三生石"的生命轮回故事，分别传布于南岳岳麓寺、杭州天竺
寺以及四川大云寺等，故事主角分别是慧思、道宣与圆泽等。这些故

---

① 严春华《三生石故事考辨》，《宗教学研究》2007 年第 2 期。

事都与"三生石"有关,时间又都早于圆观故事,可视为"三生石""前史"。宋代以后,各处"三生石"传说虽如雨后春笋,却影响有限,杭州天竺寺"三生石"独赖《甘泽谣》而扬名天下、传于后世,这些可能是导致世人昧于"三生石"的语源与早期传说的重要原因。

据此推测三生轮回传说与"石"发生关联的原因,可能有:(一)石为坐禅之处,因而见证三生,如《冷斋夜话》所载圆观故事;(二)石为三生事迹的载体,如慧思传说;(三)石佛与轮回故事的结合,如新昌大佛与道宣传说。

无论是《甘泽谣》《冷斋夜话》,还是其他早期传说,都没有明确提到天竺寺前之石是"三生石"。《甘泽谣》虽言及"三生石",但并未明确其在天竺寺前。《全唐诗》中涉及天竺寺的诗歌不下二十首,咏及寺前立石的不在少数,但都没有明言是"三生石"。如白居易(772—846)《画竹歌》:"西丛七茎劲而健,省向天竺寺前石上见。"就没有说明是"三生石"。他杭州刺史官满离任时(824)曾取天竺山石。《三年为刺史二首》其二:"三年为刺史,饮水复食蘗。唯向天竺山,取得两片石。"也没有提到关于"三生石"的任何信息。据此推测杭州天竺寺"三生石"的得名是受《甘泽谣》影响,可能不致大谬。

既然当时天竺寺前还没有"三生石",圆观与李源为何又相约再会于天竺寺?可能的解释是,圆观想借老子"化游天竺"①的传说表达转世观念,以启发李源勤修悟道。

"三生石"以石为象征物,从它的命名可知。"三生石"之"石",或云三块,或云一块。以为三块者,可能受慧思传说影响,将"三生"

_____

① 《广弘明集》卷一《佛为老师》引:"《老子西升经》云:吾师化游天竺,善入泥洹。"

314

落实到具体数字"三",进而坐实"三"块石头。杭州天竺寺"三生石"也有三块之说,如明高濂撰《遵生八笺》"三生石谈月"条:"中竺后山,鼎分三石,居然可坐,传为泽公三生遗迹。"①但一般认为"三生石"是一块石头,一块石头如何象征三生轮回,下文将论述。

三、竹与"三生石"意象渊源

竹也是"三生石"意象的一部分,此点常被人忽略。因为"三生石"称名取"石"遗"竹",所以人们意识中的"三生石"多无竹。慧思"三生石"旁原是梨花,竹子取代梨花形成"三生石"的竹、石组合可能在宋代。宋代及以后"三生石"意象多有竹,如宋代周孚《题苏庭藻竹堂》"三生石上老徽之,水竹风流自一时"②、明代袁宏道《三生石》"此石当襟尚可扪,石旁斜插竹千根"、清代厉鹗《下天竺寺后寻三生石》"风篁解笑有真意,苍石能言非俗情"③。竹与石的关系是竹生石畔,而不是竹生石上。

一种艺术意象的产生,必有一定的时代背景和文化传统,"三生石"也是如此。竹能代替梨花而成为"三生石"意象的组成部分,可能因为竹与南岳关系更近。竹与南岳结缘甚早,始于宋玉《笛赋》:"余尝观于衡山之阳,见奇筱异干罕节间枝之丛生也。其处磅礴千仞,绝溪凌阜,隆崛万丈,盘石双起。丹水涌其左,醴泉流其右。"④竹生衡山

① ［明］高濂撰《遵生八笺》"三生石谈月"条,兰州:甘肃文化出版社,2004年,第127页。
② 《全宋诗》第46册,第28748页。
③ ［清］厉鹗撰《樊榭山房续集》卷三,《四库全书》第1328册第181页下栏。
④ 学界对此赋是否宋玉所作持怀疑态度。20世纪70年代,山东临沂银雀山汉墓发现署有"唐革(勒)"的残简,学界肯定《笛赋》为宋玉所作的意见不断出现,如谭家健《〈唐勒〉赋残篇考释及其他》,载《文学遗产》1990年第2期。

之阳，其地盘石双起，竹、石组合成景。又刘桢《赠从弟诗三首》其三：
"凤凰集南岳，徘徊孤竹根。"①也写到竹生南岳。唐诗如"龙种生南岳，
孤翠郁亭亭"（陈子昂《与东方左史虬修竹篇》）、"南岳挺直榦，玉英
耀颖精"（孟郊《金母飞空歌》），写到南岳也都有竹。梁元帝萧绎描写
当年的南岳九真观也有竹，如"竹类黄金，既葳蕤而防露"（《南岳衡
山九贞馆碑》）②。竹与南岳因缘之早之深于此可见。

"三生石"虽反映佛教三世轮回观念，其实也融摄了道教因素。《甘
泽谣》中，李源于葛洪川畔见牧童。葛洪川是道教色彩浓厚的地名。
天竺寺而有葛洪川，佛教寺庙与道家仙迹并存，可见佛、道交融互渗
的文化状态。

附会葛洪川，恐非巧合。《后汉书·费长房传》载，费长房从仙人
壶公入深山学道，后"长房辞归，翁与一竹杖，曰：'骑此任所之，则
自至矣。既至，可以杖投葛陂中也。'……长房乘杖，须臾来归……即
以杖投陂，顾视则龙也"③。《费长房传》又载费长房以竹杖为尸解替代
物，以青竹"悬之舍后。家人见之，即长房形也，以为缢死，大小惊号，
遂殡葬之。长房立其傍，而莫之见也"④。

后代提到葛陂，常常就是在说竹，如"岂念葛陂荣，幸无祖父辱"（陈
陶《题僧院紫竹》），也是借竹说成仙，以致王安石发问："仙事茫茫不
可知，籛龙空此见孙枝。壶中若有闲天地，何苦归来问葛陂。"⑤陂即川，

---

① 《先秦汉魏晋南北朝诗·魏诗卷三》，上册第 371 页。
② 《全上古三代秦汉三国六朝文·全梁文卷十八》，第 3 册第 3057 页下栏右。
③ 《后汉书》卷八二下《费长房传》，第 10 册第 2744 页。
④ 《后汉书》卷八二下《费长房传》，第 10 册第 2743 页。
⑤ 王安石《题正觉院籛龙轩二首》其二，见《全宋诗》第 10 册，第 6723 页。

"葛陂"与葛洪川的承袭关系较为明显①。《甘泽谣》提到葛洪川，其意恐不仅暗示"三生石"畔有竹，可能也有意以道教的尸解与佛教的三生轮回相比附。竹生石畔的意象组合，也使人联想到具有成仙内涵的道教扫坛竹意象②。

竹林或竹丛石柱之所又是目睹三生轮回之地。后秦释僧肇选《注维摩诘经》卷二"方便品第二"载，一外国女人"还与长者子（达暮多罗）入竹林，入林中已自现身死，膖胀臭烂。长者子见已甚大怖畏，往诣佛所，佛为说法亦得法忍，示欲之过有如是利益也"③。此例中竹林是目睹三生轮回之所。再如《宋高僧传》卷二二载，释亡名与法本相善，法本约相访于邺都西山竹林寺前石柱，其僧"追念前约"，于"竹丛石柱之侧"相见。赞宁说："此传新述于数人，振古已闻于几处。且如北齐武平中，释圆通曾瞻讲下僧病，其僧夏满病差，约来邺中鼓山竹林寺，事迹略同。此盖前后到圣寺也。"④竹林寺之"竹丛石柱"也是见证三生轮回之所。如赞宁所说不谬，则北齐武平中（570—576）已有"三生石"相关传说，早于《慧思传》，地点则在今河北境内。

四、生死轮回观念与"三生石"的形成

"三生石"传说属于佛教生命轮回故事，其得名当缘于竹、石在生

---

① 如施肩吾《弋阳访古》："行逢葛溪水，不见葛仙人。空抛青竹杖，咒作葛陂神。"虽未点明葛仙人所指为谁，但葛仙人、葛陂与竹之间的联系很明确。竹又与稚川相联系，也与葛洪有关。李商隐诗云："昨夜春霞迸藓根，乱披烟箨出柴门。稚川龙过应回首，认得青青几代孙。"（载《全芳备祖》后集卷二三）葛洪字稚川，因其好神仙，人们附会他死后成仙，于是以稚川为仙都。〔唐〕张读《宣室志》卷一："稚川，仙府也。"（见该书第 12 页，中华书局 1983 年）
② 参见本书第三章第四节关于扫坛竹的内容。
③ 《大正藏》第 38 册，340a。
④ 《宋高僧传》卷二二《晋襄州亡名传》，下册第 565 页。

命轮回过程中的象征作用。"三生石"的生命轮回意蕴来自两方面:"生"与"死"。

先说"生"。借女体受胎的母题在佛教转世传说中比较常见,如《五灯会元》卷一记载,五祖弘忍先身为破头山中栽松道者,托孕于周氏处女。《圆观》故事也是这样,一见浣衣妇,圆观死而婴儿生,暗示进入生命轮回的轨道,体现了重返母体子宫的观念。既然女体是生死轮回的必经之地,那么女体象征物竹、石也可用来象征生命轮回。因为石是母体的象征,所以女性能化石(如启母石、望夫石),石也能生人(如摸子石、求子石)。值得注意的还有石与女娲的联系,如"补天残片女娲抛,扑落禅门压地坳"(姚合《天竺寺殿前立石》)。石称"女娲",虽继承炼石补天的神话传统,也具有生殖内涵,因为女娲在中国神话中被视为生育之神。

"三生石"旁有竹,也与竹生殖崇拜有关。中土一直流行竹生殖崇拜观念,民间也有祭祀竹林神、竹林求子的风俗。竹生殖崇拜观念也早见于佛教典籍,流行于民间传说。如《宋高僧传》卷二〇:"(释难陀)初入蜀,与三少尼俱行……遂斫三尼头,皆踣于地,血及数丈……徐举三尼,乃筇竹杖也,血乃向来所饮之酒耳。"①此则材料虽然晚出,也颇涉怪诞,仍依稀可见竹是女体象征物的观念。

再说"死"。佛化身为石或石显佛迹佛影,如"释迦文佛踊身入石"②,"窟前有方石,石上有佛迹"③,"(石柱)碧鲜若镜,光润凝流。其中

---

① 《宋高僧传》卷二〇《唐西域难陀传》,下册第 512—513 页。
② [晋]佛陀跋陀罗译《佛说观佛三昧海经》卷七,《大藏经》第 15 册,第 681 页。
③ [北魏]杨衒之撰《洛阳伽蓝记》卷五,《大正藏》第 51 册,第 1021—1022 页。

常现如来影像"①等，这类传说在佛教传说中比比皆是。

《大唐西域记》卷九载："石室东不远，磐石上有斑采，状血染，傍建窣堵波，是习定比丘自害证果之处。"②是说比丘在石上证果。高僧示寂也常是坐石而化。如《五灯会元》卷二："梁贞明三年丙子三月，师将示灭，于岳林寺东廊下端坐盘石，而说偈。"③因为有化形入石与石上示寂的传说，所以佛教认为"虽复劫尽恒沙，衣消巨石，俨如常住，妙相长存"（萧纲《大爱敬寺刹下铭》)④。

道教也有类似传说。《列子·周穆王》："周穆王时，西极之国有化人来，入水火，贯金石。"再如《夷坚志》补卷二二《武当刘先生》载，武当山刘道士见仙童相召，"乃沐浴更衣，跌坐礌石上，与众诀别，将即腾太空"⑤。虽然该篇小说后来的情节表明是巨蟒作祟，但是"跌坐礌石上"的升仙诀别仪式，表明道教观念中石头沟通仙凡的作用。志怪小说也多记道士"伫立坛上，以候上升"⑥。同是一死，佛、道二教却都渲染为石上不死，或成佛或成仙。

石是脱离现实世界的桥梁，竹也是到达彼岸的船筏。唐义净译《根本说一切有部毗奈耶药事》卷一七"诸大弟子说业报缘"："广严竹林村，命当于彼过。于其竹林下，而欲取归化。"⑦可见在佛教看来竹林是生

---

① 《大唐西域记校注》卷七"婆罗疿斯国"，第 561 页。
② ［唐］玄奘、辩机原著，季羡林等校注《大唐西域记校注》，北京：中华书局，1985 年，第 732 页。
③ 《五灯会元》卷二"明州布袋和尚"，上册第 122 页。
④ 《全上古三代秦汉三国六朝文·全梁文卷十三》，第 3 册第 3026 页上栏左。
⑤ 《夷坚志》补卷二二《武当刘先生》，第 1756 页。
⑥ ［宋］洪迈著《夷坚志》再补《道人符诛蟒精》，北京：中华书局，1981 年，第四册第 1798 页。
⑦ 《大正藏》第 24 册，86c。

命轮回必经之地。自南朝以来道教有扫坛竹传说。如南朝宋郑缉之《永嘉记》："阳屿有仙石山，顶上有平石，方十余丈，名仙坛。坛陬辄有一箭竹，凡有四竹，葳蕤青翠，风来动音，自成宫商。石上净洁，初无粗箨。相传云，曾有却粒者于此羽化，故谓之仙石。"①类似的扫坛竹传说很多，几乎都与飞升成仙有关。

"生"更多地强调生殖意义上的生命新生，女性自然成为托身之所，而竹、石是母体的象征；"死"侧重于脱离现实、飞向彼岸，在佛门是坐化、圆寂、涅槃，在道家是羽化、仙游、飞升，而佛门有化形入石或石上示寂的传统，道家则有扫坛竹为成仙之境的传说。这两方面都以竹、石为象征物。

除"生""死"外，生命形态的其他变化也可能象征生命轮回。如《艺文类聚》卷八三引《白泽图》："玉之精，名曰委然。如美女，衣青衣。见之，以桃戈刺之而呼其名，则可得也。夜行见女戴烛入石，石中有玉也。"这则神话把玉精说成女性，采用简单的巫术手段就可以让她改变生命形态而现出人形。人与竹、石的互化也体现生命轮回观念。如唐菩提流志译《大宝广博楼阁善住秘密陀罗尼经·序品》载，三位得了佛法的神人"于其住处便舍身命。所舍之身由（犹）如生酥消融入地，即于没处而生三竹。金为茎叶，七宝为根。于枝梢上皆有真珠，香气芬馥常有光明。所有见者无不欣悦。其竹生长十月便自剖裂，各于竹

---

① 《艺文类聚》卷八九，下册第 1551 页。是书为南朝刘宋（420—479）郑缉之作。李衎《竹谱》卷八"箭竹"条、《太平御览》卷九六三皆引《永嘉郡记》，文字略同。《白孔六帖》卷一〇〇"扫坛"条："《永嘉记》：小江缘岸有仙石坛，有竹婵娟青翠，风来枝动，扫石坛，坛上无尘也。"此为类书列"扫坛"词条之始。

内生一童子，颜貌端正，令人乐见"①。人死生竹，竹内又生人，体现了佛教三生转世观念。

在生命轮回的关键时段（如"生""死"），在见证生命轮回的关键地点都有竹、石，这绝非偶然，而是以竹、石为生命母体及轮回之所的象征。其称名稍有不同，或曰"三生石"，或曰"竹丛石柱"，其象征意义则几乎一致，都在于展现轮回过程、揭示果报因缘。所以，"三生石"的生命轮回意蕴源于竹、石在生命轮回过程中的象征作用。与之相对应，"三生石"意象最初也由竹、石构成，而不是后人意识中遗"竹"留"石"的一块石头。

五、"三生石"象征意义的泛化及其影响

三生果报故事中的仙、佛或僧、道通常都能前知人事、逆测祸福，通达过去、现在、未来的一切因缘及其结果。《甘泽谣》中，圆观今世以牧童骑牛的方式出现，也是在暗示李源要像牧牛一样，时时不忘制心、息妄，所唱《竹枝词》更有"身前身后世茫茫，欲话因缘恐断肠"之句，甚至直截明白地以"勤修不堕"②相期。可见圆观故事同其他"三生石"故事一样，主题是宣扬三生果报观念的。

自产生之初起，"三生石"的象征意蕴就在逐步泛化，由证悟佛性转向追寻凡心，由善恶报应发展为因缘前定。《甘泽谣》扩大了"三生石"的影响，也推动其象征意蕴由佛门走向世俗。在三生轮回的情节背景下，

---

① 《大正藏》第 19 册，622c—623a。
② 袁闾琨、薛洪勣主编《唐宋传奇总集·唐五代》，河南人民出版社，2001 年，下册第 754 页。

作者突出的是人间世俗情义，甚至是带有同性恋意味的友情①。

　　宋代以后，"三生石"意象或传说多与世俗情缘相关。应用于友情的，如"吾闻三生石，曾歌旧精魂。他年葛洪陂，相寻定烦君"（释觉范《同游云盖分题得云字》）②、"因君唤起故园梦，仿佛三生石上逢"（倪瓒《赠姚掾史》）③，强调的是缘分前定、情续三生的友情。引申到爱情，如《红楼梦》中宝黛的爱情是从"三生石"畔的前生开始的。

　　其实"三生石"在宋代以后就多与婚姻有关，如《说唐三传》第39回："二人（指一虎、秦汉）听了大喜，便叫：'仙翁，既有婚姻簿在此，快快与我两人查一查看。'仙翁说：'你们随我进洞，到三生石上查看便了。'"④也附会于艳情，如《喻世明言》卷三〇亦载圆观故事，并添加男女故事，后附瞿宗吉诗："清波下映紫裆鲜，邂逅相逢峡口船。身后身前多少事？三生石上说姻缘。"⑤"三生石"应用于男女爱情，似乎部分地接受了"三生杜牧"语典的影响⑥。

　　"三生石"因缘前定的意蕴与竹、石意象构成对《红楼梦》木石前

---

① 《甘泽谣·圆观》载，李源"惟与圆观为忘言交，促膝静话，自旦及昏。时人以清浊不伦，颇生讥诮"。故宗璞推测："《太平广记》记载有李源和武十三郎转世相识之情，似乎是一种断袖之癖。"见宗璞著《中华散文珍藏本：宗璞卷》，北京：人民文学出版社，2000年，第154页。

② 《全宋诗》第23册，第15128页。

③ ［元］倪瓒撰《清閟阁全集》卷六，《四库全书》第1220册第235页下栏右。

④ 如莲居士《说唐三传》第39回《仙翁开看姻缘簿，迷魂沙乱刁月娥》，北京：宝文堂书店，1987年，第217页。

⑤ ［明］冯梦龙《喻世明言》，北京：中华书局，2002年，第309页。

⑥ 黄庭坚《广陵春早》诗："春风十里珠帘卷，仿佛三生杜牧之。"因杜牧去官后，落拓扬州，好作青楼之游，自云"十年一觉扬州梦，赢得青楼薄幸名"（《遣怀》）。其《赠别》诗云："娉娉袅袅十三余，豆蔻梢头二月初。春风十里扬州路，卷上珠帘总不如。"黄庭坚借"三生杜牧"自比，以言风情。其后姜夔也云："东风历历红楼下，谁识三生杜牧之。"（《鹧鸪天·十六夜出》）

盟的构思也有启发。朱淡文指出："生于'西方灵河岸上三生石畔'的绛珠草，其实也就是生于青埂峰顽石之旁了。他们确实是情结三生：前生是顽石和绛珠草，在天国（太虚幻境）是神瑛侍者和绛珠仙子，在人间是贾宝玉和林黛玉。"①这是指三生轮回的情节结构而言。"三生石"意象又浓缩了宝、黛形象及其命运，既将黛玉化身为绛珠草（斑竹的变形），将宝玉化身为灵石，又都寄托于"三生石"，涵容前世今生经历，揭示因缘前定思想，以与现实功利的"金玉良缘"对举。《红楼梦》曾名《石头记》，所指可能是具有因缘前定内涵的"三生石"。明了"三生石"意象由竹、石构成，易于把握"木石前盟"的内涵，不会再猜测跟玉石与海棠有关②，或者宽泛地联想到石头与树崇拜③。

　　以上仅是对"三生石"早期传说及其分布、"三生石"的意象构成及其象征意蕴的形成与影响等进行了初步探讨，主要着眼于"三生石"形成初期的情况，至于"三生石"对文学艺术的题材意象以及民俗、名胜等方面的影响，还有待进一步研究。

①　朱淡文《〈红楼梦〉神话论源》，《红楼梦学刊》1985 年第 1 辑，第 13 页。
②　如黄崇浩《两性崇拜与木石前盟》以为绛珠草即海棠花，进而以为玉石与海棠体现两性崇拜，并与木石前盟相对应，见《黄冈师范学院学报》2001 年第 6 期。
③　参见郑晨寅《从木石崇拜看〈红楼梦〉之"木石奇缘"》，《红楼梦学刊》2000 年第 3 辑；李烨《〈红楼梦〉"木石前盟"原型的文化考察》，《聊城大学学报（社会科学版）》2006 年第 6 期。

结　论

　　基于文学背景研究的考虑，本书分别考察了竹子的生殖崇拜、道教与佛教内涵的形成及其对文学的影响。这些内容主要属于文化范畴，也是文学表现的重要内容，二者难以截然分开。因此，本书关于竹文化意蕴的研究，一方面是作为文学创作的文化背景来进行研究的，另一方面也探讨了与文学关系密切的内容，如体现生殖崇拜观念的竹意象与《竹枝词》起源、体现道教内涵的扫坛竹意象、体现佛教内涵的"翠竹黄花"话头与"三生石"意象等。

　　本书共三章，探讨了竹子不同方面的文化内涵及其在文学中的表现。具体而言，本书研究的结论可略述如下：

　　第一章论述了竹生殖崇拜内涵及相关问题。竹子繁殖力强、生命力旺盛，形成竹生人、人死化竹等观念与高禖崇拜、竹林神崇拜等生殖崇拜内涵。竹生殖崇拜观念在文学中表现为竹子男性象征、女性象征与合欢象征。《竹枝词》起源于竹生殖崇拜，早期形态为《防露》，由"竹枝"拟人进而以"竹枝"为和声，《竹枝词》的演唱情境与竹林野合风俗有关。《诗经·淇奥》主题是表现上古竹林野合风俗，也与竹生殖崇拜有关。

　　第二章考察了竹子道教文化内涵。竹子道教内涵的形成与道教对竹子的利用与推崇有关，竹子的药用、洁净等功能与驱邪、神变等法术都可能促使竹子仙物、竹林仙境等观念的形成。南朝以来，逐渐形成竹枝的尸解、坐骑等神仙功能，以及竹叶酒、竹叶符、竹叶舟等与竹叶相关的神仙功能。扫坛竹是晋代以来形成的道教意象，分布于沿长江流域一线名山，具有成仙与房中内涵，并附会出本竹治。

第三章关于竹子佛教文化内涵。竹子在印度佛教中应用广泛，形成坚贞、性直等象征内涵，佛教徒也常借竹说法。中土佛教形成的竹子相关内涵，体现于竹林寺名称与六祖斫竹、香严击竹、风吹竹动等话头与公案。"翠竹黄花"话头与佛教"法身说""无情有性说"以及竹、菊连誉的传统有关。"三生石"意象生命轮回的象征意义源于竹、石的生殖崇拜内涵，其佛法象征意义则由证悟佛性转向追寻凡心，由善恶报应发展为因缘前定。观音菩萨与竹结缘早在南北朝，既有佛经依据，也源于竹子的神通与佛性，还与竹生殖崇拜有关。水月观音形象与紫竹林道场也都与竹子有关。

以上研究涵盖了古代竹文化的一些主要方面，儒家文化对于竹文化的辐射影响，主要体现在比德以及伦理关系的比附等方面，因为也是文学表现的重要内容，所以放到《古代文学竹意象研究》一书中。由于时间与学力的限制，许多重要专题还未及讨论，如竹子与祥瑞灾异、竹子与龙凤崇拜、竹子再生化生母题、竹子与乐器及音乐、竹子与绘画园林、竹制品系列、竹子名胜古迹、竹谱笋谱文献及竹子品种等，都是竹文化研究需要深入的基础性课题。

参考文献

一、著作类①

A

1. 《爱情与英雄·离骚九歌新解》，何新著，北京：时事出版社，2002 年。

2. 《爱日斋丛抄》，[宋] 叶釐撰，《影印文渊阁四库全书》第 854 册。

3. 《爱欲正见：印度文化中的艳欲主义》，石海军著，重庆：重庆出版社，2008 年。

B

4. 《巴蜀文化与四川旅游资源开发》，雷喻义主编，成都：四川人民出版社，2000 年。

5. 《白虎通疏证》，[清] 陈立撰、吴则虞点校，北京：中华书局，1994 年。

6. 《白虎通义》，[汉] 班固撰，《影印文渊阁四库全书》第 850 册。

7. 《白孔六帖》，[唐] 白居易原本、[宋] 孔传续撰，《影印文渊阁四库全书》第 891—892 册。

8. 《百僧一案：参悟禅门的玄机》，周裕锴著，上海：上海古籍出版社，2007 年。

---

① 凡本书引用著作在列，以书名汉语拼音为序。凡《影印文渊阁四库全书》本皆上海古籍出版社 1987 年《影印文渊阁四库全书》本。

9. 《百首爱情经典歌曲集》，李汝松、车冠光编选，北京：中国文联出版公司，1967 年。

10. 《半轩集》，[明] 王行撰，《影印文渊阁四库全书》第 1231 册。

11. 《抱朴子内篇校释》，[晋] 葛洪撰、王明校释，北京：中华书局，1980 年。

12. 《备急千金要方》，[唐] 孙思邈撰，《影印文渊阁四库全书》第 735 册。

13. 《本色敦煌:壁画背后那些鲜为人知的事》，胡同庆、王义芝著，北京：中国旅游出版社，2014 年。

14. 《比较文学与民间文学》，季羡林著，北京：北京大学出版社，1991 年。

15. 《比丘尼传校注》，[梁] 释宝唱著、王孺童校注，北京：中华书局，2006 年。

16. 《补陀洛伽之室藏书画》，荣宝拍卖公司编，北京:荣宝斋出版社，2007 年。

C

17. 《草堂雅集》，[元] 顾瑛编，《影印文渊阁四库全书》第 1369 册。

18. 《茶香室丛钞》，[清] 俞樾撰，贞凡、顾馨、徐敏霞点校，北京:中华书局，1995 年。

19. 《禅诗鉴赏辞典》，高文、曾广开主编，郑州：河南人民出版社，1995 年。

20. 《禅宗美学》，张节末著，杭州：浙江人民出版社，1999 年。

21. 《禅宗思想渊源》，吴言生著，北京：中华书局，2001 年。

22. 《禅宗语言》，周裕锴著，杭州：浙江人民出版社，1999 年。

23.《禅宗哲学象征》，吴言生著，北京：中华书局，2001年。

24.《长安志》，[宋]宋敏求撰，《影印文渊阁四库全书》第587册。

25.《陈书》，[唐]姚思廉撰，北京：中华书局，1972年。

26.《诚意伯文集》，[明]刘基撰，《影印文渊阁四库全书》第1225册。

27.《初学记》，[唐]徐坚等撰，北京：中华书局，1962年。

28.《楚辞集注》，[宋]朱熹撰，上海：上海古籍出版社，1979年。

29.《〈楚辞〉研究》，孙作云著，开封：河南大学出版社，2003年。

30.《楚辞章句》，[汉]王逸撰，《影印文渊阁四库全书》第1062册。

31.《春秋繁露》，[汉]董仲舒撰，北京：中华书局，1975年。

32.《春秋公羊传注疏》，[周]公羊高撰，[汉]何休解诂，[唐]徐彦疏、[唐]陆德明音义，[清]齐召南、[清]陈浩考证，《影印文渊阁四库全书》第145册。

33.《春秋谷梁经传补注》，[清]钟文烝撰，北京：中华书局，1996年。

34.《淳熙三山志》，[宋]梁克家撰，《影印文渊阁四库全书》第484册。

35.《辍耕录》，[元]陶宗仪撰，北京：中华书局，1959年。

36.《词话丛编》，唐圭璋编，北京：中华书局，1986年。

37.《词史》，刘毓盘著，上海：上海书店，1985年。

38.《辞源》（修订本），北京：商务印书馆，1988年。

D

39.《大母神：原型分析》，[德]埃利希·诺伊曼著、李以洪译，北京：东方出版社，1998年。

40.《大清一统志》，[清]和珅撰，《影印文渊阁四库全书》第474—483册。

41.《大唐西域记校注》，[唐]玄奘、[唐]辩机原著，季羡林等校注，北京：中华书局，1985 年。

42.《大正原版大藏经》,台北:新文丰出版股份有限公司,1983 年。

43.《道教笔记小说研究》,黄勇著,成都:四川大学出版社,2007 年。

44.《道教与唐代文学》,孙昌武著,北京:人民文学出版社,2001 年。

45.《道教与仙学》,胡孚琛著,太原：新华出版社，1991 年。

46.《道园遗稿》,[元] 虞集撰,《影印文渊阁四库全书》第 1207 册。

47.《道藏》，北京、上海、天津：文物出版社、上海书店、天津古籍出版社，1988 年。

48.《杜诗详注》，[唐] 杜甫著、[清] 仇兆鳌注，北京:中华书局，1979 年。

49.《敦煌变文校注》，黄征、张涌泉校注，北京:中华书局，1997 年。

50.《敦煌俗文学研究》,张鸿勋著,兰州:甘肃教育出版社,2002 年。

51.《敦煌赋汇》，张锡厚辑校，南京：江苏古籍出版社，1996 年。

52.《敦煌艺术宗教与礼乐文明》，姜伯勤著，北京：中国社会科学出版社，1996 年。

E

53.《尔雅注疏》,《十三经注疏》整理委员会整理、李学勤主编,北京:北京大学出版社，1999 年。

F

54.《法显传校注》，[晋] 释法显撰、章巽校注，上海：上海古籍出版社，1985 年。

55.《法苑珠林》，[唐] 释道世撰,《影印文渊阁四库全书》第 1049—1050 册。

56.《樊榭山房集》,[清] 厉鹗撰,《影印文渊阁四库全书》第 1328 册。

57.《樊榭山房续集》，[清]厉鹗撰，《影印文渊阁四库全书》第1328 册。

58.《费尔巴哈哲学著作选集》，[德]路德维希·费尔巴哈著、荣震华等译，北京：生活·读书·新知三联书店，1962 年。

59.《冯梦龙民歌集三种注解》，[明]冯梦龙编纂、刘瑞明注解，北京：中华书局，2005 年。

60.《佛典·志怪·物语》，王晓平著，南昌：江西人民出版社，1990 年。

61.《佛法与诗境》，萧驰著，北京：中华书局，2005 年。

62.《佛教的动物》，全佛编辑部编，北京：中国社会科学出版社，2003 年。

63.《佛教的植物》，潘少平著，北京：中国社会科学出版社，2003 年。

64.《佛教史》，杜继文主编，南京：江苏人民出版社，2006 年。

65.《福建通志》，[清]郝玉麟等监修、[清]谢道承等编纂，《影印文渊阁四库全书》第 527—530 册。

G

66.《高僧传》，[梁]释慧皎撰、汤用彤校注，北京：中华书局，1992 年。

67.《高唐神女与维纳斯——中西文化中的爱与美主题》，叶舒宪著，北京：中国社会科学出版社，1997 年。

68.《格致镜原》，[清]陈元龙撰，《影印文渊阁四库全书》第1031—1032 册。

69.《古神话选释》，袁珂选释，北京：人民文学出版社，1979 年。

70.《古文字论集》，裘锡圭著，北京：中华书局，1992 年。

71.《古尊宿语录》，[宋] 赜藏主编集，北京：中华书局，1994 年。

72.《观音宝相》，徐建融编著，上海：上海人民美术出版社，1998 年。

73.《管城硕记》，[清] 徐文靖著、范祥雍点校，北京：中华书局，1998 年。

74.《管锥编》，钱钟书著，北京：中华书局，1979 年。

75.《广东通志》，[清] 郝玉麟等监修、[清] 鲁曾煜等编纂，《影印文渊阁四库全书》第 562—564 册。

76.《广西情歌》第六集，柯炽编，南宁：广西人民出版社，2003 年。

77.《癸巳类稿》，[清] 俞正燮撰，涂小马、蔡建康、陈松泉校点，沈阳：辽宁教育出版社，2001 年。

78.《郭沫若全集》第一卷，郭沫若著，北京：科学出版社，2002 年。

H

79.《海岱会集》，[明] 杨应奎撰，《影印文渊阁四库全书》第 1377 册。

80.《汉化佛教与佛寺》，白化文著，北京：北京出版社，2003 年。

81.《汉书》，[汉] 班固撰、[唐] 颜师古注，北京：中华书局，1962 年。

82.《汉唐地理书钞》，[清] 王谟辑，北京：中华书局，1961 年。

83.《汉魏两晋南北朝佛教史》，汤用彤著，北京：中华书局，1955 年。

84.《汉语研究论集》，董为光著，武汉：华中科技大学出版社，2007 年。

85.《红豆：女性情爱文学的文化心理透视》，王立、刘卫英著，北京：人民文学出版社，2002 年。

86.《后汉书》，[晋] 司马彪撰、[宋] 范晔撰、[唐] 李贤等注，北京：中华书局，1965 年。

87.《湖南风土文化》,陈爱平编著,长沙:湖南教育出版社,1998 年。

88.《花儿集》, 张亚雄著, 北京：中国文联出版社, 1986 年。

89.《话说观音》, 罗伟国著, 上海：上海书店, 1992 年。

90.《华夏上古日神与母神崇拜》, 何新著, 北京：中国民主法制出版社, 2008 年。

91.《华阳国志校注》, [晋] 常璩撰、刘琳校注, 成都：巴蜀书社, 1984 年。

92.《华阳国志校补图注》, [唐] 常璩撰、任乃强校注, 上海：上海古籍出版社, 1987 年。

93.《怀星堂集》, [明] 祝允明撰,《影印文渊阁四库全书》第 1260 册。

94.《皇清职贡图》, [清] 傅恒等撰,《影印文渊阁四库全书》第 594 册。

95.《黄庭坚诗集注》, [宋] 黄庭坚撰、刘尚荣校点, 北京：中华书局, 2003 年。

96.《黄氏日抄》, [宋] 黄震撰,《影印文渊阁四库全书》第 707—708 册。

J

97.《家庭、私有制和国家的起源》, [德] 恩格斯著, 北京：人民出版社, 1972 年。

98.《焦氏易林注》, [西汉] 焦延寿著、[民国] 尚秉和注, 北京：光明日报出版社, 2005 年。

99.《解读禁忌:中国神话、传说和故事中的禁忌主题》, 万建中著, 北京：商务印书馆, 2001 年。

100.《金丹集成》,徐兆仁主编,北京:中国人民大学出版社,1990 年。

101.《金匮要略论注》，[汉] 张机撰、[清] 徐彬注，《影印文渊阁四库全书》第 734 册。

102.《金楼子》，[南朝梁] 萧绎撰，北京：中华书局，1985 年，《丛书集成初编》第 594 册。

103.《金明馆丛稿初编》，陈寅恪著，上海：上海古籍出版社，1980 年。

104.《金瓶梅》，傅憎享、董文成著，沈阳：春风文艺出版社，1999 年。

105.《金玉凤凰》，田海燕编著，上海：少年儿童出版社，1961 年。

106.《晋书》，[唐] 房玄龄等撰，北京：中华书局，1974 年。

107.《精华录》，[清] 王士禎撰，《影印文渊阁四库全书》第 1315 册。

108.《静读园林》，曹林娣著，北京：北京大学出版社，2005 年。

109.《旧唐书》，[后晋] 刘昫等撰，北京：中华书局，1975 年。

L

110.《蓝涧集》，[明] 蓝智撰，《影印文渊阁四库全书》第 1229 册。

111.《老学庵笔记》，[宋] 陆游撰，李剑雄、刘德权点校，北京：中华书局，1979 年。

112.《类说校注》，[宋] 曾慥编纂、王汝涛等校注，福州：福建人民出版社，1996 年。

113.《冷斋夜话》，[宋] 惠洪撰、陈新点校，北京：中华书局，1988 年。

114.《李白全集编年注释》，安旗主编，成都：巴蜀书社，1990 年。

115.《李商隐文编年校注》，刘学锴、余恕诚著，北京：中华书局，2002 年。

116.《离骚纂义》，游国恩著，北京：中华书局，1980 年。

117.《礼记译注》，杨天宇译注，上海：上海古籍出版社，2004 年。

118.《礼记正义》，《十三经注疏》整理委员会整理、李学勤主编，北京：北京大学出版社，1999 年。

119.《历代名画记》，[唐]张彦远著、肖剑华注释，南京：江苏美术出版社，2007 年。

120.《两周诗史》，马银琴著，北京：社会科学文献出版社，2006 年。

121.《林和靖集》，[宋]林逋撰，《影印文渊阁四库全书》第 1086 册。

122.《林蕙堂全集》，[清]吴绮撰，《影印文渊阁四库全书》第 1314 册。

123.《岭外代答》，[宋]周去非著、屠友祥校注，上海：上海远东出版社，1996 年。

124.《刘禹锡评传》，卞孝萱著，南京：南京大学出版社，1996 年。

125.《六朝南方神仙道教与文学》，赵益著，上海：上海古籍出版社，2006 年。

126.《六臣注文选》，[梁]萧统编，[唐]李善、[唐]吕延济等注，《影印文渊阁四库全书》第 1330—1331 册。

127.《鲁迅全集》，鲁迅著，北京：人民文学出版社，1981 年。

128.《栾城应诏集》，[宋]苏辙撰，《影印文渊阁四库全书》第 1112 册。

129.《论语注疏》，《十三经注疏》整理委员会整理、李学勤主编，北京：北京大学出版社，1999 年。

130.《论衡校释》，黄晖撰，北京：中华书局，1990 年。

131.《洛阳伽蓝记校释今译》，[北魏]杨衔之撰、周振甫释译，北京：学苑出版社，2001 年。

M

132.《毛诗正义》，《十三经注疏》整理委员会整理、李学勤主编，北京：北京大学出版社，1999 年。

133.《美学》，[德]黑格尔著、朱光潜译，北京：商务印书馆，1979 年。

134.《门祭与门神崇拜》，王子今著，上海：上海三联书店，1996 年。

135.《秘戏图考：附论汉氏至清代的中国性生活》，[荷兰]高罗佩(R.H.van Gulik)著、杨权译，广州：广东人民出版社，1992 年。

136.《民国诗话丛编》，张寅彭主编，上海：上海书店出版社，2002 年。

137.《民俗视野：中日文化的融合和冲突》，陈勤建著，上海：华东师范大学出版社，2006 年。

138.《明清民歌时调集》，[明]冯梦龙等编，上海：上海古籍出版社，1987 年。

139.《明一统志》，[明]李贤等撰，《影印文渊阁四库全书》第 472—473 册。

140.《墨子译注》，辛志凤、蒋玉斌等译注，哈尔滨：黑龙江人民出版社，2003 年。

141.《牡丹亭》，[明]汤显祖撰，北京：人民文学出版社，1963 年。

142.《穆天子传通解》，郑杰文著，济南：山东文艺出版社，1992 年。

N

143.《南蛮源流史》，何光岳著，南昌：江西教育出版社，1988 年。

144.《南齐书》，[梁]萧子显撰，北京：中华书局，1972 年。

145.《南史》，[唐]李延寿撰，北京：中华书局，1975 年。

146.《南岳小录》，[唐]李冲昭撰，《影印文渊阁四库全书》第 585 册。

147.《倪文贞集》，[明]倪元璐撰，《影印文渊阁四库全书》第 1297 册。

Q

148.《齐民要术校释》，[后魏]贾思勰著、缪启愉校释，北京：农业出版社，1982 年。

149.《钦定四库全书总目》，四库全书研究所整理，北京：中华书局，

1997 年。

150. 《情史》，[明] 冯梦龙著，北京：大众文艺出版社，2002 年。

151. 《清閟阁全集》，[元] 倪瓒撰、[清] 曹培廉编，《影印文渊阁四库全书》第 1220 册。

152. 《清异录》，[宋] 陶毂撰，《影印文渊阁四库全书》第 1047 册。

153. 《泉州稽古集》，黄天柱著，北京：中国文联出版社，2003 年。

154. 《泉州文物手册》，泉州市文物管理委员会编、陈鹏鹏主编，出版社不详，2000 年。

155. 《全汉赋校注》，费振刚、仇仲谦、刘南平校注，广州：广东教育出版社，2005 年。

156. 《全上古三代秦汉三国六朝文》，[清] 严可均辑，北京：中华书局，1958 年。

157. 《全宋词》，唐圭璋编，北京：中华书局，1965 年。

158. 《全宋诗》，北京大学古文献研究所编、傅璇琮等主编，北京：北京大学出版社，1991—1998 年。

159. 《全宋文》，曾枣庄、刘琳主编，上海、合肥：上海辞书出版社、安徽教育出版社，2006 年。

160. 《全唐诗》，[清] 彭定求等编，北京：中华书局，1960 年。

161. 《全唐文》，[清] 董诰等编，北京：中华书局，1983 年。

162. 《全唐五代词》，曾昭岷等编著，北京：中华书局，1999 年。

R

163. 《日本学者中国诗学论集》，蒋寅编译，南京：凤凰出版社，2008 年。

S

164.《三辅黄图校证》，陈直校证，西安：陕西人民出版社，1980 年。

165.《三国志》，[晋] 陈寿撰、[南朝宋] 裴松之注，北京：中华书局，1982 年。

166.《三国志》，[晋] 陈寿撰、[南朝宋] 裴松之注，吴金华标点，长沙：岳麓书社，1990 年。

167.《三教偶拈》，[明] 冯梦龙编著、魏同贤校点，南京：江苏古籍出版社，1993 年。

168.《三生石上旧精魂——中国古代小说与宗教》，白化文著，北京：北京出版社，2005 年。

169.《三水小牍》，[唐] 皇甫枚撰，北京：中华书局，1958 年。

170.《山谷简尺》，[宋] 黄庭坚撰，《影印文渊阁四库全书》第 1113 册。

171.《山海经校注》，袁珂校注，上海：上海古籍出版社，1980 年。

172.《少室山房笔丛》，上海：上海书店出版社，2001 年。

173.《邵氏闻见后录》，[宋] 邵博撰，刘德权、李剑雄点校，北京：中华书局，1983 年。

174.《绍兴黄酒丛谈》，钱茂竹、杨国军著，宁波：宁波出版社，2012 年。

175.《神话与鬼话——台湾原住民神话故事比较研究》（增订本），[俄] 李福清（R.Riftin）著，北京：社会科学文献出版社，2001 年。

176.《神会和尚禅话录》，杨曾文编校，北京：中华书局，1996 年。

177.《神仙传》，[晋] 葛洪撰，北京：中华书局，1991 年。

178.《神仙传》，[晋] 葛洪撰、钱卫语释，北京：学苑出版社，1998 年。

179.《神异经》,[汉] 东方朔撰,《影印文渊阁四库全书》第 1042 册。

180.《神话与诗》,闻一多著,上海:华东师范大学出版社,1997 年。

181.《生命之树与中国民间民俗艺术》,靳之林著,桂林 : 广西师范大学出版社,2002 年。

182.《生育神与性巫术研究》,宋兆麟著,北京:文物出版社,1990 年。

183.《生殖崇拜文化论》,赵国华著,北京 : 中国社会科学出版社,1990 年。

184.《升庵集》,[明] 杨慎撰,《影印文渊阁四库全书》第 1270 册。

185.《史记》,[汉] 司马迁撰、[南朝宋] 裴骃集解、[唐] 司马贞索隐、[唐] 张守节正义,北京 : 中华书局,1959 年。

186.《诗经的文化阐释——中国诗歌的发生研究》,叶舒宪著,武汉 : 湖北人民出版社,1994 年。

187.《诗经集传》,[宋] 朱熹撰,《影印文渊阁四库全书》第 72 册。

188.《诗经讲读》,刘毓庆、杨文娟著,上海:华东师范大学出版社,2008 年。

189.《〈诗经〉名物新证》,扬之水著,北京:北京古籍出版社,2000 年。

190.《诗经通义》,闻一多著,长春 : 时代文艺出版社,1996 年。

191.《诗经选》,余冠英著,北京 : 人民文学出版社,1979 年。

192.《诗经异读》,赵帆声著,开封 : 河南大学出版社,2002 年。

193.《诗经与周代社会研究》,孙作云著,北京:中华书局,1966 年。

194.《诗经正义》,《十三经注疏》整理委员会整理、李学勤主编,北京 : 北京大学出版社,1999 年。

195.《诗三家义集疏》,[清] 王先谦撰、吴格点校,北京:中华书局,1987 年。

196.《诗源辩体》,[明]许学夷著,北京:人民文学出版社,1987年。

197.《诗苑仙踪:诗歌与神仙信仰》,孙昌武著,天津:南开大学出版社,2005年。

198.《诗总闻》,[宋]王质撰,《影印文渊阁四库全书》第72册。

199.《释名疏证补》,[清]王先谦撰,上海:上海古籍出版社,1984年。

200.《拾遗记》,[晋]王嘉撰,孟庆祥、商微姝译注,哈尔滨:黑龙江人民出版社,1989年。

201.《十四朝文学要略:上古至隋》,刘永济著,哈尔滨:黑龙江人民出版社,1984年。

202.《史氏菊谱》,[宋]史正志撰,《影印文渊阁四库全书》第845册。

203.《史通》,[唐]刘知几撰、赵吕甫校注,重庆:重庆出版社,1990年。

204.《事类赋》,[宋]吴淑撰,《影印文渊阁四库全书》第892册。

205.《蜀中广记》,[明]曹学佺撰,《影印文渊阁四库全书》第591—592册。

206.《述异记》,[南朝梁]任昉撰,《影印文渊阁四库全书》第1047册。

207.《水经注校证》,[北魏]郦道元著、陈桥驿校证,北京:中华书局,2007年。

208.《说郛》,[明]陶宗仪编,《影印文渊阁四库全书》第876—882册。

209.《说杭州》,钟毓龙著,杭州:浙江人民出版社,1983年。

210.《〈说文解字〉引经考》,马宗霍著,台北:学生书局,1971年。

211.《说文解字注》,[汉]许慎撰、[清]段玉裁注,上海:上海古籍出版社 1981 年。

212.《松桂堂全集》，[清]彭孙遹撰，《影印文渊阁四库全书》第 1317 册。

213.《宋代社会生活研究》，汪圣铎著，北京：人民出版社，2007 年。

214.《宋代声诗研究》，杨晓霭著，北京：中华书局，2008 年。

215.《宋高僧传》，[宋]赞宁撰、范祥雍点校，北京：中华书局，1987 年。

216.《宋史》，[元]脱脱等撰，北京：中华书局，1977 年。

217.《宋书》，[南朝梁]沈约撰，北京：中华书局，1974 年。

218.《宋玉辞赋》，曹文心著，合肥：安徽大学出版社，2006 年。

219.《宋元明市语汇释》（修订增补本），王锳著，北京：中华书局，2008 年。

220.《搜神记》，[晋]干宝撰、汪绍楹校注，北京：中华书局，1979 年。

221.《隋书》，[唐]魏征、[唐]令狐德棻撰，北京：中华书局，1973 年。

T

222.《太平广记》，[宋]李昉等编，北京：中华书局，1961 年。

223.《太平寰宇记》，[宋]乐史撰、王文楚等点校，北京：中华书局，2007 年。

224.《太平经合校》，王明编，北京：中华书局，1960 年。

225.《太平御览》，[宋]李昉等撰，《影印文渊阁四库全书》第 893—901 册。

226.《探索非理性的世界》，叶舒宪著，成都：四川人民出版社，1988 年。

227.《唐才子传校笺》第一册，傅璇琮主编，北京：中华书局，1987 年。

228.《唐才子传校笺》第二册，傅璇琮主编，北京：中华书局，1989 年。

229.《唐代诗人丛考》，傅璇琮著，北京：中华书局，1980 年。

230.《唐前志怪小说辑释》，李剑国辑释，上海：上海古籍出版社，1986 年。

231.《唐前志怪小说史》（修订本），李剑国著，天津：天津教育出版社，2005 年。

232.《唐声诗》上、下编，任半塘著，上海：上海古籍出版社，1982 年。

233.《唐宋传奇总集·唐五代》，袁闾琨、薛洪勣主编，郑州：河南人民出版社，2001 年。

234.《唐五代笔记小说大观》，上海古籍出版社编，丁如明、李宗为、李学颖等校点，上海：上海古籍出版社，2000 年。

235.《唐五代文学编年史·初盛唐卷》，傅璇琮等著，沈阳：辽海出版社，1998 年。

236.《天师道二十四治考》，王纯五著，成都：四川大学出版社，1996 年。

237.《天中记》，[明]陈耀文撰，《影印文渊阁四库全书》第965—967 册。

238.《通典》，[唐]杜佑撰，《影印文渊阁四库全书》第603—605 册。

239.《图腾神话与中国传统人生》，刘毓庆著，北京：人民出版社，2002 年。

240.《图腾与中国文化》，何星亮著，南京：江苏人民出版社，2008 年。

W

241.《晚唐钟声——中国文学的原型批评》，傅道彬著，北京：北京大学出版社，2007 年。

242.《卍续藏经》，藏经书院编，台北：新文丰出版公司，1993 年。

243.《魏晋南北朝赋史》，程章灿著，南京：江苏古籍出版社，1992 年。

244.《魏晋南北朝时期的佛教信仰与神话》，王青著，北京：中国社会科学出版社，2001 年。

245.《魏书》，[北齐] 魏收撰，《影印文渊阁四库全书》第 261—262 册。

246.《维摩诘所说经》，[后秦] 鸠摩罗什译、[后秦] 僧肇注、常净校点，哈尔滨：黑龙江人民出版社，1994 年。

247.《文坛佛影》，孙昌武著，北京：中华书局，2001 年。

248.《文心雕龙议证》，詹锳议证，上海：上海古籍出版社，1989 年。

249.《文学中的色情动机》，[美] 阿尔伯特 · 莫德尔著、刘文荣译，上海：文汇出版社，2006 年。

250.《文苑英华》，[宋] 李昉等编，《影印文渊阁四库全书》第 1333—1342 册。

251.《闻一多全集》，闻一多著，武汉：湖北人民出版社，1993 年。

252. 孔党伯、袁謇正主编《闻一多全集 · 诗经编（下)》，长沙：湖南人民出版社，1994 年。

253.《闻一多诗经讲义》，刘晶雯整理，天津：天津古籍出版社，2005 年。

254.《文选注》，[梁] 萧统编、[唐] 李善注，《影印文渊阁四库全书》第 1329 册。

255.《吴歌 · 吴歌小史》，顾颉刚等辑，南京：江苏古籍出版社，1999 年。

256.《五峰集》，[元] 李孝光撰，《影印文渊阁四库全书》第 1215 册。

257.《悟真篇浅解》，[宋] 张伯端撰、王沐浅解，北京：中华书局，1990 年。

258.《巫与民间信仰》，宋兆麟著，北京：中国华侨出版公司，1990 年。

259.《五灯会元》，[宋] 普济著、苏渊雷点校，北京：中华书局，1984 年。

X

260.《西庵集》，[明] 孙蕡撰，《影印文渊阁四库全书》第 1231 册。

261.《西河集》，[清] 毛奇龄撰，《影印文渊阁四库全书》第 1320—1321 册。

262.《西京杂记校注》，[汉] 刘歆撰，向新阳、刘克任校注，上海：上海古籍出版社，1991 年。

263.《西游记》，[明] 吴承恩著、曹松校点，上海：上海古籍出版社，2004 年。

264.《西域文化影响下的中古小说》，王青著，北京：中国社会科学出版社，2006 年。

265.《先秦汉魏晋南北朝诗》，逯钦立辑校，北京：中华书局，1983 年。

266.《先唐神话、宗教与文学论考》，王青著，北京：中华书局，2007 年。

267.《仙境 · 仙人 · 仙梦——中国古代小说中的道教理想主义》，苟波著，成都：巴蜀书社，2008 年。

268.《香祖笔记》，[清] 王士禛撰、赵伯陶选评，北京：学苑出版社，

2001 年。

269.《项氏家说》，[宋] 项安世撰，《影印文渊阁四库全书》第 706 册。

270.《象征之旅:符号及其意义》，[英] 杰克 · 特里锡德著，石毅、刘珩译，北京：中央编译出版社，2001 年。

271.《新昌文史资料》第 5 辑《石城、穿岩专辑》，中国人民政治协商会议新昌县委员会文史资料工作委员会编,出版社、出版年份不详。

272.《新校正梦溪笔谈》，[宋] 沈括撰、胡道静校注，北京：中华书局，1957 年。

273.《新唐书》，[宋] 欧阳修、[宋] 宋祁撰，北京：中华书局，1975 年。

274.《性爱：巨大的力量》，[意] 保罗 · 曼泰加扎著，石家庄：河北人民出版社，1993 年。

275.《性心理学》，[英] 霭理士著、潘光旦译注，北京:商务印书馆，1997 年。

276.《性心理学》，[英] 霭理士著、潘光旦译注，北京：北京大学出版社，2000 年。

277.《绣襦记》，[明] 徐霖撰，北京：文学古籍刊行社，1955 年。

278.《续仙传》,[南唐] 沈汾撰,《影印文渊阁四库全书》第 1059 册。

279.《宣和书谱》,[宋] 不著撰人,《影印文渊阁四库全书》第 813 册。

280.《宣室志》，[唐] 张读撰，北京：中华书局，1983 年。

281.《寻觅性灵：从文化到禅宗》，方立天著，北京：北京师范大学出版社，2007 年。

Y

282.《尧山堂外纪》，[明] 蒋一葵撰,《续修四库全书》第 1194 册,上海：上海古籍出版社，2002 年。

283.《尧舜传说研究》，陈泳超著，南京：南京师范大学出版社，2000 年。

284.《夷坚志》，[宋] 洪迈著，北京：中华书局，1981 年。

285.《异苑》，[南朝宋] 刘敬叔撰、范宁校点，北京：中华书局，1996 年。

286.《艺文类聚》,[唐] 欧阳询撰、汪绍楹校,上海:上海古籍出版社，1965 年。

287.《义门读书记》,[清] 何焯撰,《影印文渊阁四库全书》第 860 册。

288.《易象通说》，钱世明著，北京：华夏出版社，1989 年。

289.《游仙窟》，[唐] 张鷟著，上海：上海书店，1929 年。

290.《语言与神话》中译本，[德] 恩斯特 · 卡西尔著、于晓等译，北京：生活 · 读书 · 新知三联书店，1988 年。

291.《玉振金声——玉器 · 金银器考古学研究》，卢兆荫著，北京：科学出版社，2007 年。

292.《御定佩文斋广群芳谱》，[清] 汪灏等撰，《影印文渊阁四库全书》第 845—847 册。

293.《御选明诗》，[清] 张豫章等编，《影印文渊阁四库全书》第 1442—1444 册。

294.《御制诗三集》，[清] 爱新觉罗 · 弘历撰，[清] 蒋溥、[清] 于敏中、[清] 王杰等编，《影印文渊阁四库全书》1306 册。

295.《原始崇拜纲要——中华图腾文化与生殖文化》，龚维英著，北京：中国民间文艺出版社，1989 年。

296.《原始文化》，[英] 爱德华 · 泰勒著、连树声译，上海：上海文艺出版社，1992 年。

297.《元丰九域志》，[宋] 王存撰，《影印文渊阁四库全书》第 471 册。

298.《苑洛集》，[明] 韩邦奇撰，《影印文渊阁四库全书》第 1269 册。

299.《乐府诗集》，[宋] 郭茂倩编，北京：中华书局，1979 年。

300.《〈越谚〉点注》，[清] 范寅注、侯友兰等点注，北京：人民出版社，2006 年。

301.《月令粹编》，[清] 秦嘉谟编，《续修四库全书》第 885 册，上海：上海古籍出版社，2002 年。

302.《月轮山词论集》，夏承焘著，北京：中华书局，1979 年。

303.《云笈七签》，[宋] 张君房撰，《影印文渊阁四库全书》第 1060—1061 册。

Z

304.《枣林杂俎》，[清] 谈迁著，罗仲辉、胡明点校，北京：中华书局，2006 年。

305.《湛然研究——以唐代天台宗中兴问题为线索》，俞学明著，北京：中国社会科学出版社，2006 年。

306.《真诰》，[南朝梁] 陶弘景著，北京：中华书局，1985 年，《丛书集成初编》本。

307.《真诰校注》，[日] 吉川忠夫等编、朱越利译，北京：中国社会科学出版社，2006 年。

308.《郑板桥全集》，卞孝萱编，济南：齐鲁书社，1985 年。

309.《中国禅学思想史》，[日] 忽滑谷快天撰、朱谦之译，上海：上海古籍出版社，2002 年。

310.《中国禅宗史》，印顺著，上海：上海书店，1992 年。

311.《中国方术续考》，李零著，北京：东方出版社，2000 年。

312.《中国方术正考》，李零著，北京：中华书局，2006 年。

313.《中国风俗通史·秦汉卷》，彭卫、杨振红著，上海：上海文艺出版社，2002 年。

314.《中国风水文化》，高友谦著，北京：团结出版社，2004 年。

315.《中国佛教》(一)，中国佛教协会编，北京：知识出版社，1980 年。

316.《中国佛教史》，任继愈主编，北京：中国社会科学出版社，1985 年。

317.《中国佛教哲学要义》，方立天著，北京：中国人民大学出版社，2002 年。

318.《中国佛性论》，赖永海著，北京：中国青年出版社，1999 年。

319.《中国歌谣》，朱自清著，北京：金城出版社，2005 年。

320.《中国古代房内考》，[荷兰]高罗佩著、李零等译，北京：商务印书馆，2007 年。

321.《中国古代民间故事类型研究》，祁连休著，石家庄：河北教育出版社，2007 年。

322.《中国古代社会新研》(影印本)，李玄伯著，上海：上海文艺出版社，1988 年。

323.《中国古代文学主题学思想研究》，王立著，天津教育出版社，2008 年。

324.《中国古代小说与宗教》，孙逊著，上海：复旦大学出版社，2000 年。

325.《中国古典戏曲论著集成》，中国戏曲研究院编，北京：中国戏剧出版社，1959 年。

326.《中国花鸟画全集》，刘烨、金涛主编，北京：京华出版社，2001年。

327.《中国科学技术史》第一卷，[英] 李约瑟著、《中国科学技术史》翻译小组译，北京：科学出版社，1975年。

328.《中国神话传说词典》，袁珂著，上海：上海辞书出版社，1985年。

329.《中国生育信仰》，宋兆麟著，上海：上海文艺出版社，1999年。

330.《中国生殖崇拜文化论》，傅道彬著，武汉：湖北人民出版社，1990年。

331.《中国诗史》，陆侃如著，北京：作家出版社，1957年。

332.《中国图腾文化》，何星亮著，北京：中国社会科学出版社，1992年。

333.《中国瓦当艺术》，傅嘉仪编著，上海：上海书店出版社，2002年。

334.《中国文化的精英——太阳英雄神话比较研究》，萧兵著，上海：上海文艺出版社，1989年。

335.《中国文学中的维摩与观音》，孙昌武著，北京：高等教育出版社，1996年。

336.《中国性文化——一个千年不解之结》，郑思礼著，北京：中国对外翻译出版公司，1994年。

337.《中国雅俗文学思想论集》，谭帆著，北京：中华书局，2006年。

338.《中国艳情小说史》，张廷兴著，北京：中央编译出版社，2008年。

339.《中国杨柳审美文化研究》，石志鸟著，成都：巴蜀书社，2009年。

340.《中国远古神话与历史新探》，何新著，哈尔滨：黑龙江教育出版社，1988年。

341.《中国早期思想与符号研究：关于四神的起源及其体系形成》，

王小盾著，上海：上海人民出版社，2008 年。

342.《中国竹文化》，何明、廖国强著，北京：人民出版社，2007 年。

343.《中华佛教百科全书》，蓝吉富主编，台南：中华佛教百科文献基金会，1994 年。

344.《中华散文珍藏本：宗璞卷》，宗璞著，北京：人民文学出版社，2000 年。

345.《中日文化交流史大系 · 文学卷》，严绍璗、中西进主编，杭州：浙江人民出版社，1996 年。

346.《中唐诗歌嬗变的民俗观照》，刘航著，北京：学苑出版社，2004 年。

347.《中州集》，[金]元好问编，北京：中华书局，1959 年。

348.《周礼注疏》，《十三经注疏》整理委员会整理、李学勤主编，北京：北京大学出版社，1999 年。

349.《〈周易参同契〉通析》，潘启明著，上海：上海翻译出版公司，1990 年。

350.《周易译注》，黄寿祺、张善文译注，上海：上海古籍出版社，2001 年。

351.《周易正义》，《十三经注疏》整理委员会整理、李学勤主编，北京：北京大学出版社，1999 年。

352.《朱子语类》，[宋]黎靖德编、王星贤点校，北京：中华书局，1986 年。

353.《竹林答问》，[清]陈仅著，《四库未收书辑刊》第九辑，北京：北京出版社，2000 年。

354.《竹谱》，[晋]戴凯之撰，《影印文渊阁四库全书》第 845 册。

355.《竹谱详录》，[元]李衎述，北京：商务印书馆，1936年，《丛书集成初编》第1636册。

356.《竹谱详录》，[元]李衎著，吴庆峰、张金霞整理，济南：山东画报出版社，2006年。

357.《庄靖集》，[金]李俊民撰，《影印文渊阁四库全书》第1190册。

358.《庄子集解》，[清]王先谦撰，上海：上海书店，1987年。

359.《子不语》，[清]袁枚编撰，申孟、甘林点校，上海：上海古籍出版社，1986年。

360.《祖堂集》，[南唐]静、筠二禅师编撰，孙昌武、[日]衣川贤次、[日]西口芳男点校，北京：中华书局，2007年。

361.《槜李诗系》，[清]沈季友编，《影印文渊阁四库全书》第1475册。

362.《遵生八笺》，[明]高濂撰，兰州：甘肃文化出版社，2004年。

二、论文类①

(一) 论文集论文

1.卞孝萱《〈补江总白猿传〉新探》，载《唐代文学研究（第三辑）——中国唐代文学学会第五届年会暨唐代文学国际学术讨论会论文集》，桂林：广西师范大学出版社，1992年。

2.蔡哲茂《说殷卜辞中的"圭"字》，载中国文字学会、河北大学汉字研究中心编《汉字研究》第一辑，北京：学苑出版社，2005年。

3.程俊英《名物杂考·寺的演变》，载朱杰人、戴从喜编《程俊英教授纪念文集》，上海：华东师范大学出版社，2004年。

---

① 论文分论文集论文、博硕士学位论文、期刊论文三类，按作者姓名拼音字母排列。

4. 范景中《竹谱》，载范景中、曹意强主编《美术史与观念史》第Ⅶ辑，南京：南京师范大学出版社，2009 年。

5. 顾森《渴望生命的图式——汉代西王母图像研究之一》，载郑先兴主编《汉画研究：中国汉画学会第十届年会论文集》，武汉：湖北人民出版社，2006 年。

6. 桀溺《牧女与蚕娘——论一个中国文学的题材》，载钱林森编《牧女与蚕娘——法国汉学家论中国古诗》，上海：上海古籍出版社，1990 年。

7. 刘黎明、夏春芬《论密室型故事》，载项楚主编《中国俗文化研究》第四辑，成都：巴蜀书社，2007 年。

8. 马长寿《苗瑶之起源神话》，载《民族学研究集刊》1946 年第 2 期，收入苑利主编《二十世纪中国民俗学经典 · 神话卷》，北京：社会科学文献出版社，2002 年。

9. 夏渌《"差"字的形义来源》，载曾宪通主编《古文字与汉语史论集》，广州：中山大学出版社，2002 年。

10. 游国恩《楚辞女性中心说》，载褚斌杰编《屈原研究》，武汉：湖北教育出版社，2003 年。

11. 张克济《子弟书中的艳曲》，载张宏生编《明清文学与性别研究》，南京：江苏古籍出版社，2002 年。

（二）博硕士学位论文
1. 马利文《唐代咏竹诗研究》，南京师范大学 2008 年硕士论文。

（三）期刊论文
1. 白化文《汉化佛教僧人的拄杖、禅杖和锡杖》，《中国典籍与文化》

1994 年第 4 期。

2. 白一平《上古汉语 * * sr 的发展》,《语言研究》1983 年第 1 期。

3. 贝逸文《普陀紫竹观音及其东传考略》,《浙江海洋学院学报（人文科学版)》2002 年第 1 期。

4. 蔡起福《凄凉古竹枝》,《文学遗产》1981 年第 4 期。

5. 蔡元亨《巴人"变风"之觞及其滥觞》,《湖北民族学院学报（社会科学版)》1995 年第 3 期。

6. 车广锦《中国传统文化论——关于生殖崇拜和祖先崇拜的考古学研究》,《东南文化》1992 年第 5 期。

7. 陈金文《"竹生甲兵"母题生成新探》,《广西民族大学学报（哲学社会科学版)》2008 年第 2 期。

8. 陈娟娟《锦绣梅花》,《故宫博物院院刊》1982 年第 3 期。

9. 陈士瑜、陈启武《蕈菌考》,《中国农史》2005 年第 1 期。

10. 陈扬炯《澄观评传》,《五台山研究》1987 年第 3 期。

11. 陈正平《巴渝古代民歌简论》,《四川师范学院学报（哲学社会科学版)》2003 年第 1 期。

12. 陈智勇《先秦时期的"台"文化》,《寻根》2002 年第 6 期。

13. 程杰《"美人"与"高士"——两个咏梅拟象的递变》,《南京师大学报（社会科学版)》1999 年第 6 期。

14. 程杰《梅与水、月——一个咏梅模式的发展》,《江苏社会科学》2000 年第 4 期。

15. 池水涌、赵宗来《孔子之前的"君子"内涵》,《延边大学学报（社会科学版)》1999 年第 1 期。

16. 段塔丽《唐代婚俗"绕车三匝"漫议》,《中国典籍与文化》

2001 年第 3 期。

17. 段学俭《〈诗经〉中"南山"意象的文化意蕴》，《辽宁师范大学学报（社科版）》1999 年第 3 期。

18. 方广锠《〈祖堂集〉中的"西来意"》，《世界宗教研究》2007 年第 1 期。

19. 傅如一、张琴《民歌"竹枝"溯源——竹枝词新论之一》，《山西大学学报（哲学社会科学版)》1993 年第 4 期。

20. 高彩荣、马洁《"花儿"名称研究综述》，《三门峡职业技术学院学报》2003 年第 1 期。

21. 龚维英《对孤竹、伯夷史实的辨识及评价》，《江汉考古》1995 年第 2 期。

22. 龚维英《原始人"植物生人"观念初探》，《民间文学论坛》1985 年第 1 期。

23. 关传友《论中国的竹生殖崇拜》，《竹子研究汇刊》2005 年第 3 期。

24. 关传友《论竹的崇拜》，《古今农业》2000 年第 3 期。

25. 关传友《论竹的图腾崇拜文化》，《六安师专学报》第 15 卷第 3 期（1999 年 8 月）。

26. 关传友《男婚女嫁，以竹为事——婚恋习俗中的竹意象和功能》，《皖西学院学报（综合版)》1998 年第 3 期。

27. 何积全《竹王传说流传范围考索——〈竹王传说初探〉之一》，《贵州社会科学》1985 年第 9 期。

28. 黄崇浩《"竹王崇拜"与〈竹枝词〉》，《黄冈师专学报》1999 年第 1 期。

29. 黄剑华《古代蜀人的天门观念》，《中华文化论坛》1999 年第 4 期。

30. 黄维华《"东方"时空观中的生育主题——兼议〈诗经〉东门情歌》,《民族艺术》2005 年第 2 期。

31. 黄维华《"御"的符号意义及其文化内涵》,《常熟高专学报》1994 年第 2 期。

32. 黄维华《御：社土崇拜及其农耕—生殖文化主题》,《民族艺术》2004 年第 3 期。

33. 季智慧《巴蜀祭竹场所及活动景况》,《文史杂志》1989 年第 4 期。

34. 季智慧《节杖与唐宋巴蜀文人》,《文史杂志》1988 年第 4 期。

35. 季智慧《探〈竹枝〉之源——从声音工具、宗教咒语到一种独立的民间艺术形式》,《民间文学论坛》1989 年第 6 期。

36. 姜守诚《"命树"考》,《哲学动态》2007 年第 1 期。

37. 蒋方《试论汉上游女传说之文化意蕴——兼论与屈宋作品中"求女"的联系》,《湖北大学学报 (哲学社会科学版)》1998 年第 4 期。

38. 蒋方《游女佩珠的传说及其意蕴》,《古典文学知识》2003 年第 3 期。

39. 金建锋《"三朝高僧传"中的竹林寺》,《宗教学研究》2009 年第 1 期。

40.[日] 君岛久子著、龚益善译《关于金沙江竹娘的传说——藏族传说与〈竹取物语〉》,《民间文学论坛》1983 年第 3 期。

41. 李剑国《六朝志怪中的洞窟传说》,《天津师范大学学报 (社会科学版)》1982 年第 6 期。

42. 李剑国《竹林神 · 平康里 · 宣阳里——关于〈李娃传〉的一处阙文》,《古典文学知识》2007 年第 6 期。

43. 李立芳《湖湘竹文化及其在现代艺术设计中的传承》,《湖南商学院学报》2005 年第 6 期。

44. 李翎《水月观音与藏传佛教观音像之关系》，《美术》2002 年第 11 期。

45. 李蒲《竹枝词断想及其他》，《民间文学论坛》1989 年第 6 期。

46. 李学勤《由两条〈花东〉卜辞看殷礼》，《吉林师范大学学报》2004 年第 3 期。

47. 连镇标《巫山神女故事的起源及其演变》，《世界宗教研究》2001 年第 4 期。

48. 廖明君《植物崇拜与生殖崇拜——壮族生殖崇拜文化研究(中)》，《广西民族学院学报（哲学社会科学版)》1995 年第 2 期。

49. 廖群《〈诗经〉比兴中性意象的文化探源》，《文史哲》1995 年第 3 期。

50. 刘海燕《竹林禅韵——论竹的环境意象之一》，《世界竹藤通讯》2008 年第 4 期。

51. 刘毓庆《"女娲补天"与生殖崇拜》，《文艺研究》1998 年第 6 期。

52. 柳荫柏《〈红楼梦〉与古代灵石传说》，《民间文学论坛》1993 年第 2 期。

53. 龙腾《本竹山本竹治略考》，《成都文物》2005 年第 3 期。

54. 麻国钧《竹崇拜的傩文化印迹——兼考竹竿拂子》，《民族艺术》1994 年第 4 期。

55. 马乃训、陈光才、袁金玲《国产竹类植物生物多样性及保护策略》，《林业科学》2007 年第 4 期。

56. 彭秀枢、彭南均《竹枝词的源流》，《江汉论坛》1982 年第 12 期。

57. 屈小强《巴蜀氏族——部落集团的共同图腾是竹》，《四川师范

大学学报 (社会科学版)》1992 年第 3 期。

58. 屈小强《巴蜀竹崇拜透视》,《社会科学研究》1992 年第 5 期。

59. 尚永琪《中国古代的杖与尊老制度》,《中国典籍与文化》1997 年第 2 期。

60. 沈尔安《趣说耳朵与性爱》,《生活与健康》2002 年第 9 期。

61. 沈汇《哀牢文化新探》,《社会科学战线》1985 年第 3 期。

62. 宋兆麟《雷山苗族的招龙仪式》,《世界宗教研究》1983 年第 3 期。

63. 宋兆麟《漫谈图腾崇拜》,《文史知识》1986 年第 5 期。

64. 孙逊、柳岳梅《中国古代遇仙小说的历史演变》,《文学评论》1999 年第 2 期。

65. 谭家健《〈唐勒〉赋残篇考释及其他》,《文学遗产》1990 年第 2 期。

66. 唐光孝《四川汉代"高禖图"画像砖的再探讨》,《四川文物》2005 年第 2 期。

67. 唐浩国等《竹叶黄酮对小鼠脾细胞免疫的分子机制研究》,《食品科学》2007 年第 9 期。

68. 滕延振《浙江宁海发现一件真子飞霜铜镜》,《文物》1993 年第 2 期。

69. 王纯五《本竹治小考》,《宗教学研究》1996 年第 2 期。

70. 王厚宇、王卫清《考古资料中的先秦金较》,《中国典籍与文化》1999 年第 3 期。

71. 王惠民《敦煌水月观音像》,《敦煌研究》1987 年第 1 期。

72. 王家祐《安岳(县)毘卢洞造像》,《宗教学研究》1985 年第 s1 期。

73. 王立、苏敏《古典文学中竹意象的神话原型寻秘》,《大连大学学报》2006 年第 5 期。

74. 王庆沅《竹枝歌和声考辨》,《音乐研究》1996 年第 2 期。

75. 王泉根《论图腾感生与古姓起源》,《民间文学论坛》1996 年第 4 期。

76. 王晓毅《"竹林七贤"考》,《历史研究》2001 年第 5 期。

77. 王政《敦煌遗书中生殖婚配喻象探讨》,《敦煌研究》1998 年第 3 期。

78. 向柏松《巴人竹枝词的起源与文化生态》,《湖北民族学院学报(哲学社会科学版)》2004 年第 1 期。

79. 肖常纬《〈竹枝曲〉寻踪》,《音乐探索》1992 年第 4 期。

80. 肖发荣《"产翁制"与早期社会组织演变》,《贵州民族研究》2004 年第 2 期。

81. 萧兵《猿猴抢婚型故事的世界性传承——兼论其与"巨怪吃人"型故事的递嬗关系》,《淮阴师范学院学报(哲学社会科学版)》1998 年第 4 期。

82. 萧登福《道教符篆咒印对佛教密宗之影响》,《台中商专学报》第 24 期,1992 年 6 月。

83. 邢东田《玄女的起源、职能及演变》,《世界宗教研究》1997 年第 3 期。

84. 熊笃《竹枝词源流考》,《重庆师范大学学报(哲学社会科学版)》2005 年第 1 期。

85. 许图南《古竹院考——从李涉的诗谈到镇江的竹林寺》,《江苏大学学报(高教研究版)》1981 年第 2 期。

86. 严春华《三生石故事考辨》,《宗教学研究》2007 年第 2 期。

87. 扬之水《〈诗·小雅·都人士〉名物新诠》,《文学遗产》

1997 年第 2 期。

88. 杨广银《图必有意,意必吉祥——中国传统文化中的谐音造型》,《文艺研究》2009 年第 7 期。

89. 杨健吾《佛教的色彩观念和习俗》,《西藏艺术研究》2005 年第 2 期。

90. 杨匡民《楚声今昔初探》,《江汉论坛》1980 年第 5 期。

91. 杨先国《再议巴渝舞》,《民族艺术》1993 年第 3 期。

92. 曾德仁《四川安岳石窟的年代与分期》,《四川文物》2001 年第 2 期。

93. 詹石窗《青乌、道教与生殖崇拜论》,《民间文学论坛》1994 年第 2 期。

94. 张宝明《杖 · 古代尊老制度及相关文化内涵》,《东南学术》2002 年第 4 期。

95. 张静二《论观音与西游故事》,《政治大学学报》第 48 期,1983 年 2 月出版。

96. 张学敏《竹枝词四论》,《西华师范大学学报 (哲学社会科学版)》2005 年第 1 期。

97. 张艳礼编译《性的当代意义》,合肥:《恋爱 · 婚姻 · 家庭》2009 年第 3 期。

98. 张泽洪《论道教斋醮仪礼的祭坛》,《中国道教》2001 年第 4 期。

99. 赵殿增、袁曙光《"天门"考——兼论四川汉画像砖 (石) 的组合与主题》,《四川文物》1990 年第 6 期。

100. 赵克尧《从观音的变性看佛教的中国化》,《东南文化》1990 年第 4 期。

101. 钟志艺《走进竹林深处——〈"竹文化"大擂台〉综合性学习》，《语文建设》2004 年第 11 期。

102. 周俐《试论仙话小说中的尸解与竹》，《明清小说研究》1995 年第 2 期。

103. 周南泉《论中国古代的圭——古玉研究之三》，《故宫博物院院刊》1992 年第 3 期。

104. 周叔迦《无情有佛性》，《佛教文化》1999 年 4 月。

105. 朱淡文《〈红楼梦〉神话论源》，《红楼梦学刊》1985 年第 1 辑。

106. 朱淡文《林黛玉形象探源》，《红楼梦学刊》1994 年第 1 期。

107. 朱良志《禅门"青青翠竹总是法身"辨义》，《江西社会科学》2005 年第 4 期。

108. 朱越利《房中女神的沉寂及原因》，《西南民族大学学报》（人文社科版）2004 年第 3 期。

109. 祝注先《论"竹枝词"》，《西南民族学院学报(哲学社会科学版)》1988 年第 4 期。

三、网络资料

1、[唐] 释思托撰《上宫皇太子菩萨传》，网址：http：//miko. org/~uraki/kuon/furu/text/seitoku/bosatu.htm。

后 记

　　本书是我的博士学位论文。毕业将近四年，竟未能有所修正补充，实在惭愧。虽偶尔添加一些"枝叶"，却无暇全面修订。眼下交稿期限临近，这些零星的"枝叶"也不敢羼入，生怕理不顺而扰乱了原来的思路。这期间也整理部分内容，发表于《阅江学刊》，分别是《古代文学中竹笋的物色美感与文化意蕴》(2011 年第 1 期)、《论古代贬竹文学》(2012年第 1 期)、《论竹意象的别离内涵及其形成原因》(2013 年第 1 期)。

　　学位论文末尾曾附《致谢》，交代论文写作经过以及接受帮助的情况，今仍附此：

　　六年前，我考上南京师范大学硕士研究生，有幸忝列程杰教授门下。三年前，蒙先生不弃，再列门墙，继续读博。对于我这样年龄偏大、学无积累、天资驽钝的学生，先生从未放弃，而是关爱有加，悉心指导。记得向先生提出想以竹子题材文学研究为博士论文选题时，先生的答复出乎我的意料。他几次都表示，我硕士论文选题是宋代作家研究，有些积累，博士论文接着做宋代文学研究相对容易些，并提出几个选题让我挑选。先生的体贴令人感动，但我最终选择竹子题材文学研究这个题目，既是对文学题材与意象研究抱有更多兴趣，也是想换一种研究思路与方法。确定选题后，就论文的章节设置，曾多次求教于先生，先生与我长谈，指示以宏观的史的研究与微观的专题研究相结合，纵、横互为补充，点、面交相结合，先做大块的面上的后做细节的局部的，先吃容易的好吃的再吃难啃的难嚼的。我是一个只见树木不见森林的人，也是容易被路边风景迷住而忘了前行的人，因此常对琐碎问题很感兴趣而疏于整体把握论题，未能将先生提出的治学原则贯彻下去，先生不以为忤，既能及时指出其弊，也常以自己的治学经历相启发。我至今未能完成关于竹子题材与意象的历时演变的研究，有负先生期望。上编三章是所花精力最多的部分，也是自己最不满意的部分，先生自然更不满意。到去年十月份，下编前三章还未动笔，我整日如热锅上蚂蚁一样着急，甚至产生了退而求其次的想法：只提交上编竹文化研究部分。是先生及时的开导与督促才使我得以完成下编竹子题材文学研究，其中关于竹笋、竹林等章节受先生启发最多。先生是蔼然长者，循循善诱，偶尔也有发怒的时候，那是因为我交上了粗制滥造的论文，事后先生多次语重心长地对我说，论文不求刊于何种杂志，但求无愧于心，写完后多读几遍，其弊自见。朴实的话语，道出了真理。每每想起，思之歉疚，我将永远记取先生的教诲。先生还每以读书所见竹子相关资料相告。所以本论文从选题、构思到最后完稿，都凝聚着先生的心血。如果说本论文还有可取之处，那是与先生的关怀与指导分不开的；而论文的不足，实在是因为我的偷懒懈怠和处理不当。先生同样关心我的生活，关心我的就业。这些关爱难以一一细述，但都点滴在心，无法忘怀。我无以为报，唯有今后不断努力，方不负先生厚爱。

感谢张采民教授、钟振振教授、邓红梅教授等各位老师在开题及预答辩时的宝贵建议。感谢参与论文盲审的三位专家，感谢参加论文答辩的莫砺锋教授、武秀成教授、钟振振教授、邓红梅教授，感谢他们对论文的肯定与所提的宝贵意见。感谢曹辛华老师给我的教诲与帮助。任群、石志鸟、渠红岩、张荣东、施常州、卢晓辉、黄浩然等同门都给过我不少帮助，苏芃、张瑞芳、郑虹霓、冯青、高平等各位博士都以不同方式提供资料，也在此致以谢忱。随园西山图书馆大厅形如天井，二、三、四层提供免费上网插口，我们常常在三楼围绕天井读书上网，遂戏称"井观会"，取坐井观天之意也。毕业在即，大家将分处各地，如林竹离立，井观之盛不复再有。我将经常怀念西山图书馆与我们的"井观会"。

最后感谢我的妻子葛永青。我连续读书六年，多亏她操持家务、辅导孩子，使我能够安心完成学业。

王三毛

2010 年 5 月于随园

再次感谢导师程杰教授，先生不仅于我在校期间耳提面命、督促有加，在我毕业离校后也继续关心学位论文的修订与出版。希望今后能够有时间进行详细修订，并就先生所指示的笋文化等领域继续探索。

王三毛

2014 年 4 月于恩施

修订版后记

　　本书是我的博士学位论文，2014 年由台湾花木兰文化出版社出版繁体字本。今蒙程杰老师和曹辛华老师、王强先生厚爱，使本书得以忝列其主编《中国花卉审美文化研究丛书》，在此深表感谢。本书当初的题名是《中国古代文学竹子题材与意象研究》，现经考虑，将原上下编分为两书，根据内容分别命名为《古代竹文化研究》《古代文学竹意象研究》。

　　本次修订工作，大致如下：首先是对目录有所调整，使得书名与目录、内容更为一致。原书的绪论、参考文献、结论等也已重新撰写。其次，关于"三生石"的考论部分，有较多增补与改写。最后，通校全书，对个别错误及不当之处稍作增删。并精选插图，适当配以说明文字。为了与丛书保持体例一致，对脚注也略有改动。

　　在此特别感谢程老师的指导和建议，使本书从体例、格式到插图等细节做到更好。同时要感谢王功绢、张晓蕾、张晓东、邢琳佳等同门师弟师妹，为本书提供了不少精彩的图片。还要感谢我的爱人葛永青，她为本书提供了部分图片及照片，并帮我编辑、管理图片。

　　本次对局部稍作改订，仍难称全面修订，加上时间仓促，旧错可能添上新误，敬希方家不吝赐教。近期精力又花在竹文化经典选注以及竹文化史研究方面。全面的修改，仍期待将来。

王三毛

2017 年 1 月于恩施

程杰老师、曹辛华老师和王强先生主编的《中国花卉审美文化研究丛书》得以在北京燕山出版社再版，本书忝列其中，因又再校一过。

四川大学出版社编辑庄剑、袁捷曾指出不少问题，又蒙北京燕山出版社李涛编辑认真审读，为书稿提出详细审读意见，纠正了不少谬误错漏，在此并志谢忱。限于时间精力，对于书稿内容则基本保持原貌，未作较大的更改或补充。

王三毛

2018 年 4 月于恩施